超级电容器电极材料

——金属有机框架材料及其衍生物

鞠辉　刘树信　赵玲　著

Supercapacitor Electrode Materials

Metal-Organic Frameworks and Their Derivatives

化学工业出版社

·北京·

内容简介

电极材料是超级电容器的重要组成部分，其性质直接影响超级电容器的各方面性能。本书定位为材料科学与能源存储领域的专业著作，兼具理论深度与应用指导价值。内容涵盖金属有机框架（MOFs）及其衍生物的基础理论、制备方法、表征技术、设计合成以及超级电容器的性能优化。特色在于整合前沿研究成果，构建从材料设计到结构-性能关联分析的完整知识体系。

本书适合材料化学、电化学、能源工程等领域的科研人员和新能源企业的研发人员阅读，也可供高校师生参考学习。

图书在版编目（CIP）数据

超级电容器电极材料：金属有机框架材料及其衍生物 / 鞠辉，刘树信，赵玲著. -- 北京：化学工业出版社，2025. 12. -- ISBN 978-7-122-49543-3

Ⅰ. TG147; TM53

中国国家版本馆 CIP 数据核字第 2025YV1823 号

责任编辑：吕　尤　　　　文字编辑：王晓露
责任校对：王鹏飞　　　　装帧设计：刘丽华

出版发行：化学工业出版社
(北京市东城区青年湖南街 13 号　邮政编码 100011)
印　　装：河北延风印务有限公司
710mm×1000mm　1/16　印张 12¼　字数 210 千字
2025 年 12 月北京第 1 版第 1 次印刷

购书咨询：010-64518888　　　售后服务：010-64518899
网　　址：http://www.cip.com.cn
凡购买本书，如有缺损质量问题，本社销售中心负责调换。

定　　价：98.00 元

前言

能源是人类社会发展的基石，随着全球工业化进程加速与可再生能源产业的蓬勃发展，高效、稳定的能源存储技术成为制约能源革命的关键因素。超级电容器作为一种兼具高功率密度与长循环寿命的新型储能器件，在便携式电子设备、新能源汽车、智能电网等领域展现出巨大应用潜力，而电极材料的性能则是决定超级电容器综合效能的核心因素。

金属有机框架（MOFs）材料凭借其可设计的多孔结构、高比表面积及丰富的化学组成，为构建高性能超级电容器电极材料提供了全新思路。近年来，MOFs及其衍生物的研究已成为能源存储领域的热点，相关成果层出不穷，但现有文献多分散于期刊论文或综述中，缺乏对该领域从基础理论到应用的系统梳理。基于此，我们整合团队研究经验与国内外前沿成果，撰写此书，旨在为学界和产业界提供一部兼具理论深度与实践价值的专业著作。

本书的写作特点主要体现在三方面：一是系统性，以“材料设计-制备方法-性能调控-应用实践”为主线，涵盖MOFs及其衍生物的基本性质、结构表征、电化学性能测试等核心内容；二是前沿性，重点收录近年的突破性研究，包括MOFs衍生低晶态金属氧化物、中空异质结构等新型材料的制备方法与性能测试；三是实用性，通过典型案例解析材料结构与电化学性能的关联机制，并附具体实验参数与性能优化方案，为科研人员提供可借鉴的研究范式。

全书共五章，各章节逻辑紧密、各有侧重：第 1 章为绪论，概述超级电容器的发展历史、结构组成、储能原理及电极材料；第 2 章聚焦 MOFs 的基本性质，包括结构特点、主要特性、制备方法及改性策略；第 3 章系统阐述 MOFs 的结构表征技术，涵盖 X 射线衍射、形貌与微结构表征、表面与界面分析、热分析及红外光谱等其他技术；第 4 章探讨 MOFs 材料的电化学性能测试，包括测试体系、技术方法及典型材料的性能案例分析；第 5 章深入研究 MOFs 衍生金属氧化物的电化学性能，涉及电荷存储动力学及不同结构衍生物的性能机制；最后为结束语，总结研究成果并展望未来发展方向。

本书由鞠辉、刘树信和赵玲编写，具体分工为：第 1 章、第 4 章、第 5 章由鞠辉编写，第 2 章由赵玲编写，第 3 章由刘树信编写，结束语由尹春林编写，最终由鞠辉统稿审定。

在本书撰写过程中，我们得到了众多同行专家的悉心指导，引用了国内外学者的重要研究成果，在此致以诚挚谢意。同时，感谢化学工业出版社编辑团队的专业协助，以及实验室同仁在数据整理、图表绘制过程中提供的支持。

由于 MOFs 材料与超级电容器领域发展迅速，加之作者学识有限，书中难免存在疏漏与不足，恳请读者批评指正。

鞠　辉　刘树信　赵　玲

2025 年 7 月

目录

第 1 章
绪论

第1章

绪论

1.1 引言
1.2 超级电容器的发展历史
1.3 超级电容器的优缺点
1.4 超级电容器结构与组成
1.5 超级电容器的储能原理
1.6 超级电容器的电极材料
1.7 MOFs及其衍生物在超级电容器中的研究进展
参考文献

1.1 引言

随着全球经济、技术和工业的快速发展，能源资源的需求不断增加，超过了其供给的增速，从而引发了全球对可再生能源与可持续能源发展的关注，以及对生态环境保护的重视。在过去几十年中，学术界和工业界进行了大量研究，致力于探索与可再生能源相关的先进科学技术，包括水力发电、风能、太阳能、生物燃料和地热能等。然而，水力发电、太阳能和风能在需求高峰时常常无法有效储存或释放能量。因此，电化学储能装置为存储这些能源提供了一种极具潜力的解决方案[1,2]。

在未来的可再生能源社会中，探索和发展绿色、可靠、可持续的能源储存和转换技术显得尤为重要。燃料电池、锂离子电池、全钒液流电池和超级电容器（supercapacitors，SCs）等储能技术的研究广泛开展。然而，燃料电池面临寿命短、成本高、功率密度低及可用性差等问题；锂离子电池则存在不耐过放和过充、衰老快、易受热以及环境与安全隐患等缺陷；全钒液流电池的能量密度低、工作温度范围窄且占地面积大。相比之下，超级电容器作为一种新型储能设备，具有高功率密度、宽工作温度范围、极长的循环寿命、对环境无污染以及快速充放电等优势，见图 1.1[3-5]。

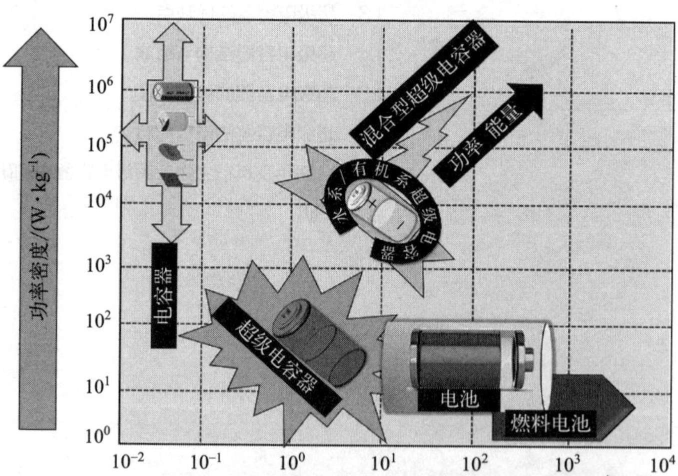

图 1.1

不同储能装置的比容量-功率密度图

1.2 超级电容器的发展历史

电化学超级电容器（ESs）的核心储能机制依赖于导体及其接触电解质溶液界面上的双电层（EDL）。双电层理论最早由 Hermann von Helmholtz 于 1853 年提出，并由 Gouy、Chapman、Grahame 和 Stern 等人进一步发展[6]。以双电层理论的起源为代表，发明了超级电容器、电池、燃料电池等众多理论和技术。静电电容器和电解电容器分别被认为是第一代和第二代电容器。随着材料的快速发展，第三代电容器——超级电容器，被发明出来[7-10]。“超级电容器”是 1971 年由日本电气股份有限公司（NEC）制造的首款商业设备的商品名称，而后开始被普遍使用。1982 年，Pinnacle 研究所（PRI）为军事应用发明了一款低内阻设备，“超级电容器”一词也起源于此。有研究者发明了多孔碳电极的低压电解电容器，并申请了如图 1.2 所示的专利，其核心是在硫酸溶液中的金属集流体上使用了高比表面积的碳涂层[11]。俄亥俄州标准石油公司的研究人员 R. A. Rightmire 于 1966 年发明了一种在双电层界面中储存能量的装置[10]。1971 年，日本电气股份有限公司在俄亥俄州标准石油公司的许可下开发了用于电子节电装置的水电解质

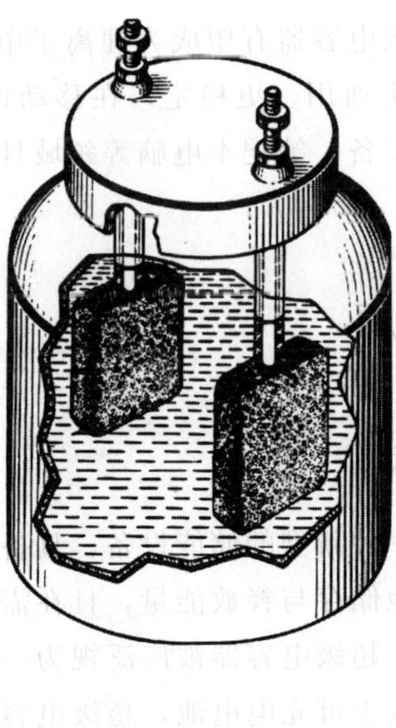

图 1.2
通用电气专利超级电容器图

电容器，这一应用被认为是商用电化学电容器的起点[11]。1970年，经过几次修改，D. I. Boos为首款电化学电容器申请了专利，名为“具有碳糊电极的电解电容器”[12]。

目前，人们对移动电话、电子设备和电动汽车的需求快速增长，更加需要具有高功率密度的电化学储能装置。此外，能源收集应用（如风能和太阳能）对超级电容器需求的增加以及其在飞机和火车等领域的推广使用，影响了全球超级电容器市场的发展，引起了研究人员的广泛关注。

在20世纪90年代初，美国能源部（DOE）使国际社会意识到超级电容器和电池研究的潜力，并大力资助它们的研究。1992年，Maxwell从PRI沿用了“超级电容”这一术语，并命名“Boots Caps”，以突出其功率应用的优势，通过开发创新的具有成本效益的电极材料和电解质，提升电化学性能。Maxwell的核心业务是研究具有高功率密度、宽温度范围、可快速充放电的超级电容器储能装置。2019年，Tesla宣布以2.18亿美元的全股票交易收购Maxwell的技术，成立超级电容器和储能材料公司。目前，Tesla、Maxwell、Panasonic、Nesscap、EPCOS、NEC、ELNA和TOKIN等公司在电化学电容器开发方面投入了大量资金[13]。

2018年全球超级电容器市场规模为6.85亿美元，2024年达29.4亿美元，2018—2024年期间的复合年增长率为27.5%。在不久的将来，由于安全问题，超级电容器有望成为锂离子电池的替代品。此外，超级电容器比普通电池更通用、更稳定，在移动设备、便携式媒体播放器、全球定位系统导航设备、笔记本电脑等领域具有广阔的应用需求[13]。

1.3 超级电容器的优缺点

1.3.1 超级电容器的优点

超级电容器是一种新型的储能设备，具备高电容量和高功率密度的特点，能够更有效地储存与释放能量，且在需要高功率输出的应用中表现尤为出色。因此，超级电容器被广泛视为一种极具潜力的储能解决方案，前景广阔。相较于可充电电池，超级电容器的优点主要体现在如下几个方面[3]。

① 功率密度高：一般可达 500～10000W·kg^{-1}，远高于可充电电池的功率密度水平（<1000W·kg^{-1}）。

② 循环寿命长：可使用时间超过 500000h，在几秒钟的高速、深度充放电循环几十万次后，其特性变化较小，容量和内阻仅降低百分之十几。而可充电电池使用时长为 500～1000h。

③ 工作温度范围宽：超级电容器的工作温度可达－40～65℃，能在－40℃的环境下实现高功率性能[11]，而目前电池难以实现这一点。

④ 安全性高：超级电容器在高额定功率下充电和放电时通常比电池更安全。双电层电容器不依赖于金属化合物[14]，因此不存在金属镀层的风险。金属镀层是导致电池退化和故障的重要机制，也是可能导致短路和不可控的高能化学反应从而引发安全问题的关键原因。

1.3.2 超级电容器的缺点

(1) 能量密度低

相比于传统的化学电池，超级电容器的能量密度较低，难以在同等体积下储存更多能量，因此在长时间稳定供电方面具有局限性。超级电容器的能量密度大约为铅蓄电池的 20%。在相同的能量需求条件下，超级电容器储能系统占地面积大、重量大、成本也高。

(2) 电荷再分配

超级电容器的充放电需要离子在电场的帮助下进出孔隙，充放电速率越高，支撑它所需的电场或电压梯度就越大。电压梯度大可导致孔口附近单位面积与孔内部单位面积存储的电荷存在显著差异。停止恒流充电会在孔口和孔隙内部留下更多的电荷，孔隙中储存的双电层电荷在不损失任何电荷的情况下进行均衡的内部扩散，导致电位逐渐降低，也就是所谓的“电荷再分配”。这使得超级电容器难以高速率完全充电，并且只能恢复电极上可用的部分电荷，对其性能产生不利影响[15]。

(3) 自放电

自放电是由不期望的电化学反应或电荷泄漏而导致的电荷随时间逐渐耗散的现象[16-19]。带电状态下的电化学装置比不带电状态下具有更高的吉布斯自由能。与电池和其他电化学装置相比，超级电容器的自放电速度明显更快[20,21]，从而限制了其在独立设备中的应用[15]。

1.4 超级电容器结构与组成

超级电容器是一种高功率密度的电荷存储器件，主要由电解液、隔膜、集流体和电极组成，如图 1.3 所示[22]。

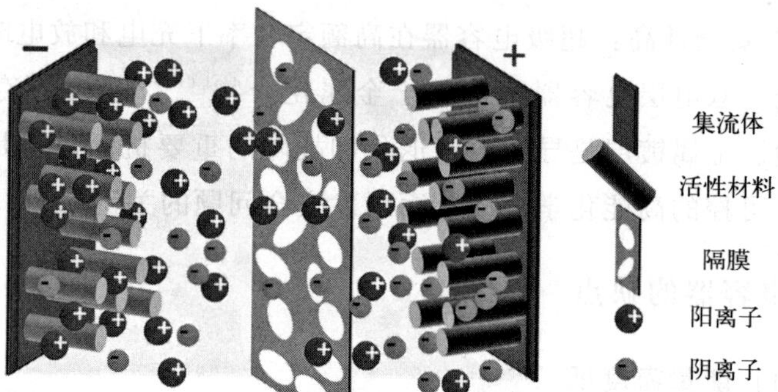

图 1.3
超级电容器结构示意图

1.4.1 电极材料

超级电容器电极材料一般由活性物质、导电剂和黏结剂三部分组成。活性材料是影响超级电容器电化学性能的重要因素，应具有优异的耐腐蚀性、高比表面积、化学稳定性、良好的导电性、耐高温，以及成本低、环境友好等性能[5]。超级电容器可以由不同的电极材料制成，这取决于应用所需的能量存储类型和参数范围。碳基材料是超级电容器使用最多的电极材料，其次是导电聚合物和金属氧化物等。为了提高电极材料的电子导电性，常用的导电添加剂有炭黑、活性炭、多壁碳纳米管、导电聚合物等。黏结剂在不影响电荷储存机制的情况下，保持了电极的结构完整性，提高了涂层的机械稳定性[23]。

1.4.2 电解液

作为超级电容器的重要组成部分，电解液能够形成离子传导介质并提供离子传输通道。电解液需具有较高浓度，以避免在充电过程中出现“电解液饥饿效应”，特别是在有机电解液中[24]。如果电解液存储量与电极大表面积相比太小，超级电容器的性能将降低。电解液的稳定性对超级电容器内部产生的电压和施加的电势至关重要。此外，能量密度由电解液的击穿电压决定，功率密度由电解液的电导率决定。因此，在高工作电压系统中，选择合适的电解液来提供高的能量和功率密度是至关重要的。高击穿电压、良好的电化学稳定性、高离子浓度、低黏度、小电阻、高稳定性、低毒、低成本都被认为是电解液的基本特性。超级电容器中存在 5 种常见的电解液：酸性溶液（H_2SO_4 溶液）、碱性溶液（KOH 溶液、NaOH 溶液）、中性溶液（Li_2SO_4 溶液、Na_2SO_4 溶液、KCl 溶液）、有机电解液和离子液体[25]。

1.4.3 隔膜

超级电容器的性能不仅取决于所使用的电极材料和电解液，还取决于所引入的隔膜材料的性能。隔膜也是提高储能装置效率的重要组成部分。根据电解液的性质，隔膜应具有高孔隙率、小孔径、在工作温度范围内的高热稳定性、低厚度、高电绝缘性、高机械强度[26]、低接触角和化学/电化学惰性[27,28]。隔膜是一层绝缘膜，它只保证离子的流动性，并阻止电极间的电连接绝缘[29]。超级电容器中常用的高效隔膜材料包括纤维素、聚对苯二甲酸乙二醇酯（PET）、聚丙烯（PP）、聚偏氟乙烯（PVDF）和聚乙烯醇（PVA）等。

1.4.4 集流体

集流体有助于提高低电导率活性电极的性能。它们作为介质将电流从电源输送到电极，再从电极输送到外部负载，并作为电池内部散热的介质。此外，集流体和电子导电性会影响电极的充电效果，并能防止电极受到电解液中化学污染物的污染[28]。可以使用导电聚合物结合剂，如 Nafion 和聚四氟乙烯（PTFE），将活性材料与集流体接触[30]。集流体和活性材料之间的牢固结合可有效降低接触电阻，从而提高了器件的导电性、机械稳定性和比容量。常使用泡沫镍、泡沫铜、镍网、铝板、碳布、碳纤维、不锈钢、镍箔、铜箔等作为超级电容器的集流体[31,32]。

1.5 超级电容器的储能原理

超级电容器根据其工作机理分为：①双电层电容器（electrical double layer capacitors，EDLCs)，其特征是电极-电解液界面处的电荷积聚；②赝电容（pseudocapacitor，PCs)，源于表面快速可逆的氧化还原反应；③混合电容器（hybrid supercapacitors，HSCs)，结合了双电层电容器和赝电容的特点。一般情况下，超级电容器充放电的电化学机理如式(1.1)～式(1.6) 所示。

正极：

$$E_{s1} + A^- \longrightarrow E_{s1}^+ \parallel A^- + e^-\text{(在充电时)} \tag{1.1}$$

$$E_{s1}^+ \parallel A^- + e^- \longrightarrow E_{s1} + A^-\text{(在放电时)} \tag{1.2}$$

负极：

$$E_{s2} + C^+ + e^- \longrightarrow E_{s2}^- \parallel C^+\text{(在充电时)} \tag{1.3}$$

$$E_{s2}^- \parallel C^+ \longrightarrow E_{s2} + C^+ + e^-\text{(在放电时)} \tag{1.4}$$

充放电过程总的电化学反应：

$$E_{s1} + E_{s2} + A^- + C^+ \longrightarrow E_{s1}^+ \parallel A^- + E_{s2}^- \parallel C^+ + e^-\text{(在充电时)} \tag{1.5}$$

$$E_{s1}^+ \parallel A^- + E_{s2}^- \parallel C^+ + e^- \longrightarrow E_{s1} + E_{s2} + A^- + C^+\text{(在放电时)} \tag{1.6}$$

式中，E_{s1} 和 E_{s2} 分别为正极和负极的电极表面；A^-、C^+ 分别为阴离子和阳离子；$\parallel$ 为电极/电解质界面[33]。

接下来我们详细描述了三种类型的超级电容器，并解释其各自的工作机制，表 1.1 提供了基于不同能量存储机制的各类超级电容器的组分信息[4]。

表 1.1 超级电容器的分类、电极材料及充电存储中涉及的机制

超级电容器类型	电极材料	电荷存储机理	优缺点
双电层电容器	碳	静电吸引/非法拉第法	良好的倍率性能、出色的循环性能、低电容和能量密度
赝电容	氧化还原材料（金属氧化物/钨酸盐/碳化物/硫化物等、导电聚合物）	表面法拉第过程（氧化还原反应）	高比容量、出色的能量/功率密度、低倍率性能

续表

超级电容器类型		电极材料	电荷存储机理	优缺点
混合电容器	非对称混合型	阳极/阴极：氧化还原材料	氧化还原反应	高能量密度和功率密度、出色的循环性能
		阴极/阳极：碳材料	双电层	
	对称复合混合型	阳极和阴极均含有碳质材料的氧化还原材料	氧化还原反应+双电层	能量密度高、成本低、循环利用率相对较低
		阳极：Li插入材料	阳极：嵌锂/脱锂	
	电池型	阴极：碳材料	阴极：双电层	能量密度高，价格更贵

1.5.1 双电层电容器

EDLCs是一种利用正、负电荷之间的静电作用，实现电能和化学能迅速转换和储存的器件。具体原理如图1.4所示，在充电过程中，正负电极表面富集电解液中电荷相反的离子，即正极表面聚集电解液中的负离子，负极表面聚集电解液中的正离子，分别形成了双电层，实现了电荷在超级电容器中的储存。在放电过程中，电极上的电荷迁移至外部电路形成电流，与此同时，电极表面的离子迁移至电解液中而呈现电中性，保证了对外部电子器件的迅速供电。式(1.7)、式(1.8) 描述了电化学充电过程：

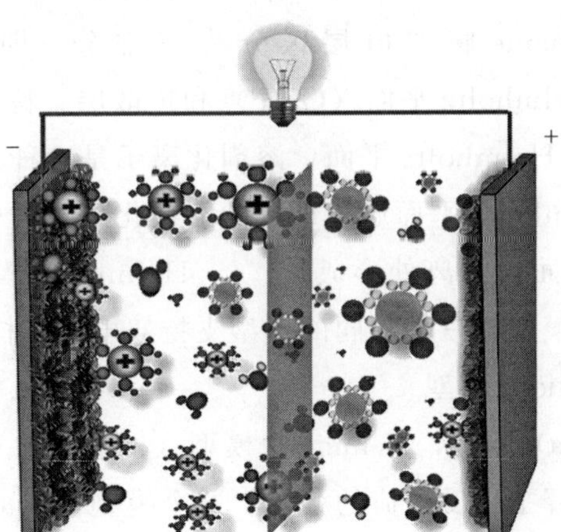

图 1.4
双电层电容器工作原理图

正极：

$$E_1 + A^- \longrightarrow E_1^+ \parallel A^- + e^- \tag{1.7}$$

负极：

$$E_2 + C^+ + e^- \longrightarrow E_2^- \parallel C^+ \tag{1.8}$$

这类超级电容器在充放电过程中，电极和电解液之间并无离子交换，其界面也没有电荷转移过程，所以在整个充放电操作中，电解液中的离子浓度会保持不变[3,4,34]。与可充电电池相比，EDLCs 的优势在于可以进行不间断充电，且次数可达 10^5 次以上。为了优化 EDLCs 的电化学性能，选择具有高比表面积良好介孔连通性的电极材料至关重要[35,36]。

能量储存的过程发生在电极和电解质之间的界面，通常称为双电层（EDL）（也称为 Helmholtz 双电层），这被认为是超级电容器的基本原理。为了理解 EDLs 的储能原理，需明确双电层结构，利用充放电过程来分析电极表面周围离子的分布状态。一般来说，利用关系式 $C=Q/V$ 确定双电层电容。电容器的电荷存储容量是通过电容值来估算的。EDLCs 的工作原理是基于静电存储电荷，电容容量（C）与电极之间的面积（A）和介电常数（$\varepsilon_0\varepsilon_r$）成正比，与两极板之间的距离（$d$）成反比，$C=A\varepsilon_0\varepsilon_r/d$。与介电电容器相比，电解电容器具有更多的可移动自由电子，因此具有更大的电容。电解电容器和介电电容器的电容通常分别在毫法拉（mF）和微法拉（μF）的量级[37]。

D. C. Grahame 将双电层区分为三部分，即内 Helmholtz 平面（IHP）、外 Helmholtz 平面（OHP）和扩散层。特异性吸附的离子在电极表面形成内 Helmholtz 平面。溶剂化离子是一种完全被溶剂包围的离子，其外 Helmholtz 平面通过最近的溶剂化离子的中心，这些离子在非常接近电极表面的距离处形成[38,39]。Helmholtz 模型、Gouy-Chapman 模型和 Stern 模型等三种不同的模型支持双电层结构的形成机制。

1.5.1.1 Helmholtz 模型

如图 1.5(a) 所示，Helmholtz 模型（1879 年）首先应用于胶体粒子的界面，这解释了相反电荷的分布。这个模型被反离子中和了表面电荷，电荷层间距为 d，这是对表面电荷的近似描述。因此，溶液中的表面离子和反离子之间形成静电相互作用。其主要缺点是未考虑溶液侧离子的热波动特性。此外，该模型不考虑离子扩散、表面吸附和溶剂/表面接触，仅认为表面充电电位随反离子分布呈现线性衰减以平衡表面电荷[40,41]。

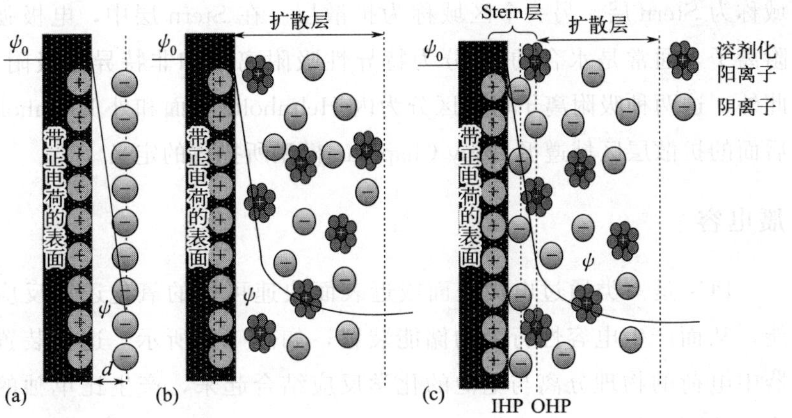

图 1.5
典型的三种双电层模型
(a) Helmholtz 模型；(b) Gouy-Chapman 模型；(c) Stern 模型

1.5.1.2 Gouy-Chapman 模型

1910 年，Gouy-Chapman 扩散理论研究了由扩散层厚度决定的离子动能。离子浓度是遵循 Maxwell 分布的一个重要参数。Boltzman 分布揭示了系统在具有特定能量的热平衡状态下的相对概率。式(1.9) 给出了离子数密度、离子平均相对动能、从无穷远处到 r 处的能量与温度的关系：

$$n(r)=N\exp\left[-\frac{V(r)}{Tk_{\mathrm{b}}}\right] \tag{1.9}$$

式中，$n(r)$、N、$V(r)$、k_{b}、T 分别为在位置 r 处的离子密度、在无穷远处的离子密度、静电势、Boltzman 常数和温度。该模型假设离子是具有静电相互作用的点电荷，没有极化性，没有化学吸附，不存在 IHP 和 OHP。

图 1.5(b) 所示的 Gouy-Chapman 模型弥补了 Helmholtz 模型中忽略的热波动缺陷，提出界面电位是由带电离子在电极表面形成双电层而产生的，且这些离子被等量相反电荷的离子包围，后者通过电解质扩散。这里，扩散离子的动能影响双电层厚度。该模型也有其自身的缺点，如点电荷假设与实际不符，导致电极表面周围的电位分布预测存在偏差[42]。

1.5.1.3 Stern 模型

1924 年，Stern 模型被提出，如图 1.5(c) 所示，可以修正 Gouy-

Chapman 扩散双层模型的缺点。该模型将 Helmholtz 模型和 Gouy-Chapman 模型结合起来，明确划分出离子分布的两个区域，其中一个区域称为 Stern 层，另一个区域称为扩散层。在 Stern 层中，电极强烈地吸附离子（通常是水合的），分为特异性吸附离子和非特异性吸附反离子。此外，这两种吸附离子可以区分为内 Helmholtz 平面和外 Helmholtz 平面，后面的扩散层区域遵循 Gouy-Chapman 模型所描述的定义[43]。

1.5.2 赝电容

PCs 是一类通过电极表面或近表面快速可逆的氧化还原反应存储电能，从而产生电容性行为的储能装置，如图 1.6 所示。这些装置将电容器中电荷的物理分离与电池的化学反应结合起来，产生比单独的电容器或电池更高的能量密度和功率密度。电荷的储存很大程度上是由于电极表面和电解液之间离子的转移。然而，电池的电荷存储机制仅仅依赖于电极与电解液离子之间嵌入/脱嵌或扩散的法拉第反应，这些反应通常很慢，导致充电和放电时间较长[44]。PCs 的充放电机制与电池的充放电机制相似，反应机理见式(1.10)、式(1.11)：

正极：

$$E_1 + A^+ \longrightarrow E_1^{\delta+} \parallel A^- + \delta e^- \tag{1.10}$$

负极：

$$E_2 + C^+ + \delta e^- \longrightarrow E_2^{\delta-} \parallel C^+ \tag{1.11}$$

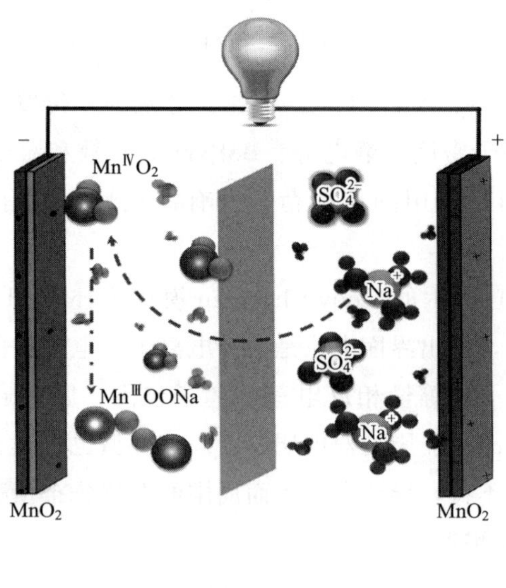

图 1.6

赝电容工作原理图

式中，δe^-表示与氧化还原反应有关的电吸附化合价。PCs 在电极表面和电极内部都能产生，具有比 EDLCs 更高的电容量和能量密度。在同等电极面积的情况下，其比容量是 EDLCs 的几十甚至几百倍。Conway 确定了三种法拉第机制的物理过程：欠电位沉积（UDP）、氧化还原赝电容、插层赝电容[45-47]，如图 1.7 所示。

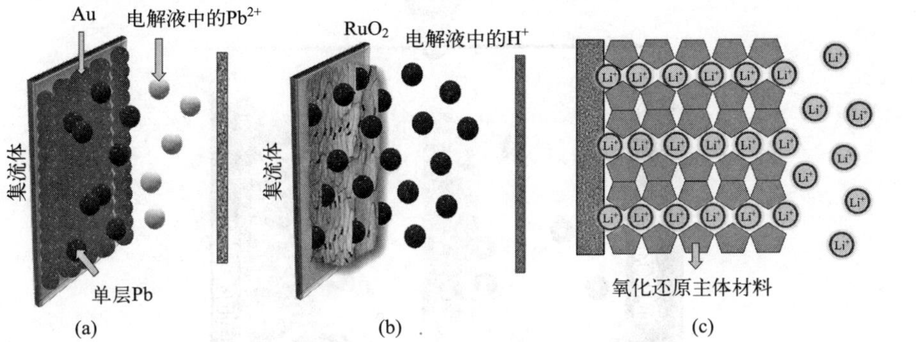

图 1.7
不同可逆氧化还原赝电容示意图
(a) 欠电位沉积；(b) 氧化还原赝电容；(c) 插层赝电容

欠电位沉积［图 1.7(a)］是金属阳离子在固体金属的还原现象，即金属物质沉积在固体金属表面形成吸附单层，在考虑金属还原平衡电位的情况下会导致较低的负电位[48,49]。当离子电化学吸附到与法拉第电荷转移相关的近表面材料上时，就会发生氧化还原赝电容［图 1.7(b)］，金属氧化物这通常发生在水性电解质中，包括 NiO、MnO_2、Co_3O_4 和 RuO_2 等金属氧化物，以及聚苯胺和聚吡咯等导电聚合物[50-53]。插层赝电容［图 1.7(c)］是一种常见于非水电解质的机制，其动力学由离子向主体材料体相的扩散过程控制。在这一过程中，离子插入孔洞或块状层中，并不改变晶体相[54-57]。

1.5.3 混合型电容器

HSCs 是一类重要的超级电容器，由 EDLCs 材料和 PCs 材料组合而成。EDLCs 主要的电极材料包括活性炭（activated carbon，AC）、碳纳米管（carbon nanotube，CNT）和石墨烯（graphene）；而 PCs 材料包括导电聚合物和金属氧化物。图 1.8 描述了以活性炭作为负极、

MnO_2 作为正极的 HSCs。设计 HSCs 需要在一个电极中使用导电聚合物或金属氧化物等 PCs 型电极材料，在另一个电极中使用 EDLCs 型材料，目的是实现充放电动力学的平衡。HSCs 的能量密度比 EDLCs 高，但其充放电却具有明显的非线性[4]。

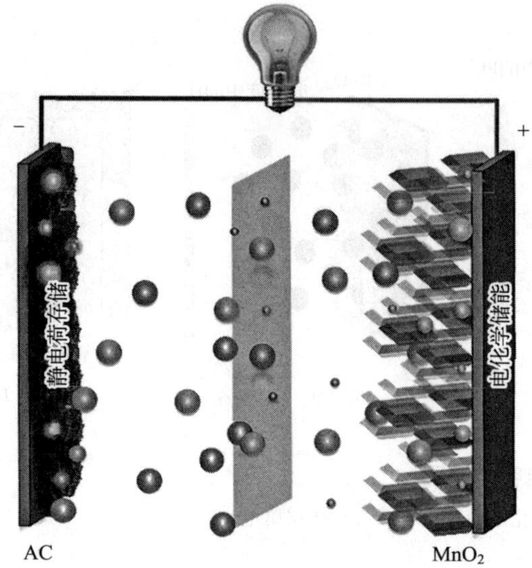

图 1.8

混合型电容器工作原理图

如表 1.1 所示，根据电极材料对 HSCs 进行进一步分类：非对称混合型、对称复合混合型和电池型。一般来说，不对称超级电容器（ASCs）是指由两种不同类型的电极组成的硬件。HSCs 是指在单一系统中结合了 EDLCs 和 PCs 两种属性。在典型的非对称混合超级电容器中，通常负极通过表面吸附/解吸促进电荷存储，称为非法拉第过程，而正极通过插层储存电荷，称为法拉第过程。这并不意味着正极总是使用法拉第电荷存储过程的电极，而负极使用非法拉第电荷存储过程。由于大多数金属基电极在正电位下发生氧化和还原（氧化还原反应），这就是它们经常用于正极的原因。另一方面，碳基材料为高效离子扩散提供了高比表面积，并有助于提高比容量，通常用作负极材料。这种电极配置有助于最大限度地提高超级电容器的性能。电池型电极表现出法拉第电荷存储，其比容量值在电压窗口内波动，单位通常为 $C \cdot g^{-1}$ 或 $mAh \cdot g^{-1}$。值得注意的是，HSCs 融合了法拉第和非法拉第过程，克服了 EDLCs 和 PCs 的局限性，具有低成本、在宽温度范围内的优越性能、高能量密度和功率密度、优异的循环稳定性和低电阻等优点[58]。

1.6 超级电容器的电极材料

从 20 世纪 50 年代 Becker 等人一直在探索使用碳材料作为 EDLCs 的电极材料[59]，直到目前，超级电容器已经发展半个多世纪，其中对超级电容器性能有较大影响的组成部分之一是电极材料。目前，应用到超级电容器中的电极材料主要包括碳材料、金属氧化物材料、导电聚合物等[3,60]。

1.6.1 碳材料

由于碳材料具有相对较低的成本和成熟的工业生产工艺，在许多应用中得到了广泛关注。对于 EDLCs 而言，具有高比表面积的碳材料已被证实可以实现较大的比容量。根据其原理，电极表面的电容约为 $20\mu F \cdot cm^{-2}$。若采用比表面积为 $1000m^2 \cdot g^{-1}$ 的活性炭作电极材料，其比容量可达到 $200F \cdot g^{-1}$[61]。碳材料是最早应用于超级电容器的电极材料，已有多年的发展历史。目前，碳材料是 EDLCs 中最常用的电极材料，具有电导率高、比表面积大、稳定性好、孔结构可控、成本效益高等特点，适合超级电容器的各种碳基材料，主要包括活性炭、碳纳米纤维、碳纳米管、石墨烯等[62]。接下来主要介绍活性炭、碳纳米管和石墨烯三种碳材料。

1.6.1.1 活性炭

活性炭因其高比表面积和相对较低的成本而成为超级电容器电极中使用最广泛的活性材料[43,63,64]。活性炭通常由富碳有机前驱体在惰性气氛下进行热处理（碳化）和活化而形成孔隙。这些前驱体可以从椰子壳、木材等可再生资源中获得，也可以从化石燃料及其衍生物（如沥青、煤或焦炭）等聚合物合成前驱体中获得。碳化是将前驱体热化学转化成无定形碳的过程，而活化会产生高比表面积，是通过物理或化学活化使碳前驱体颗粒部分受控氧化来实现的[43]。物理活化是在高温及氧化气氛（如 CO_2、H_2O 等）下进行的[64]，而化学活化是在与碱、碳酸盐、氯化物或酸等化学物质（例如 KOH、K_2CO_3 等）混合的无定形碳上进行的。任何活化过程的结果都是在具有高比表面积的碳颗粒中形成多孔网络。而比表面积的精确测量不是一项简单的任务，在很大程度上取决于计算方法和测量条件。有时报告的比表面积为 $3000m^2 \cdot g^{-1}$，但可用的比表面积通常在 $1000 \sim 2000m^2 \cdot g^{-1}$ 的范围内[63]。

目前市面上大多数商用设备使用的超级电容器是由活性炭电极和有机电解液组成的。这些设备的工作电压可达 2.7V，比容量为 $100 \sim 120F \cdot g^{-1}$[65]，体积电容可达 $60F \cdot cm^{-3}$[63]。Jiang 等[66] 通过在 750℃下对红雪松木材进行一锅法热解和碳化，制备了具有超高碳含量和高度有序大孔的木质生物炭单体，无须后处理。原始生物炭的碳含量无须处理即可达到 98%（质量分数），氧是唯一可检测到的杂质。值得注意的是，制备的原始生物炭具有高度有序的多孔结构，表现为交替的规则大孔区域和狭窄的多孔区域。分级多孔生物炭单体的比表面积约为 $400m^2 \cdot g^{-1}$，在室温下用稀 HNO_3 对生物炭进行简单活化，比容量可达到 $115F \cdot g^{-1}$。

1.6.1.2 碳纳米管

碳纳米管的发现极大地推动了碳材料的科学研究和工程应用。不同类型碳纳米管的原子结构如图 1.9 所示。碳纳米管以其独特的孔隙结构、优异的电学性能以及良好的机械稳定性和热稳定性，在超级电容器电极中得到了广泛的应用[67,68]。碳纳米管可分为单壁碳纳米管（SWCNT）和多壁碳纳米管（MWCNT），这两种碳纳米管作为储能电极材料已被广泛研究。由于碳纳米管具有良好的导电性和易于获得的比表面积，因此通常被认为是高功率电极材料的优选。此外，高机械回弹性和开放管状网络使其成为活性材料的良好支撑。然而，与活性炭相比，其比表面积相对较小（通常 $<500m^2 \cdot g^{-1}$），故能量密度有待提高。更重要的是，很难在宏观尺度上保持单个碳纳米管的固有性质[68]以及高纯度和依赖电解质的电容性能[67]。

1997 年，最早的一项研究表明，薄（$25\mu m$）CNT 电极具有提供高功率和高倍率性能的潜力，Niu 等研究了平均直径为 8nm 的 MWCNT 在硝酸中处理，加工成电极，并在浓度为 38% H_2SO_4 水溶液中进行测试。虽然碳纳米管显示出 $102F \cdot g^{-1}$ 的中等比容量，但它提供了高达

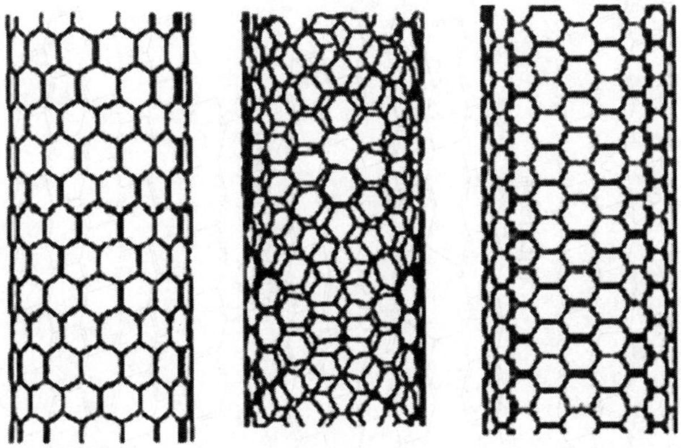

图 1.9
碳纳米管的原子结构

100Hz 的超高工作频率[69]。

1.6.1.3 石墨烯

石墨烯是一层致密的单层碳原子，像蜂窝一样以六边形排列，形成二维晶格。它可以被看作是其他维度石墨材料的基本组成部分，例如富勒烯、碳纳米管和石墨，如图 1.10(a) 所示[70]。图 1.10(b) 是氧化石墨烯（GO）、还原氧化石墨烯（rGO）和原始石墨烯的典型结构示意图，这三种材料通常被称为石墨烯相关材料。与原始石墨烯相比，氧化石墨烯表面有许多含氧官能团（包括羧基、羟基和环氧基）。而还原氧化石墨烯表面的氧基团较少，因为它们中的大多数都被还原了。氧化石墨烯或还原氧化石墨烯的厚度约为 1nm，由于其表面含有氧基团，因此比原始石墨烯略厚。石墨烯高比表面积和可选择性调控官能团的独特性能，为石墨烯及其衍生物在催化[71]、光电子[72]、组织工程[73] 和生物传感器[74] 等领域的应用开辟了广阔的前景。石墨烯可以通过多种方法获得，包括石墨的机械剥离[75]、氧化石墨烯的还原[76]、化学气相沉积[77] 和外延生长[78]。由于具有大比表面积、良好的柔韧性、优良的电导率、出色的化学及热稳定性、很宽的电位窗口以及丰富的表面功能基团等优势，石墨烯非常适合用于高性能能量存储系统。在储能系统中，石墨烯展现出较高的容量、优异的倍率性能和循环性能[79]。

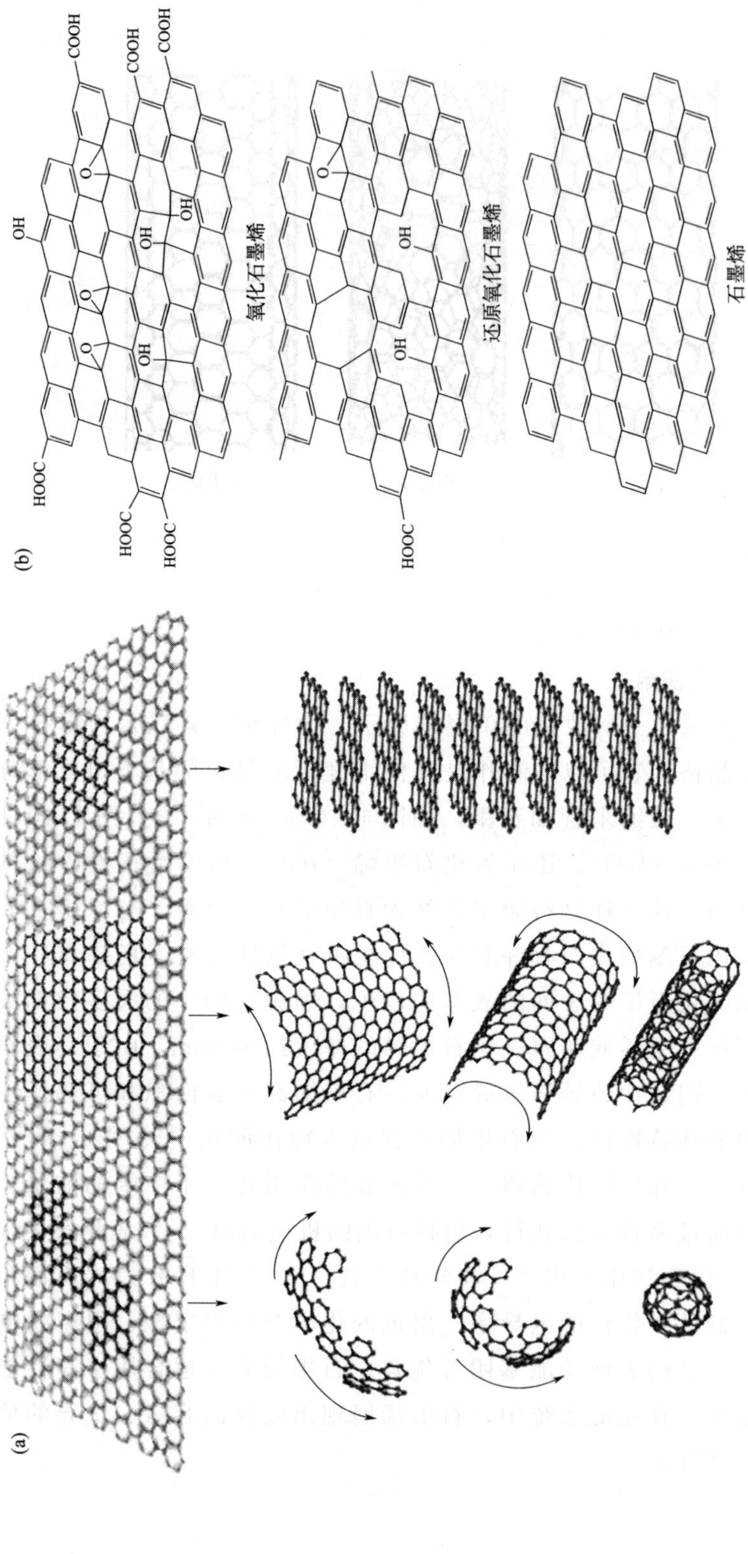

图 1.10
石墨烯演化成其他维度的碳材料（a）以及氧化石墨烯、还原氧化石墨烯和原始石墨烯的结构示意图（b）

有报道称，使用离子液体作为电解液，基于石墨烯的超级电容器具有 $75F\cdot g^{-1}$ 的比容量和 $31.9Wh\cdot kg^{-1}$ 的能量密度[80]，而使用水系和有机电解液的石墨烯超级电容器的比容量分别为 $135F\cdot g^{-1}$ 和 $99F\cdot g^{-1}$[81]。低团聚的还原石墨烯在水系电解液中，最大比容量可达 $205F\cdot g^{-1}$，能量密度为 $28.5Wh\cdot kg^{-1}$[82]。因为石墨烯片层易发生团聚，故很难确定它的固有电容。一项研究报告称，石墨烯电双层的固有电容为 $21\mu F\cdot cm^{-2}$[83]。石墨烯的界面电容取决于层数，可以通过表面积计算得出。在室温下，使用能够在 4.5V 下工作的石墨烯基超级电容器时，可达到 $85.6Wh\cdot kg^{-1}$ 的能量密度；在 80℃ 时，可达到 $136Wh\cdot kg^{-1}$[84]。

石墨烯的电导率远高于石墨，单层的理论比表面积为 $2620m^2\cdot g^{-1}$。较薄的结构，优异的柔韧性、热稳定性和化学稳定性，丰富的表面官能团，宽的电化学窗口和开放的孔结构，使其具有高的比表面积，扩散距离短，从而提高了离子传输动力学。然而，由于石墨烯片的重新堆积，这种材料遭受了不可逆的容量损失，也降低了初始库仑效率。此外，相邻薄片之间的范德华相互作用也会产生重新堆叠，减小了比表面积，进一步降低了其能量密度[85]。

1.6.2 导电聚合物

导电聚合物是一种具有导电性能的聚合物材料，可以在应用场景中充当导体的角色。与传统的金属导体相比，导电聚合物具有许多优势，如可调节的导电性能、机械柔性、可塑性和低密度等。导电聚合物的导电性能来源于其分子结构中的共轭键。共轭键的形成使电子能够在聚合物链上进行快速的输运，从而实现导电[86]。常见的导电聚合物材料包括聚苯胺（polyaniline，PANI）、聚噻吩（polythiophene）、聚吡咯（polypyrrole，PPy）等。然而，导电聚合物面临着一些挑战，例如稳定性、导电性能的可控性以及工艺性等问题，这需要进一步研究和改进来解决。

1.6.2.1 聚苯胺

聚苯胺具有理论电容高、相对于金属氧化物的电位窗口宽、分子水平结构多样性、合成方法丰富、成本低廉、环境稳定性好等特点，作为一种典型的高分子化合物受到了广泛关注[87-90]。然而，与金属氧化物类似，聚苯胺在充放电过程中结构易被击穿，导致倍率性能较低、循环稳定性较差，最终限制了其大功率和长期服役场景中的应用[91-93]。因此，研究人员采用了几种策略来缓解上述问题，包括纳米结构聚苯胺（如纳米纤维、纳米线和纳米管）[94-97]、多孔聚苯胺（水凝胶）[98-100] 以及复合无机材料（如黑磷纳米片、石墨烯、氧化物）[89,93,100-106] 等。

Chen 等[107] 通过设计纳米化、构建层次结构和复合等多种策略，在 N 掺杂多孔碳（NPC）表面原位涂覆聚苯胺，成功制备了层次化 PANI@NPC 双壳框架，并获得了较高的电荷存储性能。含 32% NPC 的 PANI@NPC 具有最佳比容量，在 $0.5A \cdot g^{-1}$ 时达到 $660.0F \cdot g^{-1}$，在 $5A \cdot g^{-1}$ 时为 $479.8F \cdot g^{-1}$，明显高于 PANI 和其他复合材料。王镇[108] 向聚苯胺中引入一定比例的氧化石墨烯和金属有机框架（metal-organic frameworks，MOFs）材料，得到 PANI/GO/MOFs 三元复合材料。该材料形成的稳定三维网络结构，能抑制聚苯胺在参加反应时的体积变化，从而提高材料的稳定性，并且能促进电荷转移和电解质离子的扩散。在 $0.5A \cdot g^{-1}$ 时，比容量为 $243.1F \cdot g^{-1}$，较 PANI 材料增长 $84.1F \cdot g^{-1}$；电流密度从 $0.1A \cdot g^{-1}$ 升至 $0.5A \cdot g^{-1}$，容量保持率为 59.7%，较 PANI 增长 41%；5000 循环后容量保持率为 90.7%。

1.6.2.2 聚吡咯

聚吡咯具有电导率高、充放电过程快、能量密度大、易于合成、质量密度高、柔韧性好、成本低等特点，是目前研究最为广泛的电极聚合物材料之一[109-112]。由于聚吡咯的质量密度高，因此具有很高的体积比容量值（$400 \sim 500F \cdot cm^{-3}$）和灵活性[113,114]。

杨丽佳[115] 以 $FeCl_3 \cdot 6H_2O$ 作为氧化剂，采用化学氧化法制备聚吡咯气凝胶，制备过程示意图见图 1.11。通过探究吡咯与 $FeCl_3 \cdot 6H_2O$ 的质量比，得出了当吡咯与 $FeCl_3 \cdot 6H_2O$ 质量比为 1∶1，且吡咯、$FeCl_3 \cdot 6H_2O$ 以及 HCl 浓度分别为 $50mg \cdot mL^{-1}$、$50mg \cdot mL^{-1}$ 和 $0.75mg \cdot mL^{-1}$ 时，为最佳制备条件。经过实验可以明显看出，聚吡咯气凝胶是通过纳米粒子之间连接堆砌而成的，内部具有丰富多孔的 3D 网状结构。$1A \cdot g^{-1}$ 的电流密度下聚吡咯气凝胶的比容量可达 $140.5F \cdot g^{-1}$。而且，在电流密度提高到 $20A \cdot g^{-1}$ 时，聚吡咯气凝胶电极的比容量为 $90.4F \cdot g^{-1}$，容量保持率可以达到 64.3%，具有优良的倍率性能。

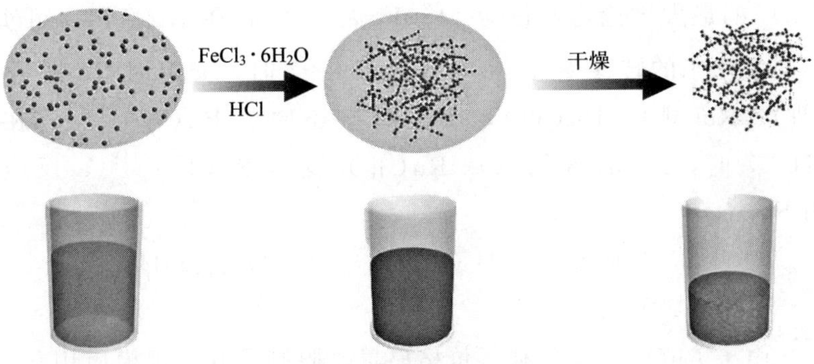

图 1.11

制备聚吡咯气凝胶的过程示意图

1.6.3 金属氧化物

金属氧化物通过 PCs 氧化还原反应机制储存能量。PCs 的储能机制发生在电极材料的表面或亚表面区域，主要取决于离子和电子的转移和扩散。因此，金属氧化物通过发生在电极表面并依赖于电子/离子转移的法拉第氧化还原反应来存储能量[116]。金属氧化物易于构建高能量密度、高功率密度的超级电容器，是目前研究最多的电极材料。金属氧化物材料比碳基材料的比容量更高，比导电聚合物材料具有更好的循环稳定性。

理论比容量（C_{st}）可由公式 $C_{st}=nF/(mV)$ 确定（式中 n 是氧化还原反应中的电子转移数，F 是法拉第常数，m 是活性材料质量，V 是电压窗口）。根据公式，摩尔质量越低且具有更多电子转移数的金属氧化物，具有更大的比容量。因此，金属氧化物的化学性质（如化合价）在超级电容器的电极材料储能机制中起关键作用。当 PCs 的氧化还原反应发生在电极材料表面时，比表面积同样重要。金属氧化物具有可变价态或多价态的固有性质，并且易于在不同的微米/纳米结构中合成，具有更大的比表面积。因此，金属氧化物的两个关键性质（化学组成和形态特征）直接影响电荷存储机制。

1.6.3.1 单一金属氧化物

RuO_2 是首个应用于超级电容器的过渡金属氧化物（TMOs）电极材料，具有优异的氧化还原反应可逆性、良好的热稳定性、较宽的电压窗口、高电导率、长循环寿命等优点，研究极为广泛。在 1V 时，RuO_2 的最大理论比容量为 $1450F \cdot g^{-1}$[22]；在 1.2V 内，可实现三种不同氧化态的转变[14]。在电解液 pH>7 时，充电时 Ru 被氧化成 Ru(Ⅵ)、Ru(Ⅶ)、Ru(Ⅷ)，放电时被还原成 Ru(Ⅳ)[117]；在电解液 pH<7 时，Ru 的氧化态从 Ru(Ⅱ) 变为 Ru(Ⅳ)[118]，反应方程式如下：

$$RuO_2 + xH^+ + xe^- \rightleftharpoons RuO_{2-x}(OH)_x$$

其中 $x=0$，1，2。

由于 RuO_2 资源稀缺、价格昂贵，限制了其大规模应用和发展，因此有研究人员将其与其他低成本材料结合起来。Wu 等[117] 采用沉淀法将 RuO_2 沉积于 SnO_2，得到 SnO_2-RuO_2 复合电极，当 1mol/L KOH 为电解液、RuO_2 负载量为 1.4%（质量分数）、碳化温度为 200℃时，比容量为 $710F \cdot g^{-1}$。

锰氧化物材料（MnO_x），如 MnO_2[119]、Mn_3O_4[120] 是典型的表面氧化还原赝电容材料。该材料储量丰富、无毒，并且相对其他材料的理论比容量更有优势（$>1000F \cdot g^{-1}$），作为超级电容器电极材料已被广泛研究。MnO_x 的储能方式是靠可逆氧化还原反应来实现的，这些反应包括电解质中阳离子的交换，以及 Mn(Ⅲ)/Mn(Ⅱ)、Mn(Ⅳ)/Mn(Ⅲ) 和 Mn(Ⅵ)/Mn(Ⅳ) 之间的价态转变[14]，反应方程式如下：

$$MnO_\alpha(OC)_\beta + \delta C^+ + \delta e^- \rightleftharpoons MnO_{\alpha-\delta}(OC)_{\beta+\delta}$$

式中 C^+——电解液中阳离子（包括质子和碱金属离子）；

$MnO_\alpha(OC)_\beta$——$MnO_2 \cdot nH_2O$ 的高氧化态；

$MnO_{\alpha-\delta}(OC)_{\beta+\delta}$——$MnO_2 \cdot nH_2O$ 的低氧化态。

Qu 等[77] 在 $0.5mol \cdot L^{-1}$ 的 K_2SO_4、Li_2SO_4 和 Na_2SO_4 水溶液中，通过沉淀反应制备了 MnO_2 纳米棒，并系统研究了它的电化学性能。实验结果显示，在较慢的扫描速率下，由于 Li^+ 在固相中的可逆嵌入/脱嵌，产生了一种除吸/脱附反应之外的其他附加电容，因此在 Li_2SO_4 电解质中，该样品展现出了最优的电容值。在 $50mV \cdot s^{-1}$ 时，由于等效串联电阻（ESR）最低、离子电导率最高、钾离子的水合半径最小，它们在 K_2SO_4 电解质中表现出最大的电容。使用该纳米棒组装的不对称 AC/K_2SO_4/MnO_2 超级电容器，在功率密度 $2kW \cdot kg^{-1}$ 时能量密度为 17Wh · kg^{-1}，远远高于对称超级电容器 $AC/K_2SO_4/AC$ 和混合超级电容器 $AC/Li_2SO_4/LiMn_2O_4$。此外，该超级电容器具有良好的循环性能，即使在不去除溶解氧的情况下，以 10*C* 的倍率进行 23000 次循环，其电容损失也不超过 6%。Li 等[120] 采用无模板法，在室温下成功合成了具有三维网状结构和高比表面积的中孔 Mn_3O_4。海绵状中孔 Mn_3O_4 在 1mol/L Na_2SO_4 电解液中作为超级电容器电极，显示出较高的倍率性能和循环性能。其中，在 0.5A · g^{-1} 电流密度下，比容量为 230～280F · g^{-1}；当电流密度增加到 30A · g^{-1} 时，容量保持率为 52.8%；在电流密度 2A · g^{-1} 下，5000 次循环后的容量保持率为 98.9%。

Co_3O_4 具有较高的理论比容量、良好的热稳定性和高的氧化还原活性，被认为是很有前途的电极材料[121]。然而，其在超级电容器中的进一步应用仍存在许多不足，例如电子导电性差导致在快速氧化还原反应中比容量下降、充放电过程中微结构的破坏和崩溃导致循环稳定性差[122]。Wei 等[123] 采用水热法，在泡沫 Ni 上成功合成了一种自支撑的三维异质结构 Co_3O_4 阵列。在这种独特的纳米阵列结构中，Co_3O_4 纳米线固定在 Co_3O_4 纳米片的表面，有效地扩大了表面积，为法拉第氧化还原反应提供了丰富的活性位点，促进了电解质离子的扩散速率。通过改变水热反应时间来控制 Co_3O_4 纳米线在纳米片表面的集成，可以有效地优化异质结构 Co_3O_4 阵列的电化学性能。结果表明，在水热时间为 8h 的条件下合成的异质结构 Co_3O_4 阵列具有 2053.1F · g^{-1} 的高比容量和高倍率性能。此外，使用异质结构 Co_3O_4 阵列和石墨烯组装的混合超级电容器器件具有 22.2Wh · kg^{-1} 的能量密度和出色的循环稳定性。经过 10000 次循环后，电容保持率高达 93.3%，显示了 Co_3O_4 阵列在超级电容器应用中的巨大潜力。

1.6.3.2 二元金属氧化物

二元金属氧化物（BTMOs）含有至少一种过渡金属离子和一种或多种电化学活性/非活性离子。BTMOs 可以发挥各单一氧化物的协同作用，提高电导率，为离子和电子的更快传导创造更多的电子路径，并为电荷存储创造更多的电活性位点，提高电容性能和结构稳定性[116,124-127]。

如图 1.12 所示，Qu 等[128] 以多孔还原氧化石墨烯作为钴酸镍

($NiCo_2O_4$)载体，多孔还原氧化石墨烯中的环氧基团通过悬空键吸引聚集的 $NiCo_2O_4$ 纳米颗粒，形成聚集的纳米棒状形态。$NiCo_2O_4$/rGO 复合物的比容量为 $606.6C \cdot g^{-1}$，比 $NiCo_2O_4$（$282.6C \cdot g^{-1}$）高，高倍率性能为 $NiCo_2O_4$ 的 3.5 倍。采用 $NiCo_2O_4$/rGO（正极）和活性炭（负极）构建的非对称超级电容器的最大能量密度为 $49.6Wh \cdot kg^{-1}$。Kaverlavani 等[129] 首次开发了一种具有三维复合网络的石墨烯包裹 $CuCo_2O_4$ 空心球体电极，其比表面积为 $106.2m^2 \cdot g^{-1}$，纳米孔径主要集中在 7.6nm。该电极具有优异的电化学性能，在 $2A \cdot g^{-1}$ 时具有 $1813F \cdot g^{-1}$ 的超高比容量（在 $4mA \cdot cm^{-2}$ 时为 $3.63F \cdot cm^{-2}$），即使在 $120mA \cdot cm^{-2}$ 的高电流密度下也具有 63%的电容保持率。该电极优异的电化学性能归功于各组分之间的协同作用，其独特的三维纳米多孔复合网络在提供高电导率、丰富的氧化还原反应位点、易于电子转移、离子扩散距离短、动力学快和电化学反应活性位点充足等方面发挥了关键作用。Wang 等[130] 合成了 TiO_2 纳米管，然后在 TiO_2 上负载 4%、11%、15%、21%（质量分数）的 $RuO_2 \cdot xH_2O$，得到不同负载量的 $RuO_2 \cdot xH_2O/TiO_2$ 纳米管复合材料。TiO_2 纳米管负载 RuO_2 的最大比容量为 $1263F \cdot g^{-1}$。其具有优异比容量的原因是 RuO_2 在 TiO_2 的三维纳米管网络中易发生电化学反应，提高了利用率。

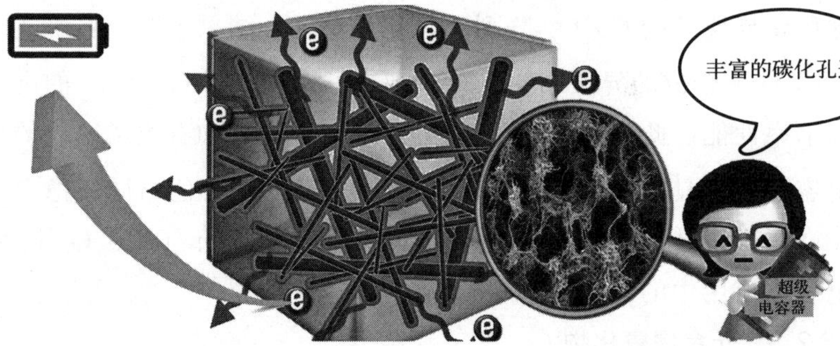

图 1.12

$NiCo_2O_4$/MCMF 复合材料示意图

简而言之，对于超级电容器所需的性能，电极材料的化学成分、结构和形态特征至关重要，但精确控制合成参数和条件以获得具有特定化学成分与纳米尺度的特定结构是材料研究界的一项巨大挑战[116]。

1.7 MOFs 及其衍生物在超级电容器中的研究进展

1.7.1 基于 MOFs 的电极材料

近年来，由于金属中心与配体之间的弱相互作用可以构建具有良好动态可逆性、孔结构可调节性和自愈合能力的框架，因此作为电极被广泛研究[131]。2014 年，Choi 等人[132] 研究了具有不同结构和配体的 23 种 MOFs 纳米晶体的 EDLCs 能力。在 23 种 MOFs 中，MOF-867 表现出最好的性能，在 1A・g^{-1} 下比容量为 726F・g^{-1}。基于该研究，他们得到了几个结论。①研究的 MOFs 晶体没有显示出良好的电子传导性。然而，通过与石墨烯复合，其比容量得到了显著提高，表明与导体材料复合可以解决 MOFs 电导率低的问题。②由于氧化还原反应，混合金属 MOFs 表现出更高的比容量，但由于反应的不可逆性，它们的循环性能仅有几百次。研究人员通过设计具有特定结构的 MOFs 材料来提升其电化学性能。Wang 等[133] 利用阳离子交换法，制备具有独特中空结构的普鲁士蓝类似物（PBAs）亚微米盒子，如图 1.13 所示。在电流密度为 0.5A・g^{-1} 时 CoHCF 亚微米盒子具有 288F・g^{-1} 的比容量，当电流密度升至 20A・g^{-1}，容量保持率为 53%，8000 次循环

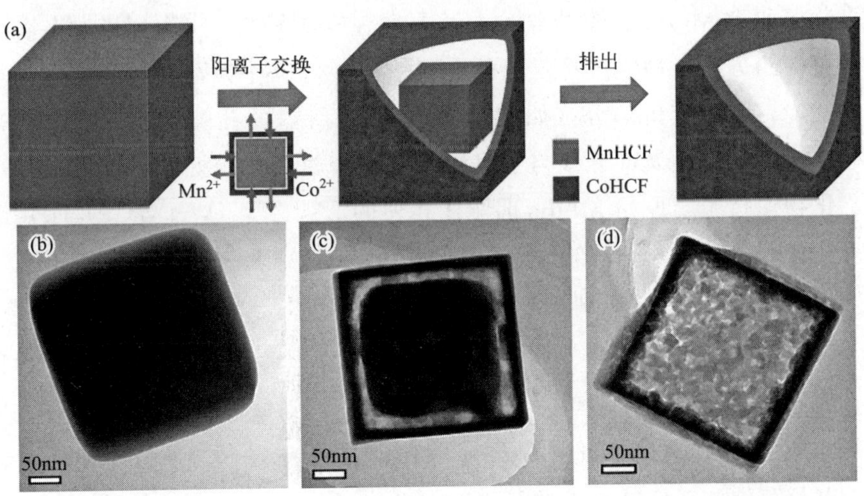

图 1.13

CoHCF 亚微米盒子的形成机理和不同收集时间的 SEM 图

后容量损失 7%，证明合成了高效的电极材料。

原始的 MOFs 在电荷转移机制中遵循赝电容行为，表现出良好的电容性，但不足之处是循环稳定性和倍率性能差，因此研究人员采用与导电聚合物、碳材料或者金属氧化物复合以及热处理形成金属氧化物等方式改善 MOFs 材料的性能。Zhang 等[134] 采用一锅水热法制备了六氰铁酸钴/还原氧化石墨烯水凝胶（PB-Co/rGOH）的杂化结构，由于石墨烯具有高度互联的三维网络结构、优异的力学性能以及石墨烯与 CoHCF 之间的协同效应，故所制备的 PB-Co/rGOH 具有高达 $220F \cdot g^{-1}$ 的比容量（$1A \cdot g^{-1}$）和优异的循环稳定性（10000 次循环后的容量保持率为 83%），从 $1A \cdot g^{-1}$ 增加到 $10A \cdot g^{-1}$，容量保持率为 62.5%。

1.7.2 基于 MOFs 衍生物的电极材料

原始 MOFs 本质上是一种具有三维形态的多孔晶体纳米材料，由金属中心和有机配体组成。因此，可以调节两组分之间的配比和配位作用，以控制孔的分布和最终结构的表面积。但其存在稳定性差的缺点，可能会限制其作为超级电容器电极的应用[135]。因此，可以以 MOFs 为前驱体，制备金属氧化物、金属碳化物、金属硫族化合物等来改善。

在空气中热解 MOFs 是一种制备纳米多孔金属氧化物的方法，该方法保留了 MOFs 的纳米结构，是一种极有前景的、可大规模制备各种氧化物的方法。MOFs 有足够的金属框架，可以作为金属源，通过简单的煅烧，除去有机部分（如碳和氮），产生所需的孔隙结构。在上述过程中，加热时金属部分参与生成纳米多孔金属氧化物框架，形成的金属氧化物保持了与原始 MOFs 前驱体相似的形貌[136]。Wei 等[137] 采用共沉淀法制备了 PB（普鲁士蓝）和 NiHCC PBAs，然后通过煅烧得到晶态的金属氧化物，分别将二者制成负极 Fe_2O_3 微米叶子和正极 NiO/Co_3O_4 微米立方体，如图 1.14 所示，在 $1A \cdot g^{-1}$ 的电流密度下，负极的比容量为 $328F \cdot g^{-1}$，正极为 $430F \cdot g^{-1}$；电流密度从 $1A \cdot g^{-1}$ 升至 $10A \cdot g^{-1}$，负极容量保持率为 54%，正极为 78%。通过对两种材料的电荷存储和反应动力学进行研究，在 $3mV \cdot s^{-1}$ 时，正负极电容贡献占比分别为 75.91%和 60.50%。在电流密度 $10A \cdot g^{-1}$ 下，10000 次循环后负极容量保持率为 92.83%，正极容量保持率为 87.45%。Kiey 等[138] 通过三乙胺（TEA）辅助方法，获得了含有微孔和介孔分级结构的 ZIF-67。以合成的材料为前驱体制备了嵌入 N 掺杂碳的 Co_3O_4（Co_3O_4@N-doped C），具有良好的电化学性能，在 $1A \cdot g^{-1}$ 电流密度时的比容量为 $709F \cdot g^{-1}$。

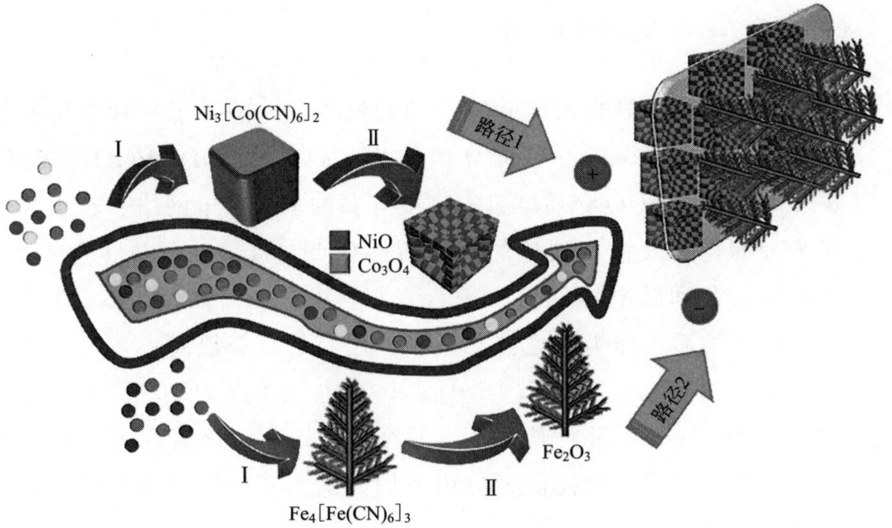

图 1.14
Fe_2O_3 微米叶子和 NiO/Co_3O_4 微米立方体制备过程示意图

目前由于金属氧化物电导率较低，在其中引入碳基材料有利于形成连续的导电网络和贯穿整个电极的离子传输路径，从而最大限度地利用活性位点[139]。Zhou 等[139] 通过 Ostwald（奥斯特瓦尔德）熟化法合成了三维石墨烯（3DG）/MOF 复合材料，并通过简单的步骤转化为 3DG/$Ni_xCo_{1-x}O$ 气凝胶，将 $Ni_xCo_{1-x}O$ 纳米颗粒分散在 3DG 骨架上，如图 1.15 所示。这种分级结构大大增强了 $Ni_xCo_{1-x}O$ 纳米颗粒与石墨烯之间的接触。电化学测试表明，在 $1A \cdot g^{-1}$ 电流密度下，3DG/$Ni_xCo_{1-x}O$ 电极的比容量为 $697.8F \cdot g^{-1}$，电流密度从 $1A \cdot g^{-1}$ 增加到 $20A \cdot g^{-1}$ 时，容量保持率为 89%。在电流密度 $1A \cdot g^{-1}$ 下，循环 10000 次后，容量保持率为 81%。

构建具有大界面面积的石墨烯基异质结是提高超级电容器电化学性能的有效途径，Wu 等[140] 以 PB/GO 复合气凝胶为前驱体，通过

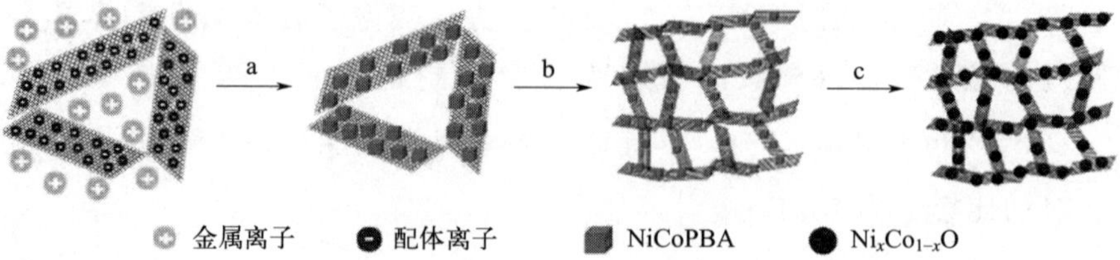

图 1.15

3DG/$Ni_xCo_{1-x}O$ 气凝胶制备过程示意图

过渡金属离子诱导自组装和随后的煅烧工艺，制备了一种新型的超小非晶 Fe_2O_3 纳米点/石墨烯异质结构（α-Fe_2O_3 NDs/RGO）气凝胶。α-Fe_2O_3 NDs/RGO 异质结具有高度互联的多孔导电网络、较大的异质结界面面积和大量可到达的反应活性位点，极大地促进了电子转移、电解质扩散和赝电容反应的进行。所得的 α-Fe_2O_3 NDs/RGO 气凝胶经机械压缩后可作为柔性独立电极，比容量显著提高，在电流密度为 $1A \cdot g^{-1}$ 时比容量为 $347.4F \cdot g^{-1}$，在电流密度为 $10A \cdot g^{-1}$ 时比容量为 $184F \cdot g^{-1}$，并且具有良好的循环稳定性。该研究为高性能石墨烯基复合电极的设计提供了应用案例，也为开发先进的柔性储能器件提供了参考。

参考文献

[1] Tang C M，Liu S X，Huo J C，et al. Effect of calcination temperature on the microstructure and electrochemical performance of $NaFePO_4$/C cathode materials for sodium-ion battery [J]. Journal of Materials Science：Materials in Electronics，2024，35 (35)：2225.

[2] Tang C M，Ma W，Huo J C，et al. Preparation of different phase structure nano sized $FePO_4$/C cathode material by ultrasonic-assisting and their electrochemical performance [J]. RSC Advances，2025，15 (8)：6281-6290.

[3] Melkiyur I，Rathinam Y，Kumar P S，et al. A comprehensive review on novel quaternary metal oxide and sulphide electrode materials for supercapacitor：Origin，fundamentals，present perspectives and future aspects [J]. Renewable and Sustainable Energy Reviews，2023，173：113106.

[4] Chettiannan B，Dhandapani E，Arumugam G，et al. Metal-organic frameworks：A comprehensive review on common approaches to enhance the energy storage capacity in supercapacitor [J]. Coordination Chemistry Reviews，2024，518：216048.

[5] Gaikwad P，Tiwari N，Kamat R，et al. A comprehensive review on the progress of transi-

tion metal oxides materials as a supercapacitor electrode [J]. Materials Science and Engineering: B, 2024, 307: 117544.

[6] Conway B E. Electrochemical supercapacitors: Scientific fundamentals and technological applications [M]. New York: Springer, 1999.

[7] Chen Z, Qin Y C, Weng D, et al. Design and synthesis of hierarchical nanowire composites for electrochemical energy storage [J]. Advanced Functional Materials, 2009, 19 (21): 3420-3426.

[8] Hui K N, Hui K S, Tang Z K, et al. Hierarchical chestnut-like $MnCo_2O_4$ nanoneedles grown on nickel foam as binder-free electrode for high energy density asymmetric supercapacitors [J]. Journal of Power Sources, 2016, 330: 195-203.

[9] Sahoo R, Lee T H, Pham D T, et al. Fast-charging high-energy battery-supercapacitor hybrid: Anodic reduced graphene oxide-vanadium (Ⅳ) oxide sheet-on-sheet heterostructure [J]. ACS Nano, 2019, 13 (9): 10776-10786.

[10] Rightmire R A. Electrical energy storage apparatus [P]. US3288641. 1966-9-29.

[11] Kötz R, Carlen M. Principles and applications of electrochemical capacitors [J]. Electrochimica Acta, 2000, 45 (15-16): 2483-2498.

[12] Boos D L, Heights G. Electrolytic capacitor having carbon paste electrodes [P]. US3536963. 1970-10-27.

[13] Jadhav V V, Mane R S, Shinde P V. Bismuth-ferrite-based electrochemical supercapacitors [M]. Cham: Springer International Publishing, 2020.

[14] González A, Goikolea E, Barrena J A, et al. Review on supercapacitors: Technologies and materials [J]. Renewable and Sustainable Energy Reviews, 2016, 58: 1189-1206.

[15] Nimmakayala D, Srivastava S, Kumar S. Self-discharge in supercapacitors. part Ⅰ: Conway's diagnostics [J]. WIREs Energy and Environment, 2024, 13 (2): e515.

[16] Conway B E, Pell W G, Liu T C. Diagnostic analyses for mechanisms of self-discharge of electrochemical capacitors and batteries [J]. Journal of Power Sources, 1997, 65 (1-2): 53-59.

[17] Andreas H A, Black J M, Oickle A A. Self-discharge in manganese oxide electrochemical capacitor electrodes in aqueous electrolytes with comparisons to faradaic and charge redistribution models [J]. Electrochimica Acta, 2014, 140: 116-124.

[18] Andreas H A, Lussier K, Oickle A M. Effect of Fe-contamination on rate of self-discharge in carbon-based aqueous electrochemical capacitors [J]. Journal of Power Sources, 2009, 187 (1): 275-283.

[19] Andreas H A. Self-discharge in electrochemical capacitors: A perspective article [J]. Journal of the Electrochemical Society, 2015, 162 (5): A5047-A5053.

[20] Zagrebelnyy O A, Ivanova A G, Masalovich M S, et al. Electrochemical pseudocapacitor self-discharge estimation procedure based on the electrode cyclic voltammograms [J]. Glass Physics and Chemistry, 2017, 43 (3): 267-271.

[21] Niu J J, Conway B E, Pell W G. Comparative studies of self-discharge by potential decay and float-current measurements at C double-layer capacitor and battery electrodes [J]. Journal of Power Sources, 2004, 135 (1-2): 332-343.

[22] Wang T, Chen H C, Yu F, et al. Boosting the cycling stability of transition metal compounds-based supercapacitors [J]. Energy Storage Materials, 2019, 16: 545-573.

[23] Joseph A, Mathew A, Perikkathra S, et al. Recent advances in and perspectives on binder materials for supercapacitors-a review [J]. European Polymer Journal, 2024, 210: 112941.

[24] Pell W G, Conway B E. Voltammetry at a de Levie brush electrode as a model for electrochemical supercapacitor behaviour [J]. Journal of Electroanalytical Chemistry, 2001, 500 (1-2): 121-133.

[25] Pal B, Yang S Y, Ramesh S, et al. Electrolyte selection for supercapacitive devices: A critical review [J]. Nanoscale Advances, 2019, 1 (10): 3807-3835.

[26] Kartha T R, Mallik B S. Ionic conductance and viscous drag in water-in-salt electrolytes for lithium and sodium ion batteries and supercapacitors [J]. Materials Today Communications, 2020, 25: 101588.

[27] Xu Y F, Lu W B, Xu G B, et al. Structural supercapacitor composites: A review [J]. Composites Science and Technology, 2021, 204: 108636.

[28] Trivedi H, Verma K D, Sinha P, et al. Handbook of nanocomposite supercapacitor materials Ⅲ [M]. Cham: Springer Nature Switzerland AG, 2021.

[29] Naseri F, Karimi S, Farjah E, et al. Supercapacitor management system: A comprehensive review of modeling, estimation, balancing, and protection techniques [J]. Renewable and Sustainable Energy Reviews, 2022, 155: 111913.

[30] Fayed M G, Attia S Y, Barakat Y F, et al. Carbon and nitrogen Co-doped MoS_2 nanoflakes as an electrode material for lithium-ion batteries and supercapacitors [J]. Sustainable Materials and Technologies, 2021, 29: e00306.

[31] Qi J L, Yan Y T, Cai Y F, et al. Nanoarchitectured design of vertical-standing arrays for supercapacitors: Progress, challenges, and perspectives [J]. Advanced Functional Materials, 2021, 31 (3): 2006030.

[32] Yuan F, Zhang W X, Zhang D, et al. Recent progress in electrochemical performance of binder-free anodes for potassium-ion batteries [J]. Nanoscale, 2021, 13 (12): 5965-5984.

[33] Zheng J P, Huang J, Jow T R. The limitations of energy density for electrochemical capacitors [J]. Journal of the Electrochemical Society, 1997, 144 (6): 2026-2031.

[34] Kitchamsetti N. A review on recent advances in Prussian blue, its analogues, and their derived materials as electrodes for high performance supercapacitors [J]. Journal of Energy Storage, 2023, 73: 108958.

[35] Yu Z N, Tetard L, Zhai L, et al. Supercapacitor electrode materials: Nanostructures

from 0 to 3 dimensions [J]. Energy & Environmental Science, 2015, 8 (3): 702-730.

[36] Barbieri O, Hahn M, Herzog A, et al. Capacitance limits of high surface area activated carbons for double layer capacitors [J]. Carbon, 2005, 43 (6): 1303-1310.

[37] Kumar Y, Gupta A, Thakur A K, et al. Advancement and current scenario of engineering and design in transparent supercapacitors: Electrodes and electrolyte [J]. Journal of Nanoparticle Research, 2021, 23 (5): 119.

[38] Yeasmin S, Mahanta D. Asymmetric flexible supercapacitors: An overview of principle, materials and mechanism [M]. Beverly: Scrivener Publishing LLC, 2021.

[39] Su X L, Ye J L, Zhu Y W. Advances in *in situ* characterizations of electrode materials for better supercapacitors [J]. Journal of Energy Chemistry, 2021, 54: 242-253.

[40] Bolt G H. Analysis of the validity of the Gouy-Chapman theory of the electric double layer [J]. Journal of Colloid Science, 1955, 10 (2): 206-218.

[41] Wang H N, Pilon L. Accurate simulations of electric double layer capacitance of ultramicroelectrodes [J]. The Journal of Physical Chemistry C, 2011, 115 (33): 16711-16719.

[42] Oldham K B. A Gouy-Chapman-Stern model of the double layer at a (metal) / (ionic liquid) interface [J]. Journal of Electroanalytical Chemistry, 2008, 613 (2): 131-138.

[43] Zhang L L, Zhao X S. Carbon-based materials as supercapacitor electrodes [J]. Chemical Society Reviews, 2009, 38 (9): 2520-2531.

[44] Simon P, Gogotsi Y, Dunn B. Where do batteries end and supercapacitors begin? [J]. Science, 2014, 343 (6176): 1210-1211.

[45] Alom M S, Ramezanipour F. Pseudocapacitive charge storage in layered oxides $SrLaFe_{1-x}Co_xO_{4-\delta}$ ($x=0$-1) [J]. Materials Letters, 2021, 295: 129859.

[46] Roy A, Cancino-Gordillo F E, Saha S, et al. Performance of asymmetric supercapacitor fabricated with perovskite-type Sr^{2+}-incorporated $LaMnO_3$ ($La_{0.7}Sr_{0.3}MnO_3$) nanostructures in neutral 1M Na_2SO_4 aqueous electrolyte [J]. International Journal of Energy Research, 2021, 45 (9): 14021-14033.

[47] Muniraj V K A, Kamaja C K, Shelke M V. $RuO_2 \cdot nH_2O$ nanoparticles anchored on carbon nano-onions: An efficient electrode for solid state flexible electrochemical supercapacitor [J]. ACS Sustainable Chemistry & Engineering, 2016, 4 (5): 2528-2534.

[48] Sagadevan S, Marlinda A R, Chowdhury Z Z, et al. Fundamental electrochemical energy storage systems [M]. Oxford: Elsevier Inc., 2021.

[49] Wang Z L, Hannula P M, De S, et al. Controllable production of Ag/Zn and Ag particles from hydrometallurgical zinc solutions [J]. ACS Sustainable Chemistry & Engineering, 2021, 9 (24): 8186-8197.

[50] Jiang Y Q, Liu J P. Definitions of pseudocapacitive materials: A brief review [J]. Energy & Environmental Materials, 2019, 2 (1): 30-37.

[51] Fleischmann S, Mitchell J B, Wang R C, et al. Pseudocapacitance: From fundamental

understanding to high power energy storage materials [J]. Chemical Reviews, 2020, 120 (14): 6738-6782.

[52] Choi C, Ashby D S, Butts D M, et al. Achieving high energy density and high power density with pseudocapacitive materials [J]. Nature Reviews Materials, 2019, 5 (1): 5-19.

[53] Liu T Y, Finn L, Yu M H, et al. Polyaniline and polypyrrole pseudocapacitor electrodes with excellent cycling stability [J]. Nano Letters, 2014, 14 (5): 2522-2527.

[54] Conway B E, Pell W G. Double-layer and pseudocapacitance types of electrochemical capacitors and their applications to the development of hybrid devices [J]. Journal of Solid State Electrochemistry, 2003, 7 (9): 637-644.

[55] Renani T S, Khoshfetrat S M, Arjomandi J, et al. Fabrication and design of new redox active azure A/3D graphene aerogel and conductive trypan blue-nickel MOF nanosheet array electrodes for an asymmetric supercapattery [J]. Journal of Materials Chemistry A, 2021, 9 (21): 12853-12869.

[56] Engelsmann K, Lorenz W J, Schmidt E. Underpotential deposition of lead on polycrystalline and single-crystal gold surfaces Part Ⅰ. Thermodynamics [J]. Journal of Electroanalytical Chemistry and Interfacial Electrochemistry, 1980, 114 (1): 1-10.

[57] Dai S G, Xu W N, Xi Y, et al. Charge storage in KCu_7S_4 as redox active material for a flexible all-solid-state supercapacitor [J]. Nano Energy, 2016, 19: 363-372.

[58] Sagadevan S, Marlinda A R, Johan M R, et al. Reduced graphene/nanostructured cobalt oxide nanocomposite for enhanced electrochemical performance of supercapacitor applications [J]. Journal of Colloid and Interface Science, 2020, 558: 68-77.

[59] Becker H I. Low voltage electrolytic capacitor [M]. US2800616. 1957-7-23.

[60] Zhai Z Z, Zhang L H, Du T M, et al. A review of carbon materials for supercapacitors [J]. Materials & Design, 2022, 221: 111017.

[61] 原长洲. 钴镍金属氧化物及混合超级电容器的电化学电容行为 [D]. 乌鲁木齐: 新疆大学, 2006.

[62] 张换红. NiO 超级电容器电极复合材料的制备及性能研究 [D]. 沈阳: 沈阳理工大学, 2015.

[63] Simon P, Burke A. Nanostructured carbons: Double-layer capacitance and more [J]. The Electrochemical Society Interface, 2008, 17 (1): 38-43.

[64] Simon P, Gogotsi Y. Materials for electrochemical capacitors [J]. Nature Materials, 2008, 7 (11): 845-854.

[65] Jurewicz K, Vix-Guterl C, Frackowiak E, et al. Capacitance properties of ordered porous carbon materials prepared by a templating procedure [J]. Journal of Physics and Chemistry of Solids, 2004, 65 (2-3): 287-293.

[66] Jiang J H, Zhang L, Wang X Y, et al. Highly ordered macroporous woody biochar with ultra-high carbon content as supercapacitor electrodes [J]. Electrochimica Acta, 2013,

113：481-489.

[67] Frackowiak E，Jurewicz K，Delpeux S，et al. Nanotubular materials for supercapacitors [J]. Journal of Power Sources，2001，97：822-825.

[68] Futaba D N，Hata K J，Yamada T，et al. Shape-engineerable and highly densely packed single-walled carbon nanotubes and their application as super-capacitor electrodes [J]. Nature Materials，2006，5 (12)：987-994.

[69] Niu C M，Sichel E K，Hoch R，et al. High power electrochemical capacitors based on carbon nanotube electrodes [J]. Applied Physics Letters，1997，70 (11)：1480-1482.

[70] Geim A K，Novoselov K S. The rise of graphene [J]. Nature Materials，2007，6 (3)：183-191.

[71] Bai L，Hou C M，Wen X D，et al. Catalysis of oxygen reduction reaction on atomically dispersed copper- and nitrogen-cooped graphene [J]. ACS Applied Energy Materials，2019，2 (7)：4755-4762.

[72] Chen Y，Yue Y Y，Wang S R，et al. Graphene as a transparent and conductive electrode for organic optoelectronic devices [J]. Advanced Electronic Materials，2019，5 (10)：1900247.

[73] Bai R G，Ninan N，Muthoosamy K，et al. Graphene：A versatile platform for nanotheranostics and tissue engineering [J]. Progress in Materials Science，2018，91：24-69.

[74] Zhang H，Zhang H L，Aldalbahi A，et al. Fluorescent biosensors enabled by graphene and graphene oxide [J]. Biosensors and Bioelectronics，2017，89：96-106.

[75] Alshamkhani M T，Teong L K，Putri L K，et al. Effect of graphite exfoliation routes on the properties of exfoliated graphene and its photocatalytic applications [J]. Journal of Environmental Chemical Engineering，2021，9 (6)：106506.

[76] Agarwal V，Zetterlund P B. Strategies for reduction of graphene oxide A comprehensive review [J]. Chemical Engineering Journal，2021，405：127018.

[77] Qu Q，Zhang P，Wang B，et al. Electrochemical performance of MnO_2 nanorods in neutral aqueous electrolytes as a cathode for asymmetric supercapacitors [J]. Journal of Physical Chemistry C，2009，113 (31)：14020-14027.

[78] Wu S H，Zhang Q Z，Yang H X，et al. Advances in two-dimensional heterostructures by mono-element intercalation underneath epitaxial graphene [J]. Progress in Surface Science，2021，96 (3)：100637.

[79] Zhu Q，Ong P J，Goh S H A，et al. Recent advances in graphene-based phase change composites for thermal energy storage and management [J]. Nano Materials Science，2024，6 (2)：115-138.

[80] Vivekchand S R C，Rout C S，Subrahmanyam K S，et al. Graphene-based electrochemical supercapacitors [J]. Journal of Chemical Sciences，2008，120 (1)：9-13.

[81] Stoller M D，Park S，Zhu Y W，et al. Graphene-based ultracapacitors [J]. Nano Letters，2008，8 (10)：3498-3502.

[82] Wang Y, Shi Z Q, Huang Y, et al. Supercapacitor devices based on graphene materials [J]. The Journal of Physical Chemistry C, 2009, 113 (30): 13103-13107.

[83] Xia J L, Chen F, Li J H, et al. Measurement of the quantum capacitance of graphene [J]. Nature Nanotechnology, 2009, 4 (8): 505-509.

[84] Liu C G, Yu Z N, Neff D, et al. Graphene-based supercapacitor with an ultrahigh energy density [J]. Nano Letters, 2010, 10 (12): 4863-4868.

[85] Wu Z S, Zhou G M, Yin L C, et al. Graphene/metal oxide composite electrode materials for energy storage [J]. Nano Energy, 2012, 1 (1): 107-131.

[86] 崔海伟. 两性表面活性剂自组装体系中导电聚合物 PEDOT 的电聚合研究 [D]. 济南: 山东大学, 2023.

[87] Liu F W, Luo S J, Liu D, et al. Facile processing of free-standing polyaniline/SWCNT film as an integrated electrode for flexible supercapacitor application [J]. ACS Applied Materials & Interfaces, 2017, 9 (39): 33791-33801.

[88] Liu X B, Wu Z P, Yin Y H. Hierarchical $NiCo_2S_4$@PANI core/shell nanowires grown on carbon fiber with enhanced electrochemical performance for hybrid supercapacitors [J]. Chemical Engineering Journal, 2017, 323: 330-339.

[89] Guo S N, Shen H K, Tie Z F, et al. Three-dimensional cross-linked Polyaniline fiber/N-doped porous carbon with enhanced electrochemical performance for high-performance supercapacitor [J]. Journal of Power Sources, 2017, 359: 285-294.

[90] Hong X D, Zhang B B, Murphy E, et al. Three-dimensional reduced graphene oxide/polyaniline nanocomposite film prepared by diffusion driven layer-by-layer assembly for high-performance supercapacitors [J]. Journal of Power Sources, 2017, 343: 60-66.

[91] Itoi H, Hayashi S, Matsufusa H, et al. Electrochemical synthesis of polyaniline in the micropores of activated carbon for high-performance electrochemical capacitors [J]. Chemical Communications, 2017, 53 (22): 3201-3204.

[92] Xu G Y, Dou H, Geng X M, et al. Free standing three-dimensional nitrogen-doped carbon nanowire array for high-performance supercapacitors [J]. Chemical Engineering Journal, 2017, 308: 222-228.

[93] Sajedi-Moghaddam A, Mayorga-Martinez C C, Sofer Z, et al. Black phosphorus nanoflakes/polyaniline hybrid material for high-performance pseudocapacitors [J]. The Journal of Physical Chemistry C, 2017, 121 (37): 20532-20538.

[94] Zhou K, He Y, Xu Q C, et al. A hydrogel of ultrathin pure polyaniline nanofibers: Oxidant-templating preparation and supercapacitor application [J]. ACS Nano, 2018, 12 (6): 5888-5894.

[95] Du P C, Dong Y M, Kang H X, et al. Graphene-wrapped polyaniline nanowire array modified functionalized of carbon cloth for high-performance flexible solid-state supercapacitor [J]. ACS Sustainable Chemistry & Engineering, 2018, 6 (11): 14723-14733.

[96] Li H, Zeng Y J, Hu X J, et al. Thickness-dependent magnetotransport: From multilayer

graphene to few-layer graphene [J]. Carbon, 2017, 124: 193-200.

[97] Liu X, Zhao X H, Yu Y Y, et al. Facile fabrication of conductive polyaniline nanoflower modified electrode and its application for microbial energy harvesting [J]. Electrochimica Acta, 2017, 255: 41-47.

[98] Pan L J, Yu G H, Zhai D Y, et al. Hierarchical nanostructured conducting polymer hydrogel with high electrochemical activity [J]. Proceedings of the National Academy of Sciences of the United States of America, 2012, 109 (24): 9287-9292.

[99] Guo H T, He W N, Lu Y, et al. Self-crosslinked polyaniline hydrogel electrodes for electrochemical energy storage [J]. Carbon, 2015, 92: 133-141.

[100] Pedrós J, Boscá A, Martínez J, et al. Polyaniline nanofiber sponge filled graphene foam as high gravimetric and volumetric capacitance electrode [J]. Journal of Power Sources, 2016, 317: 35-42.

[101] Malik R, Zhang L, McConnell C, et al. Three-dimensional, free-standing polyaniline/carbon nanotube composite-based electrode for high-performance supercapacitors [J]. Carbon, 2017, 116: 579-590.

[102] Liu M K, Li B M, Zhou H, et al. Extraordinary rate capability achieved by a 3D "skeleton/skin" carbon aerogel-polyaniline hybrid with vertically aligned pores [J]. Chemical Communications, 2017, 53 (19): 2810-2813.

[103] Chao J, Yang L C, Liu J W, et al. Sandwiched MoS_2/polyaniline nanosheets array vertically aligned on reduced graphene oxide for high performance supercapacitors [J]. Electrochimica Acta, 2018, 270: 387-394.

[104] Bavio M A, Acosta G G, Kessler T, et al. Flexible symmetric and asymmetric supercapacitors based in nanocomposites of carbon cloth/polyaniline - carbon nanotubes [J]. Energy, 2017, 130: 22-28.

[105] Zhang Q E, Zhou A A, Wang J J, et al. Degradation-induced capacitance: A new insight into the superior capacitive performance of polyaniline/graphene composites [J]. Energy & Environmental Science, 2017, 10 (11): 2372-2382.

[106] VahidMohammadi A, Moncada J, Chen H Z, et al. Thick and freestanding MXene/PANI pseudocapacitive electrodes with ultrahigh specific capacitance [J]. Journal of Materials Chemistry A, 2018, 6 (44): 22123-22133.

[107] Chen X Y, Gao S, Mi H Y, et al. Hierarchical double-shelled frameworks of polyaniline@N-doped porous carbon for supercapacitors [J]. Applied Surface Science, 2019, 486: 490-498.

[108] 王镇．聚苯胺作为超级电容器电极材料的研究 [D]. 哈尔滨：哈尔滨工业大学，2020.

[109] Sadki S, Schottland P, Brodie N, et al. The mechanisms of pyrrole electropolymerization [J]. Chemical Society Reviews, 2000, 29 (5): 283-293.

[110] Sultana I, Rahman M M, Li S, et al. Electrodeposited polypyrrole (PPy) /Para (toluene sulfonic acid) (pTS) free-standing film for lithium secondary battery application [J].

Electrochimica Acta, 2012, 60: 201-205.

[111] Wang Z F, Zhu M S, Pei Z X, et al. Polymers for supercapacitors: Boosting the development of the flexible and wearable energy storage [J]. Materials Science and Engineering: R: Reports, 2020, 139: 100520.

[112] Yang P H, Mai W J. Flexible solid-state electrochemical supercapacitors [J]. Nano Energy, 2014, 8: 274-290.

[113] Hughes M, Chen G Z, Shaffer M S P, et al. Controlling the nanostructure of electrochemically grown nanoporous composites of carbon nanotubes and conducting polymers [J]. Composites Science and Technology, 2004, 64 (15): 2325-2331.

[114] Snook G A, Kao P, Best A S. Conducting-polymer-based supercapacitor devices and electrodes [J]. Journal of Power Sources, 2011, 196 (1): 1-12.

[115] 杨丽佳．聚吡咯基电极材料的制备及电化学性能研究 [D]．镇江：江苏科技大学，2019.

[116] Shaheen I, Hussain I, Zahra T, et al. Recent advancements in metal oxides for energy storage materials: Design, classification, and electrodes configuration of supercapacitor [J]. Journal of Energy Storage, 2023, 72: 108719.

[117] Wu N L, Kuo S L, Lee M H. Preparation and optimization of RuO_2-impregnated SnO_2 xerogel supercapacitor [J]. Journal of Power Sources, 2002, 104 (1): 62-65.

[118] Zheng J P, Cygan P J, Jow T R. Hydrous ruthenium oxide as an electrode material for electrochemical capacitors [J]. Journal of the Electrochemical Society, 1995, 142 (8): 2699-2703.

[119] Sun Z P, Firdoz S, Yap E Y, et al. Hierarchically structured MnO_2 nanowires supported on hollow Ni dendrites for high-performance supercapacitors [J]. Nanoscale, 2013, 5 (10): 4379-4387.

[120] Li S, Yu L L, Li R B, et al. Template-free and room-temperature synthesis of 3D sponge-like mesoporous Mn_3O_4 with high capacitive performance [J]. Energy Storage Materials, 2018, 11: 176-183.

[121] Fan H Q, Quan L X, Yuan M Q, et al. Thin Co_3O_4 nanosheet array on 3D porous graphene/nickel foam as a binder-free electrode for high-performance supercapacitors [J]. Electrochimica Acta, 2016, 188: 222-229.

[122] Wang C, Wang J Y, Hu W P, et al. Controllable synthesis of hollow multishell structured Co_3O_4 with improved rate performance and cyclic stability for supercapacitors [J]. Chemical Research in Chinese Universities, 2020, 36 (1): 68-73.

[123] Wei G, Yan L Q, Huang H F, et al. The hetero-structured nanoarray construction of Co_3O_4 nanowires anchored on nanoflakes as a high-performance electrode for supercapacitors [J]. Applied Surface Science, 2021, 538: 147932.

[124] Zhang Y F, Li L Q, Su H Q, et al. Binary metal oxide: Advanced energy storage materials in supercapacitors [J]. Journal of Materials Chemistry A, 2015, 3 (1): 43-59.

[125] Hussain I, Iqbal S, Hussain T, et al. An oriented Ni-Co-MOF anchored on solution-free 1D CuO: A p-n heterojunction for supercapacitive energy storage [J]. Journal of Materials Chemistry A, 2021, 9 (33): 17790-17800.

[126] Hussain I, Lamiel C, Sahoo S, et al. Factors affecting the growth formation of nanostructures and their impact on electrode materials: A systematic review [J]. Materials Today Physics, 2022, 27: 100844.

[127] Shaheen I, Ahmad K S, Zequine C, et al. Functionalization of MoO_3 $NiMoO_4$ nanocomposite using organic template for energy storage application [J]. Journal of Energy Storage, 2020, 29: 101309.

[128] Qu Z C, Shi M J, Wu H Z, et al. An efficient binder-free electrode with multiple carbonized channels wrapped by $NiCo_2O_4$ nanosheets for high-performance capacitive energy storage [J]. Journal of Power Sources, 2019, 410: 179-187.

[129] Kaverlavani S K, Moosavifard S E, Bakouei A. Designing graphene-wrapped nanoporous $CuCo_2O_4$ hollow spheres electrodes for high-performance asymmetric supercapacitors [J]. Journal of Materials Chemistry A, 2017, 5 (27): 14301-14309.

[130] Wang Y G, Zhang X G. Preparation and electrochemical capacitance of RuO_2/TiO_2 nanotubes composites [J]. Electrochimica Acta, 2004, 49 (12): 1957-1962.

[131] Ikkala O, ten Brinke G. Functional materials based on self-assembly of polymeric supramolecules [J]. Science, 2002, 295 (5564): 2407-2409.

[132] Choi K M, Jeong H M, Park J H, et al. Supercapacitors of nanocrystalline metal-organic frameworks [J]. ACS Nano, 2014, 8 (7): 7451-7457.

[133] Wang J G, Zhang Z Y, Zhang X Y, et al. Cation exchange formation of Prussian blue analogue submicroboxes for high-performance Na-ion hybrid supercapacitors [J]. Nano Energy, 2017, 39: 647-653.

[134] Zhang X, Jiang J T, Chen Y, et al. A flexible and high voltage symmetric supercapacitor based on hybrid configuration of cobalt hexacyanoferrate/reduced graphene oxide hydrogels [J]. Chemical Engineering Journal, 2018, 335: 321-329.

[135] Goda E S, Lee S, Sohail M, et al. Prussian blue and its analogues as advanced supercapacitor electrodes [J]. Journal of Energy Chemistry, 2020, 50: 206-229.

[136] Zakaria M B, Chikyow T. Recent advances in Prussian blue and Prussian blue analogues: Synthesis and thermal treatments [J]. Coordination Chemistry Reviews, 2017, 352: 328-345.

[137] Wei X J, Hu W P, Peng H R, et al. High energy capacitors based on all metal-organic frameworks derivatives and solar-charging station application [J]. Small, 2019, 15 (30): 1902280.

[138] Al Kiey S A, Abdelhamid H N. Metal-organic frameworks (MOFs) -derived Co_3O_4@N-doped carbon as an electrode materials for supercapacitor [J]. Journal of Energy Storage, 2022, 55: 105449.

[139] Zhou Y, Wen L L, Zhan K, et al. Three-dimensional porous graphene/nickel cobalt mixed oxide composites for high-performance hybrid supercapacitor [J]. Ceramics International, 2018, 44 (17): 21848-21854.

[140] Wu C X, Zhang Z F, Chen Z H, et al. Rational design of novel ultra-small amorphous Fe_2O_3 nanodots/graphene heterostructures for all-solid-state asymmetric supercapacitors [J]. Nano Research, 2021, 14 (4): 953-960.

第2章

金属有机框架材料的基本性质

2.1 金属有机框架材料的简介

MOFs是过去十年来纳米技术中最引人注目的材料之一，是由金属离子或金属团簇与有机配体配位而成的一系列具有类沸石结构的多孔材料。首先，MOFs的合成受金属中心和有机配体的影响，到目前为止，已有超过2万个MOFs被报道，数量仍呈指数级增长。其次，MOFs结构可以通过改变组成部分的几何结构来很好地控制并得到一维（1D）、二维（2D）或3D结构，如图2.1所示。MOFs的维度很重要，它影响了可到达的孔隙结构和比表面积[1-3]。MOFs的尺寸、形态和孔隙率也可以通过不同的合成过程进行精确调控，同时超高比表面积（1000～10000$m^2 \cdot g^{-1}$）使其比传统的沸石和介孔碳等多孔材料更具吸引力[4]。

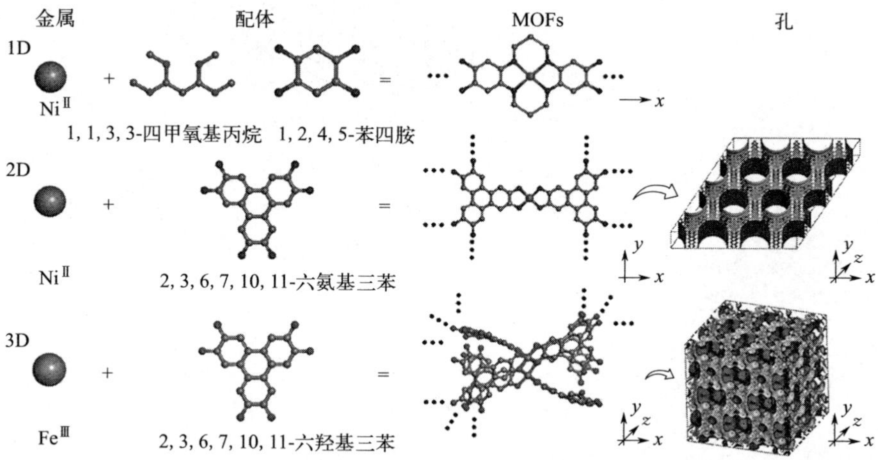

图 2.1

MOFs的设计策略

MOFs在20世纪90年代末开始受到关注，并在Omar Yaghi教授的引领下成为一个迅速发展的研究领域。它们的实际应用包括但不限于传感、催化、离子交换、吸附、分离以及气体和能量存储等诸多领域[5]。因此，这些框架展示了它们在革命性材料设计方面的卓越优势和广阔前景。

最初，人们认为原始MOFs缺乏有效的导电能力，不适合用于电化学应用。然而，在成功地利用不同 MOFs 及其衍生物和复合材料制备可充电电池、电化学传感器（特别是超级电容器）的电极后，战略性地设计和合成具有定制电化学性能的 MOFs 及其衍生物已经变得非常重要。MOFs 在结构上的可调节性和可修饰的潜力，为解决超级电容器中使用的电极材料的固有缺陷提供了一个有效的途径。尽管在预测和控制这些框架的整体拓扑结构方面存在挑战，但将氧化还原活性金属中心、供电子/受电子配体和专门设计的构筑单元引入到 MOFs 中，使它们能够转化为功能材料。此外，它们的衍生物包括金属氧化物、金属硫化物、金属磷化物等，具有较高的比表面积和孔隙分布，这是实现优异电化学性能的关键因素。此外，MOFs 的定制设计可构建分层结构，促进离子的快速扩散，从而加速充电和放电过程。

目前，利用 MOFs 进行高效能量存储和转换的研究仍处于早期阶段，大多数研究都集中在利用 MOFs 衍生的材料上，如金属氧化物、碳质多孔物质或碳和金属复合的纳米材料。这主要是因为纯 MOFs 在电子导电性和电化学性能方面存在固有的局限性，直接利用纯 MOFs 作为电极材料，很难取得预期的电化学性能[6]。

因此，研究人员利用多种方法来提高 MOFs 的性能，使其适合于储能应用，主要包括以下四种常用策略[7]，如图 2.2 所示。①氧化还原法：将具有氧化还原能力的金属中心或连接体引入到 MOFs 结构中是一种策略。这些金属具有可逆氧化还原反应的能力，从而提高了材料的整体导电性和性能。②复合材料的制备：通过将金属氧化物、碳材料、层状双氢氧化合物片材或导电添加剂等导电物质集成到 MOFs 结构中来制

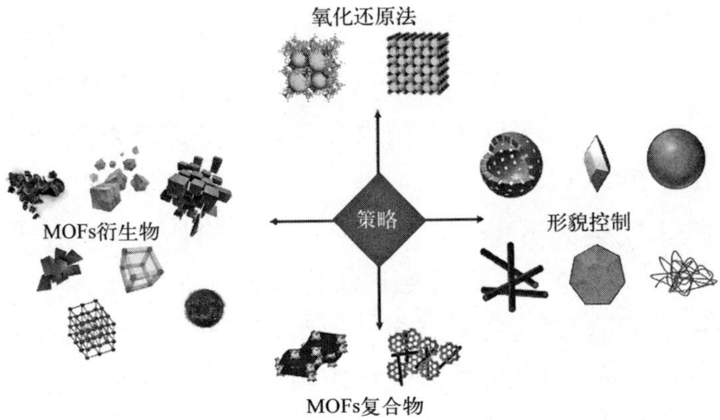

图 2.2
提高 MOFs 电化学性能的四种常用策略

备复合材料是另一种选择。这些额外的物质建立了电子转移的途径，从而提高了复合材料的导电性。③MOFs 作为衍生物的模板：MOFs 的衍生物对环境因素、化学分解和物理应力的耐受性增强。近几十年来，这一突破性的策略被研究人员广泛用于设计高性能和稳定的超级电容器电极。④精确控制 MOFs 结构：该策略与前面提到的策略结合使用。电子排列和分子形态对导电特性和电荷存储机制起着关键作用，它涉及对金属离子、有机配体及其比例等影响因素的精确调节，以及对 MOFs 的化学修饰，通过控制形貌可以显著提高电化学性能。

2.2 金属有机框架材料的主要特性

2.2.1 可调节的孔隙

永久、高度有序的孔隙结构是 MOFs 最显著的特征之一，也是其各种功能的基础，如图 2.3 所示[8,9]。目前开发的 MOFs 大多为微孔（孔径＜2nm），对氢气、二氧化碳等多种气体具有良好的吸附能力。虽然高微孔体积和大比表面积在许多应用中是理想的，但这种窄孔结构难以容纳大分子或锚定功能性，也不利于快速的质量传递和转移，从而限制了它们在存储、分离、催化和药物输送中的应用。对于一些较新的应用，如催化和药物载体，介孔 MOFs（孔径 2～50nm）和大孔 MOFs（孔径＞50nm）是理想的[10,11]。MIL-100(Cr) 和 MIL-101(Cr) 是非常著名的笼型介孔 MOFs。2004 年 Férey 等人首次报道了 MIL-100(Cr) 的合成及其结构，2005 年同一组也报道了 MIL-101(Cr)[12,13]。目前 MOFs 中最大孔隙的纪录保持者是 IR-MOF-74-XI，其孔径为 98Å（$1Å=10^{-10}m$）[14]。许多策略已被证明可以有效地构建和调整大孔径 MOFs。其中，延长配体的长度是一种明显而有效的方法[14,15]。原则上，有机连接剂的线性延伸倾向于增加给定网络中 MOFs 的孔径，但当两个或多个网络发生物理互穿而非化学连接时，孔径提升会受到网络互穿效应的限制。因此，在快速发展的 MOFs 领域中，寻找具有高比表面积的新型介孔 MOFs 材料仍然是一个主要挑战[9]。最近，超分子模板作为一种替代方法出现了[16]。模板可分为硬模板（如聚苯乙烯[17-20]）和软模板（如胶束[21]、表面活性剂[22,23]、嵌段共聚物模板[24] 等）。例如，Li 等人使用两性表面活性剂作为模板，在水基体系中构建了具有均匀介孔通道和结晶微孔框架的 Zr 基介孔 MOFs[23]。

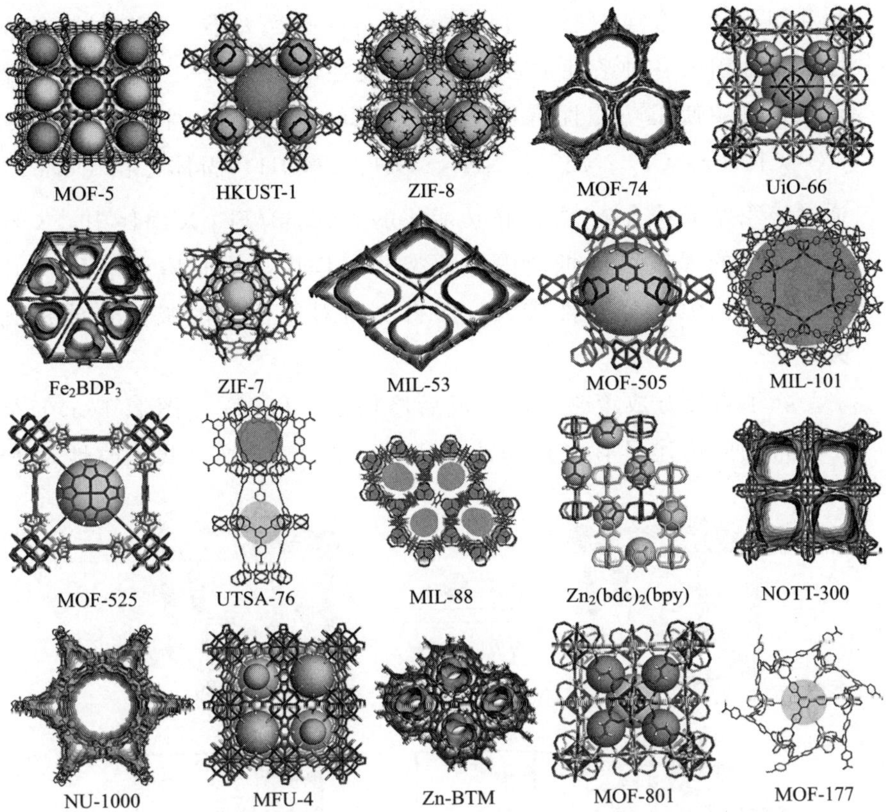

图 2.3
典型 MOFs 的孔隙结构 [8]

2.2.2 高比表面积

除了孔径之外，Brunauer-Emmet-Teller（BET）表面积和 Langmuir 表面积对于 MOFs 的功能应用也很重要[25]。NU-110 保持着迄今为止报道的所有材料的最高比表面积记录（$7140m^2 \cdot g^{-1}$）[26]。计算表明，MOFs 比表面积的理论上限约为 $14600m^2 \cdot g^{-1}$[26]，而在实际实验中可以实现如此高比表面积仍然是一个挑战。

2.2.3 可调性的结构

基于良好的多孔性，在 MOFs 框架中引入官能团以获得实际应用的功能化 MOFs 受到越来越多的关注。MOFs 具有与有机化合物相同的定制功能，这是其区别于某些无机材料的优势之一[27]。通过连接体功能化和引入功能金属中心，可以改变材料的孔径大小，调节材料的表面性能，并引入各种活性中心。制备功能性 MOFs 的一个直接策略是在合成过程中使用功能性有机配体。例如，一系列柔性 MIL-53(Fe)-X（X＝Cl、Br、CF_3、CH_3、NH_2、OH、COOH）固体已由 Devic 等人通过该策略成功合成[28]。在功能化的 MIL-53(Fe)-X 固体中，X-框架相互作用的强度可以抵消内部框架相互作用，从而诱导窄孔-大孔转变。由于孔隙的可及性较大，所得材料对线性烃的吸附性能得到了改善。

除了直接合成策略外，合成后修饰法（PSM）［图 2.4(a)］是另一种常用的构建具有多种功能的 MOFs 的方法[29]。共价改性是 PSM

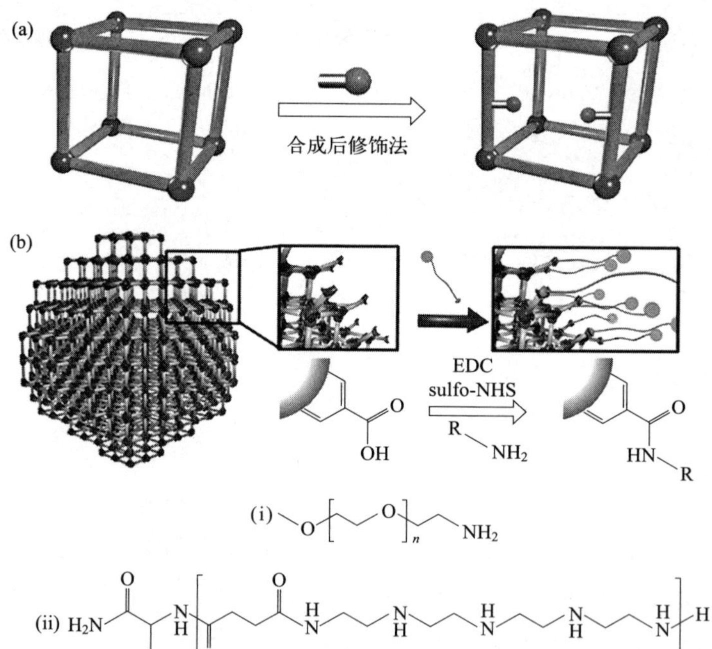

图 2.4

合成后修饰法示意图（a）与功能聚合物在 MIL-100（Fe）外表面共价附着示意图（b）

实现 MOFs 表面定制化的常用方法[30]。Zimpel 等人[30] 报道了两种功能聚合物［氨基聚乙二醇（PEG5000）和低聚氨基酰胺（Stp10-C)］通过水相温和介导反应在 MIL-100(Fe) 的外表面共价接枝［图 2.4 (b)］，得到的功能化材料具有较好的胶体稳定性和化学稳定性，在生物医学领域具有潜在的应用前景。这项工作将引发对 Fe-MOFs/环境界面的精确功能化控制的发展，并有助于扩大 MOFs-聚合物复合材料的应用潜力。

2.3 金属有机框架材料的制备方法

MOFs 的合成是由许多因素决定的，这些因素包括反应时间、温度、使用的溶剂、金属离子和有机配体的性质、节点的大小及其结构特征、反离子的存在以及结晶动力学等，这些因素调控成核和晶体生长。在大多数情况下，MOFs 的合成是通过配体和金属盐的混合溶液在液相中进行的。溶剂的选择是基于它的反应性、溶解度和氧化还原电位。溶剂在决定每个反应的热力学和活化能方面也起着重要的作用。在某些情况下，如果遇到单晶生长困难，也使用固态合成方法。反应溶液的缓慢蒸发常用于 MOFs 晶体的生长。在大多数情况下，MOFs 是在高温高压的溶剂（水）热条件下合成的，这是制备 MOFs 的经典方法。其他替代的合成方法，如机械化学、电化学、微波辅助和声化学方法，近年来也得到了发展，这些方法成本低，反应速度快，产品纯度高（图 2.5）[31-33]。

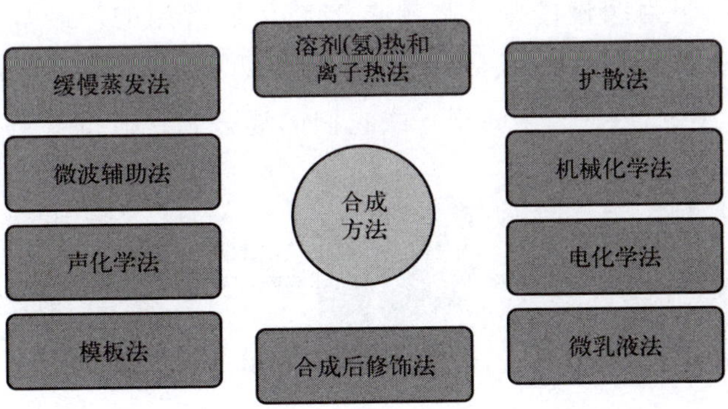

图 2.5
合成 MOFs 的方法

2.3.1 缓慢蒸发和扩散法

这两种方法都是在室温下进行的，不需要能源供应。在慢蒸发法中，将试剂溶液混合后缓慢蒸发，当达到临界浓度时形成晶体，有利于成核和晶体生长。通常使用低沸点溶剂的混合物来加速该过程[34]。在扩散法中，将两种试剂溶液用一层溶剂分隔（一层溶剂置于另一层的顶部），或通过物理屏障逐渐扩散。在某些情况下，凝胶用作结晶和扩散介质。溶剂逐渐扩散到另一层后，在层与层之间的界面处形成晶体[35]。扩散技术特别适用于产品不易溶的情况。例如，将三乙胺（Et_3N）扩散到 $Zn(NO_3)_2$ 和对苯二甲酸（H_2BDC）的二甲基甲酰胺（DMF）/氯苯溶液中，并加入少量过氧化氢促进二级构建单元中心形成 O^{2-}，制备了分子式为 $[Zn_4O(BDC)_3]\cdot(DMF)_8(C_6H_5Cl)]_n$（$BDC^{2-}$ 为 1,4-苯二羧酸盐）的 MOF-5 或 IRMOF-1[36]。

2.3.2 溶剂（水）热和离子热法

溶剂（水）热反应是在密闭容器中高于溶剂沸点的自升压力下进行[37]，如图 2.6 所示[27]。迄今为止报道的大多数 MOFs 都是在溶剂（水）热条件下合成的[31]。反应通常在极性溶剂中进行，使用封闭容器（高压灭菌器），温度在 50～260℃范围内，并且需要很长时间（数小时，有时几天）。其中，聚四氟乙烯内衬高压灭菌器可用于该温度范围内的反应。在反应中，特别是使用惰性离子时，可以通过提高反应的温度促进键的形成，并确保晶体充分结晶，因为温度也会影响晶体的形态。而延长反应时间可能会导致最终产物的分解[38]。冷却速度会影响晶体生长，需控制为缓慢冷却。高沸点溶剂是最常用的，最常见的是 DMF、二乙基甲酰胺（DEF）、MeCN（乙腈）、MeOH（甲醇）、EtOH（乙醇）、H_2O、Me_2CO（丙酮）或它们的混合物。值得注意的是，在溶剂

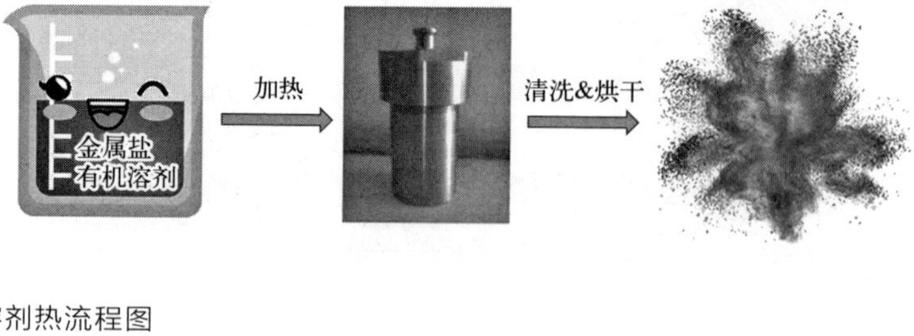

图 2.6
MOFs 的溶剂热流程图

（水）热条件下，初始试剂可能会发生意想不到的化学转化，这在较温和的合成条件下是无法实现的，从而原位形成新的配体。

离子热合成是使用离子液体作为溶剂和模板，可以被认为是溶剂（水）热方法的一个分支。与传统的有机溶剂相比，离子液体是一种环保试剂，因为它们的蒸气压低、对有机分子的溶解度高、热稳定性好、不易燃，这使它们成为合成 MOFs 以及其他类型材料（如沸石和硫属化物）的理想试剂。离子液体也提供阴离子和阳离子作为反离子或作为 MOFs 骨架的模板，近年来作为 MOFs 合成的方法被广泛探索[39]。

2.3.3 微波辅助法

该方法常用于有机和纳米多孔无机材料的合成[40]。最近，该方法被用于合成金属团簇[41] 和 MOFs[42]。该方法的优点是反应时间短、收率高、成本低。如用 $[Cu_3(BTC)_2(H_2O)_3]$(BTC^{3-} 为 1,3,5-苯三羧酸盐）微波辅助合成 HKUST-1 晶体，与传统的水热合成相比，产率和物理性质都有所提高，反应时间短得多[43]。尽管使用特定的技术不能产生晶体，但微波促进了分子的运动，通过适当调节反应的浓度和温度，使分子成核并形成形状和大小可控的晶体[44]。

2.3.4 机械化学法

该方法使用机械力，而不是使用溶剂，在室温下，通过人工研磨试剂或在自动球磨机中形成配位键。在某些情况下，可以在固体反应混合物中加入少量溶剂，成功地获得一维、二维和三维配位聚合物[45]。机械化学方法有利于传质、减小粒径、加热和局部熔化试剂，从而缩短反应时间。它构成了一种环境友好的绿色化学方法，可以在短的反应时间内生产出高纯度、高效率的材料[46]。机械化学在 MOFs 合成中的应用也具有很大的吸引力，因为它是高温高压溶剂（水）热合成的替代方法。该方法最大的缺点是要分离非晶产物，不适合单晶 X 射线结构研究。

2.3.5 电化学法

该方法已用于工业规模 MOFs 粉体的合成。金属离子通过阳极溶解进入含有有机配体和电解质的反应混合物中。与溶剂热法相比，该方法的主要优点是反应温度较低，在较温和的条件下合成速率极快。用这种方法在电化学电池中合成了 HKUST-1、ZIF-8、MIL-100(Al)、MIL-53(Al) 和 NH_2-MIL-53(Al) 等 MOFs，并研究了几种反应参数对其产率和织构性能的影响[47]。

2.3.6 声化学法

超声化学研究分子在高能超声辐射（10～20MHz）下的化学转化。反应溶液经超声辐射后形成气泡，在高温高压下形成局部短寿命热点，促进化学反应，立即形成结晶核[48,49]。如以 1-甲基-2-吡咯烷酮为溶剂，通过声化学方法制备了 MOF-5 和 MOF-177 的高质量晶体，尺寸分别为 5～25μm 和 5～20μm，大大缩短了反应时间[50]。

2.3.7 微乳液法

该方法广泛应用于纳米颗粒的制备，最近也被用于 MOFs 的合成[51,52]。水包油微乳液包含纳米尺度的水滴，这些水滴表面活性剂稳定在有机相中。微乳液的胶束作为纳米反应器，控制成核和晶体生长的动力学。通过改变水与表面活性剂的比例和表面活性剂的种类，可以调节微乳液中胶束的大小和数量。该方法的优点是可以控制纳米级材料的尺寸，而主要缺点是成本高，使用的大多数表面活性剂是环境污染物。

2.3.8 合成后修饰法

该方法涉及在 MOFs 合成后引入所需的官能团，本质上是 MOFs 分离后的化学转化过程。该方法已被广泛用于制备具有不同物理化学性质的同结构 MOFs[53,54]。例如，含有 2-氨基-1,4-苯二羧酸的 IRMOF-3 可以用多种酸酐和异氰酸酯进行化学修饰，得到含有不同官能团的同结构 MOFs[55]。合成后修饰可涉及 MOFs 的一级结构单元的替换（BBR），包括溶剂辅助配体交换（SALE）[56]、非桥联配体的替换和金属节点的替换。有机配体的完全交换可以在 SALE 过程中发生，为 MOFs 添加不同的功能。BBR 反应实现配体或金属离子的非均相交换，通过破坏和形成原始 MOFs 内的化学键[57]。当不能直接合成所需的 MOFs 时，可以使用 BBR 方法，使 MOFs 内的孔或节点功能化，提供或增强所需的功能特性，如催化、选择性气体吸附、氧化还原和离子电导率。BBR 反应仅在 MOFs 晶体的外表面或附近发生[58-60]。合成后的修饰反应可以通过缺失或取代金属节点、缺失或部分取代有机配体在 MOFs 上产生缺陷。这种缺陷也可以在 MOFs 的常规合成过程以及结晶过程和晶体生长过程中产生[61]。结构缺陷和不均匀性往往与材料的重要性能有关，因此，缺陷工程已被有效地应用于修饰和功能化 MOFs，用于催化、气体吸附分离与储存、发光及磁性材料。混合金属 MOFs 框架中含有至少两种金属离子，可以通过后合成方法，也可以通过一锅法或使用金属配体制备，并且由于第二种金属离子的存在而具有新的性质和活性[62]。

2.3.9 模板法

在反应混合物中使用模板分子可以获得传统合成方法难以获得的新型 MOFs[63]。目前广泛应用的模板分子是有机小分子，包括有机溶剂、有机胺、羧酸、芳香族杂环化合物、离子液体、表面活性剂等。这类有机化合物对 MOFs 的合成和结晶都有不同的影响。例如，溶剂的极性和溶解度影响 MOFs 的结晶；有机胺调节反应溶液的 pH 值，促进有机配体的去质子化；羧酸类化合物作为金属中心的配体，可以填充 MOFs 的孔隙；芳香杂环化合物在质子化时成为反离子，为弱有机碱；离子液体作为溶剂和反离子；表面活性剂在溶剂中形成胶束，它们决定了 MOFs 的形状和大小。其他可以作为模板的分子有配位化合物（如 $[Ru(2,2'\text{-bipy})_3]^{2+}$）、多金属氧酸盐、嵌段共聚物、MOFs、聚苯乙烯球、氧化石墨烯等底物，以及很少的生物大分子。采用模板合成策略制备分级多孔材料，具有介孔和微孔通道，用于承载蛋白质和酶等大分子。然而，最常见的层次化 MOFs 的合成方法是网状化学策略，通过使用不同长度的配体来获得具有相同拓扑结构但具有可变孔径的 MOFs。

2.4 金属有机框架材料的改性方法

2.4.1 结构调控改性策略

2.4.1.1 晶体结构调控

（1）高晶态 MOFs 制备

PBAs 可以在室温下通过简单的水基共沉淀法从丰富的原料中合

成。由于在水溶液中的快速沉淀反应，晶格中会出现一些配位水和 $[Fe(CN)_6]$ 空位，因此PBAs的化学式通常表示为 $A_xM_1[M_2(CN)_6]_{1-y}\square_y\cdot nH_2O$（A代表碱金属离子，M代表过渡金属，□表示由间隙水占据的空位）[64]。基于双电子转移型的氧化还原反应，PBAs具有高达 $171mAh\cdot g^{-1}$ 的理论比容量[65]。然而，大多数PBAs由于其晶体结构内含有大量的空位和间隙水分子，导致容量低和循环寿命短。为此，研究者提出了不同的策略来解决这一问题。①螯合剂/表面活性剂辅助共沉淀法：Liu和Wu等报道了螯合剂（例如柠檬酸三钠）可以减缓晶体生长速率，形成具有增强比容量和延长寿命的高质量PBAs[66,67]；②高浓度的 Na^+ 溶液：Li等和Wu等发现溶液中 Na^+ 的浓度（NaI、NaCl）会影响反应进程，因此可以通过增加反应物浓度来减慢反应速率，制备具有高结晶度、高性能的PBAs[68,69]；③六氰金属酸盐在酸中分解：Guo等报告了一种单铁源方法，合成高质量的Fe-PBAs，其结晶水和缺陷的数量受到抑制，结果表明该材料具有超高的比容量和优异的循环稳定性[70]。通过文献调研可以看出，减缓结晶速率可以提高PBAs的结晶度，获得高性能的PBAs材料。同时上述文献所采用的均为共沉淀法，该方法面临着废水处理难度大、材料重复性差、空间利用率低（每100L溶液含固体6～7kg）等问题，这阻碍了它们实际的大规模应用。因此，探索以低成本、高重复率和高空间利用率生产高性能PBAs的简便合成策略至关重要。

固-固反应策略能够在有限的反应区域内制备高度结晶的PBAs，而无须任何添加剂。本文中制备Mn基PBAs过程如下。

MnHCF-H、MnHCF-E和MnHCF的制备：将4mmol $MnSO_4\cdot H_2O$、6mmol $Na_4[Fe(CN)_6]$ 及10mL去离子水分别加入装有玛瑙球的反应釜中，放入球磨机中，设置转速为300r/min，球磨时间24h，然后用水清洗多次，离心分离，真空80℃过夜烘干，制得MnHCF-H样品。将上述的水换为无水乙醇，其他步骤不变，得到MnHCF-E。不加10mL水，得到MnHCF。制备流程如图2.7所示。

(2) MOFs衍生低晶态金属氧化物的制备

MOFs作为可制备微/纳米结构金属氧化物的多功能前驱体，所制备的样品被广泛用作赝电容器的电极[71-74]。虽然MOFs衍生的结晶金属氧化物已经取得了显著的进展，但大多数都表现出不理想的循环稳定

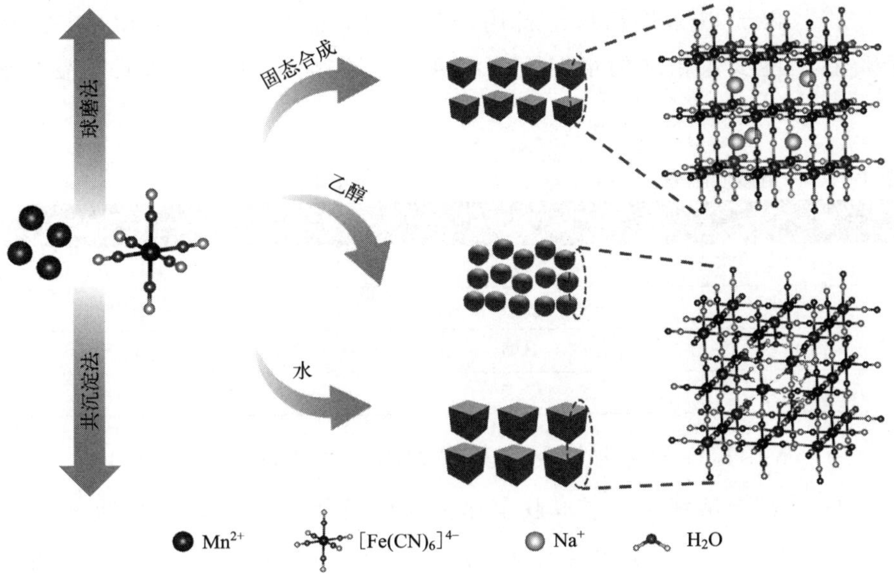

图 2.7
Mn 基 PBAs 制备示意图

性和较差的比容量[75-79]。低晶态或非晶金属氧化物由于其结构中含有大量的缺陷和无序结构，比相应的高晶态材料具有更好的循环稳定性和更高的比容量[80-82]。然而，大多数 MOFs 衍生金属氧化物都具有良好的结晶度[83-87]，实现 MOFs 衍生低晶态金属氧化物的制备仍是一个巨大的挑战。我们提出了一种巧妙地利用 Mn 基 PBAs 中的两亲性表面活性剂 PVP 的方法，首先制备含 PVP 的 Mn 基 PBAs，然后在空气中锻烧，来获得低结晶金属氧化物 Mn_2O_3/Co_3O_4。PVP 是一种常用亲水（亲水性羰基）和亲油（疏水性乙烯基）的非离子型高分子表面活性剂[88]，可以调整颗粒的尺寸。在制备的过程中，向溶液中加入不同浓度的 PVP，如表 2.1 所示。PVP 的存在阻止了锻烧过程中金属氧化物的结晶，造成结构的无序。具体制备流程如下。

① MnHCC 前驱体的制备：微米/纳米立方体 MnHCC 通过改进的自组装方法制备[89,90]。溶液 A：0.15g $MnSO_4 \cdot H_2O$ 和 3.6g PVP 加入 60mL C_2H_5OH 和 H_2O 的混合溶液中（体积比 1∶1），充分混匀；溶液 B：0.10g $K_3[Co(CN)_6]$ 加入等体积 C_2H_5OH 和 H_2O 的混合溶液中，搅拌均匀。室温下，将溶液 B 缓慢滴加到溶液 A 中，充分混匀

并静置 24h。然后用体积比 1∶1 C_2H_5OH 和 H_2O 的混合溶液多次清洗，再于 80℃烘箱烘干备用。白色的固体粉末命名为 MnHCC-PVP。在上述步骤相同的情况下，溶液 A 不添加 PVP，得到的样品命名为 MnHCC。

表 2.1 PVP 用量汇总表

编号	PVP 质量/g	PVP 浓度/（$mg \cdot mL^{-1}$）
1	0	0
2	1.8	30
3	3.6	60
4	7.2	120

MnHCC-PVP 样品制备过程如图 2.8 所示。PVP 溶于 C_2H_5OH/H_2O 混合溶剂中，形成胶束作为软模板[91]。这些软模板通过 PVP 中的—N 或 C ═O 官能团与 Mn^{2+} 形成弱配位[88,91]。然后，将配体 $K_3[Co(CN)_6]$ 滴加到上述混合溶液中，室温下生长，形成 MnHCC-PVP。

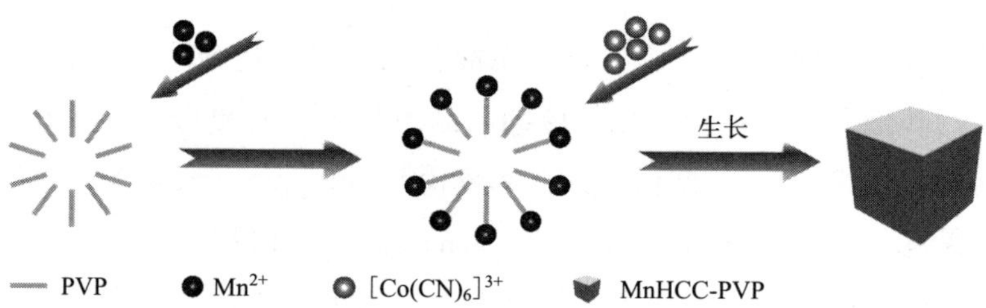

图 2.8

MnHCC-PVP 样品制备的示意图

② Mn_2O_3/Co_3O_4 的制备：将上述得到的 MnHCC-PVP 和 MnHCC 样品在空气条件下，以 2℃/min 的升温速率从室温分别升至 450℃和 650℃，并恒温 2h，所得的样品分别为 MCMO-PVP-450、MCMO-PVP-650、MCMO-450 和 MCMO-650。样品的制备过程如图 2.9 所示。

2.4.1.2 形貌控制技术

（1）MOFs 衍生部分中空八面体结构 Co_3O_4/Fe_2O_3

传统方法制备的 TMOs 存在电导率低、孔径分布不可控等问题，导致其作为电极材料时比容量低，循环稳定性不理想[92]。如 Subramanian

图 2.9
Mn_2O_3/Co_3O_4 样品制备过程示意图

等[93] 用水热法制备 MnO_2。在 $0.2A\cdot g^{-1}$ 时，比容量为 $168F\cdot g^{-1}$，仅 100 次循环后，比容量损耗为 17%。PB/PBAs 是一种形态可调、孔径有序、合成方法简单的 MOFs 材料，作为前驱体，PBAs 衍生物可以通过氧化、硫化和磷酸化等方法制备。更重要的是，它们仍然具有前驱体较高的比表面积和可控的孔径分布。PBAs 衍生物作为电极材料可以提高 SCs 的比容量和循环稳定性，是一种极有前景、可大规模制备各种氧化物的方法[94]。Wei 等[75] 采用共沉淀法制备了具有立方结构的 PBAs，然后采用空气煅烧法制备了立方结构的 Co_3O_4/Fe_2O_3。在电流密度 $1A\cdot g^{-1}$ 时，比容量为 $312F\cdot g^{-1}$，电流密度升至 $10A\cdot g^{-1}$，容量保持率为 77%，但是比容量还有待提高。我们采用传统的共沉淀法，通过调整添加剂（柠檬酸三钠和 PVP），制备了一系列具有不同形貌和结构的 PBAs，探讨了两种添加剂对形态演变的影响。相应的金属氧化物由前驱体在空气中煅烧得到，系统地研究了不同结构的金属氧化物 Co_3O_4/Fe_2O_3 的形貌和结构对电化学性能的影响。具体制备过程如下。

① CoHCF-0 的制备。A 液：2.4mmol $Co(NO_3)_2\cdot 6H_2O$ 加入 80mL 水；B 液：1.2mmol $K_3[Fe(CN)_6]$ 加入 120mL 水。在搅拌状态下，B 液缓慢滴入 A 液。滴加完成后，停止搅拌，静置 24h。然后用水离心清洗多次，80℃过夜烘干，得到样品 CoHCF-0。

② CoHCF-SC-1、CoHCF-SC-2 的制备。在制备 CoHCF-0 样品的基础上，制备 A 液时分别加入 1.36mmol $Na_2C_6H_5O_7\cdot 2H_2O$、2mmol $Na_2C_6H_5O_7\cdot 2H_2O$，其他步骤不变，分别得到样品 CoHCF-SC-1、CoHCF-SC-2。

③ CoHCF-PVP-1、CoHCF-PVP-2 的制备。在制备 CoHCF-SC-2 样品的基础上，在制备 A 液时分别加入 17.4mmol、52.2mmol PVP，其他步骤不变，分别得到样品 CoHCF-PVP-1、CoHCF-PVP-2。

④ 将 CoHCF-0、CoHCF-SC-1、CoHCF-SC-2、CoHCF-PVP-1、CoHCF-PVP-2 五个样品分别放于坩埚中，再置于马弗炉中，以 2℃·min^{-1} 升温至 450℃，再在 450℃下保温 3h，形成金属氧化物，得到样品 CFMO-0、CFMO-SC-1、CFMO-SC-2、CFMO-PVP-1、CFMO-PVP-2。

（2）MOFs 衍生双壳纳米笼 Co_3O_4/Fe_2O_3

在电极材料中，TMOs 因其高电容和丰富的氧化还原位点而被认为是有前途的材料[95-97]。但电导率相对较低，充放电过程中体积膨胀较大，阻碍了其大规模应用。有两种方法可以缓解这些问题：一种方法是制备多元金属氧化物。与单一金属氧化物相比，多元金属氧化物增强了不同离子之间的电荷转移和电子结构，从而降低了电化学过程中的动能势垒[96]。另一种方法是设计中空的微/纳米结构[98,99]。具有中空结构的材料具有比表面积大、活性位点丰富、电荷转移距离短、纳米颗粒团聚减轻等优点，它们在各种与能源有关的领域得到了广泛的应用[100]。与传统的简单空心结构相比，复杂的多壳空心结构已被证明具有更好的电化学性能[101,102]。具体来说，在多壳中空结构中，不同的壳相互支撑，外壳保护内壳免受电化学溶解，从而获得更好的结构稳定性和电化学稳定性，提高循环性能。在以前的研究中已证明合理设计和制备具有多壳结构的电极材料是提高电化学性能的有效方法[101,102]。

在过去的十年中，人们一直致力于对精心设计的 MOFs 前驱体的转化，获得具有可控结构和化学成分的复杂纳米材料。然而，大多数 MOFs 衍生材料是由 MOFs 晶体制备的，其前驱体结构相对简单，如单组分多孔或空心结构[103]。离子交换法是改变纳米材料结构和组成的一种有效方法[104]。考虑到许多 MOFs 固有的化学脆弱性，通过离子交换方法将基础 MOFs 晶体控制转化为复杂的纳米结构 MOFs 杂化前驱体，这对于构建高性能 MOFs 衍生纳米材料是非常有利的。我们以钴基咪唑类沸石骨架材料（ZIF-67）为模板，采用阴离子交换法制备了 ZIF-67/Co-Fe PBA 的双壳层结构。经过煅烧后，转化为 Co_3O_4/Fe_2O_3 双壳层纳米笼（DSNCs），具体制备过程如下。

① Co-Fe PBA 的制备：2mmol $Co(NO_3)_2$ 和 2.25mmol $NaC_6H_5O_7 \cdot 2H_2O$ 用 50mL 去离子水溶解制备为 A 液，将 2mmol $K_3[Fe(CN)_6]$ 溶解于 50mL 去离子水中形成 B 液，B 液滴加入 A 液并继续搅拌 5min，然后静置 24h。用去离子水离心、洗涤多次，烘干得到 Co-Fe PBA。

② ZIF-67的制备：8mmol $Co(NO_3)_2$ 加入200mL甲醇中搅拌至溶解形成C液，32mmol 2-甲基咪唑加入200mL甲醇中搅拌至溶解形成D液，D液滴加入C液并继续搅拌5min，然后静置24h。用甲醇离心、洗涤多次，烘干得到ZIF-67。

③ ZIF-67/Co-Fe PBA的制备：20mg ZIF-67超声分散于40mL无水乙醇中形成E分散液，20mg $K_3[Fe(CN)_6]$ 搅拌溶解于20mL去离子水中形成F液，F液滴加至E分散液中，并继续搅拌10min，立刻用乙醇和水交替离心、清洗多次，烘干后得到ZIF-67/Co-Fe PBA。

④ 将上述三种样品Co-Fe PBA、ZIF-67、ZIF-67/Co-Fe PBA以1℃·min^{-1}从室温升至250℃，保温1h，然后再以1℃·min^{-1}升至300℃，再保温2h，分别得到 Co_3O_4/Fe_2O_3 纳米立方体（Co_3O_4/Fe_2O_3 NCs）、Co_3O_4 多面体（Co_3O_4 Ps）、Co_3O_4/Fe_2O_3 双壳层纳米笼（Co_3O_4/Fe_2O_3 DSNCs），样品制备过程如图2.10所示。

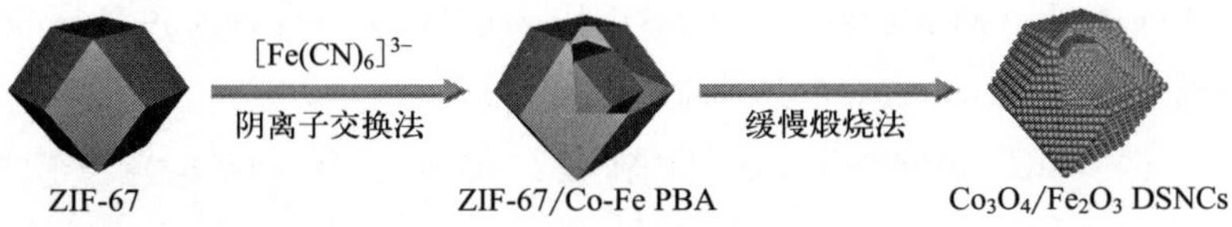

图 2.10
Co_3O_4/Fe_2O_3 DSNCs制备示意图

2.4.2 成分优化改性方法

2.4.2.1 蛋黄壳结构Co-Mn MOFs微球

PB/PBAs是一种历史悠久的、具有混合价态的材料，为独特的原型六氰金属酸盐开放式的框架结构。这种结构的特点是由M—C≡N—M′配体线性连接形成的面心立方晶格。开放式框架提供了充足的扩散途径，有利于碱金属阳离子（如 Na^+）的快速嵌入和脱出，这一特性使得PB/PBAs特别适用于各种电化学储能系统，包括超级电容器。Mn基PBAs具有理论容量高和输出电压高的特点，作为超级电容器电极展现出相当大的潜力[104]。然而，由Jahn-Teller效应引起的结构变形以及离子嵌入和脱出过程导致明显的体积波动，Mn基PBAs的循环稳定性仍然不足[105-108]。为了改善这一问题，人们研究了各种策略，如形态优化、金属替代和复合材料制备等，以延长Mn基PBAs的使用寿命[105-111]。例如，Wang 等[107] 展示了一种高自旋 Fe 取代方法来提高 Mn 基 PBAs 的长期循环稳定性，该策略激活了高自旋位置的过渡金属离子，以提供额外的容量，并促使在含 Fe^{3+} 的电解液中部分溶解的 Mn^{2+}，减轻了 Mn^{3+} 的 Jahn-Teller 效应。Purusottam 等[110] 利用聚乙烯吡咯烷酮（PVP）合成了 Mn-Co PBA，由于其独特的立方晶格结构，PBAs 表现出卓越的比容量、良好的倍率性能和优异的循环稳定性。经过深入研究可以发现，蛋黄壳结构的 PBAs 纳米颗粒作为电极材料在各种设计中具有相当大的优势，主要原因包括以下几点[112,113]：①内部空隙可减轻充放电循环过程中体积变化引起的应变；②多孔结构增加了电解液与电极之间的接触面积，从而加快了电荷转移动力学；③外壳由较小的纳米颗粒组成，从而增强了抗破碎能力。因此，将这些策略整合到单一体系中，对提高用于超级电容器的 Mn 基 PBAs 的电化学特性具有极大的优势。采用高效的自模板策略和阴离子交换法，制备 Mn∶Co 摩尔比为 5∶1 的蛋黄壳结构 PBAs 微球（MnCo-PBA YSS）。首先合成 Mn、Co 甘油固态球（MnCo-glycerol SS）作为前驱体，然后通过离子交换反应形成 MnCo-PBA YSS，具体制备过程如下。

① MnCo-glycerol SS 的制备：称取 $Mn(NO_3)_2 \cdot 4H_2O$ 和 $Co(NO_3)_2 \cdot 6H_2O$ 的总物质的量为 0.375mmol，摩尔比为 5∶1。随后加入 8mL 甘油和 40mL 异丙醇。将混合物搅拌均匀后放入水热反应釜中，在 140℃下加热 6h，然后用乙醇离心清洗多次，在 100℃下干燥过夜，得到 MnCo-glycerol SS。保持相同的步骤，$Mn(NO_3)_2 \cdot 4H_2O$ 和 $Co(NO_3)_2 \cdot 6H_2O$ 的摩尔比分别为 3∶1、4∶1 和 6∶1，得到 MnCo-glycerol SS（3∶1）、MnCo-glycerol SS（4∶1）和 MnCo-glycerol SS（6∶1）。Mn-glycerol SS 和 Co-glycerol SS 分别通过加入 0.375mmol 的 $Mn(NO_3)_2 \cdot 4H_2O$ 和 $Co(NO_3)_2 \cdot 6H_2O$ 而得到。

② MnCo-PBA YSS 的制备：将 24mg MnCo-glycerol SS 分散于 100mL 乙醇中，超声处理 15min，得到分散液 A。同时，将 1.6mmol $Na_4[Fe(CN)_6]$ 加入 60mL 水中，搅拌形成溶液 B。在持续搅拌下，将溶液 B 逐渐加入分散液 A 中，然后在 90℃下进行油浴回流 4h。最终产物经过乙醇和水的多次洗涤，在 100℃下干燥过夜，得到 MnCo-PBA YSS，如图 2.11 所示。回流后，MnCo-glycerol SS(3∶1)、MnCo-glycerol SS(4∶1)、MnCo-glycerol SS(6∶1)、Mn-glycerol SS 和 Co-glycerol SS 分别转化为 MnCo-PBA YSS(3∶1)、MnCo-PBA YSS(4∶1)、

MnCo-PBA YSS(6∶1)、Mn-PBA YSS 和 Co-PBA YSS。

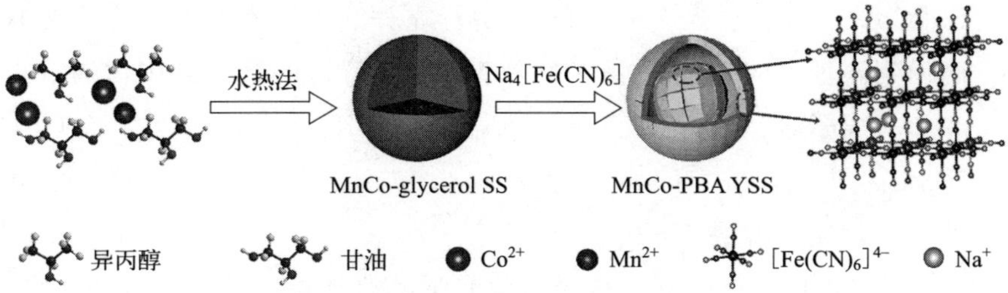

图 2.11

MnCo-PBA YSS 制备示意图

③ MnCo-PBA NC 的制备：称量 $MnSO_4 \cdot H_2O$ 和 $CoSO_4 \cdot 7H_2O$ 总物质的量为 4mmol，摩尔比为 5∶1，将其溶解在 40mL 水中，形成溶液 C。另外，将 6mmol $Na_4[Fe(CN)_6]$ 与 40mL 水混合，形成溶液 D。在搅拌的同时，将溶液 D 逐步加入溶液 C 中，静置 24h。沉淀物用水洗涤多次，并在 100℃下干燥过夜，得到 MnCo-PBA NC。

2.4.2.2 MOFs 衍生中空金属氧化物异质结

电极材料的性能不足通常与电子传输缓慢和快速充放电过程中不可逆的结构变化有关。一般来说，异质结构可以调节电子结构，加速电子/离子迁移，从而实现快速反应动力学[114]。此外，空心结构材料在减小结构应变、不受可能的体积变化影响、防止电极塌陷等方面也具有明显的优势[115,116]。同时，各组分之间的协同作用有利于电子/离子的迁移[117]。三元空心异质结构的这些特点都有利于提高电极材料的电化学性能。基于上述启发，PBAs 具有丰富的氧化还原活性位点，作为合成金属氧化物的前驱体或模板是一种有利的方法。同时，它们采用共沉淀法制备，易于引入多金属中心。因此，PBAs 衍生的金属氧化物可能成为极有前途的电极材料[118]。在各种金属氧化物中，NiO 和 Co_3O_4 表现出显著的氧化还原活性。在循环过程中，由于相变，它们的电容会减小。此外，CuO 可能起到柱支撑作用，增强了循环稳定性[119]。我们采用晶种法制备了以 Ni 基 PBAs(NiHCC) 为核、Cu 基 PBAs(CuHCC) 为壳的核壳结构（NiHCC@CuHCC)，再经煅烧，得到三元中空 CuO/NiO/Co_3O_4 异质结构，具体制备过程如下。

① CuHCC 和 NiHCC 前驱体的制备：采用传统共沉淀法制备 CuH-

CC 前驱体[75,120]。溶液 A：0.144g $Cu(NO_3)_2 \cdot 3H_2O$ 和 0.265g $Na_3C_6H_5O_7 \cdot 2H_2O$ 加入 20mL H_2O 中，充分混匀；溶液 B：0.133g $K_3[Co(CN)_6]$ 加入 20mL H_2O 中，充分混匀。室温下，将溶液 B 缓慢滴加到溶液 A 中，充分混匀并静置 24h。所得的蓝绿色固体通过多次离心和去离子水清洗，再于 80℃烘箱烘干备用，粉末命名为 CuHCC。将 0.144g $Cu(NO_3)_2 \cdot 3H_2O$ 替换成 0.174g $Ni(NO_3)_2 \cdot 6H_2O$，其他条件不变，制得样品 NiHCC。

② NiHCC@CuHCC 核壳结构前驱体的制备：取 0.010g NiHCC 粉末置于 20mL H_2O 中，然后超声分散，再分别称取 0.144g $Cu(NO_3)_2 \cdot 3H_2O$ 和 0.265g $Na_3C_6H_5O_7 \cdot 2H_2O$ 置于分散液中，充分混匀，得分散液 E；称取 0.133g $K_3[Co(CN)_6]$ 加入 20mL H_2O 中，充分混匀，得溶液 F。室温下，将溶液 F 缓慢地滴加到分散液 E 中，剧烈搅拌并静置 24h。将所得固体进行多次离心清洗，再于 80℃烘箱中烘干备用，命名为 NiHCC@CuHCC。

③ CuO/Co_3O_4、NiO/Co_3O_4、$CuO/NiO/Co_3O_4$ 的制备：将 CuHCC、NiHCC 和 NiHCC@CuHCC 样品进行煅烧处理，在空气条件下，从室温以 2℃·min^{-1} 升温速率升至 500℃，再保温 2h，分别得到样品 CuO/Co_3O_4、NiO/Co_3O_4、$CuO/NiO/Co_3O_4$。制备过程如图 2.12 所示。

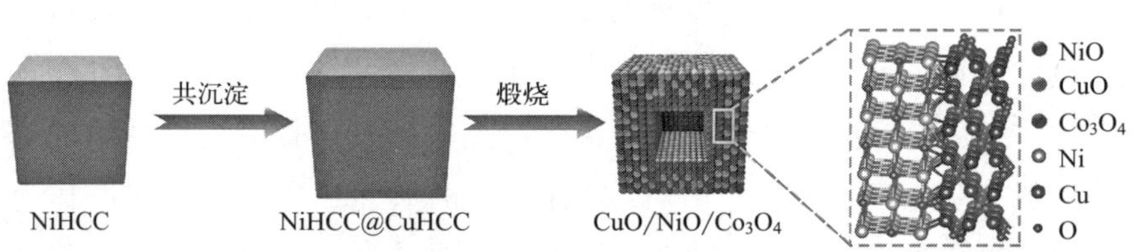

图 2.12

$CuO/NiO/Co_3O_4$ 中空异质结的制备过程

参考文献

[1] Sheberla D, Sun L, Blood-Forsythe M A, et al. High electrical conductivity in Ni_3 (2,3,6,7,10,11-hexaiminotriphenylene)$_2$, a semiconducting metal-organic graphene analogue [J]. Journal of the American Chemical Society, 2014, 136 (25): 8859-8862.

[2] Yang D W, Liang Z F, Tang P Y, et al. A high conductivity 1D π-d conjugated metal-organic framework with efficient polysulfide trapping-diffusion-catalysis in lithium-sulfur bat-

teries [J]. Advanced Materials, 2022, 34 (10): e2108835.

[3] Shin S J, Gittins J W, Balhatchet C J, et al. Metal-organic framework supercapacitors: Challenges and opportunities [J]. Advanced Functional Materials, 2024, 34 (43): 2308497.

[4] O'Keeffe M. Design of MOFs and intellectual content in reticular chemistry: A personal view [J]. Chemical Society Reviews, 2009, 38 (5): 1215-1217.

[5] Kong L J, Cheng M R, Huang H, et al. Metal-organic frameworks for advanced aqueousion batteries and supercapacitors [J]. EnergyChem, 2022, 4 (6): 100090.

[6] Xie L S, Skorupskii G, Dincă M. Electrically conductive metal-organic frameworks [J]. Chemical Reviews, 2020, 120 (16): 8536-8580.

[7] Johnson E M, Ilic S, Morris A J. Design strategies for enhanced conductivity in metal-organic frameworks [J]. ACS Central Science, 2021, 7 (3): 445-453.

[8] Liu Y, Wang S J, Li Z Z, et al. Insight into the surface-reconstruction of metal-organic framework-based nanomaterials for the electrocatalytic oxygen evolution reaction [J]. Coordination Chemistry Reviews, 2023, 484: 215117.

[9] Jiao L, Seow J Y R, Skinner W S, et al. Metal-organic frameworks: Structures and functional applications [J]. Materials Today, 2019, 27: 43-68.

[10] Xuan W M, Zhu C F, Liu Y, et al. Mesoporous metal-organic framework materials [J]. Chemical Society Reviews, 2012, 41 (5): 1677-1695.

[11] Furukawa H, Cordova K E, O'Keeffe M, et al. The chemistry and applications of metal-organic frameworks [J]. Science, 2013, 341 (6149): 1230444.

[12] Férey G, Serre C, Mellot-Draznieks C, et al. A hybrid solid with giant pores prepared by a combination of targeted chemistry, simulation, and powder diffraction [J]. Angewandte Chemie (International Ed), 2004, 43 (46): 6296-6301.

[13] Hupp J T, Poeppelmeier K R. Better living through nanopore chemistry [J]. Science, 2005, 309 (5743): 2008-2009.

[14] Deng H X, Grunder S, Cordova K E, et al. Large-pore apertures in a series of metal-organic frameworks [J]. Science, 2012, 336 (6084): 1018-1023.

[15] Eddaoudi M, Kim J, Rosi N, et al. Systematic design of pore size and functionality in isoreticular MOFs and their application in methane storage [J]. Science, 2002, 295 (5554): 469-472.

[16] Bradshaw D, El-Hankari S, Lupica-Spagnolo L. Supramolecular templating of hierarchically porous metal-organic frameworks [J]. Chemical Society Reviews, 2014, 43 (16): 5431-5443.

[17] Shen K, Zhang L, Chen X D, et al. Ordered macro-microporous metal-organic framework single crystals [J]. Science, 2018, 359 (6372): 206-210.

[18] Wu Y N, Li F T, Zhu W, et al. Metal-organic frameworks with a three-dimensional ordered macroporous structure: Dynamic photonic materials [J]. Angewandte Chemie (In-

ternational Ed), 2011, 50 (52): 12518-12522.

[19] Huang H L, Li J R, Wang K K, et al. An *in situ* self-assembly template strategy for the preparation of hierarchical-pore metal-organic frameworks [J]. Nature Communications, 2015, 6: 8847.

[20] Zhang W N, Liu Y Y, Lu G, et al. Mesoporous metal-organic frameworks with size-, shape-, and space-distribution-controlled pore structure [J]. Advanced Materials, 2015, 27 (18): 2923-2929.

[21] Qiu L G, Xu T, Li Z Q, et al. Hierarchically micro- and mesoporous metal-organic frameworks with tunable porosity [J]. Angewandte Chemie (International Ed), 2008, 47 (49): 9487-9491.

[22] Pham M H, Vuong G T, Fontaine F G, et al. A route to bimodalmicro-mesoporous metal-organic frameworks nanocrystals [J]. Crystal Growth & Design, 2012, 12 (2): 1008-1013.

[23] Li K, Lin S L, Li Y S, et al. Aqueous-phase synthesis of mesoporous Zr-based MOFs templated by amphoteric surfactants [J]. Angewandte Chemie (International Ed), 2018, 57 (13): 3439-3443.

[24] Cao S, Gody G, Zhao W, et al. Hierarchical bicontinuous porosity in metal-organic frameworks templated from functional block co-oligomer micelles [J]. Chemical Science, 2013, 4 (9): 3573-3577.

[25] Senkovska I, Kaskel S. Ultrahigh porosity in mesoporous MOFs: Promises and limitations [J]. Chemical Communications, 2014, 50 (54): 7089-7098.

[26] Farha O K, Eryazici I, Jeong N C, et al. Metal-organic framework materials with ultrahigh surface areas: Is the sky the limit? [J]. Journal of the American Chemical Society, 2012, 134 (36): 15016-15021.

[27] Xia Q, Wang H, Huang B B, et al. State-of-the-art advances and challenges of iron-based metal organic frameworks from attractive features, synthesis to multifunctional applications [J]. Small, 2019, 15 (2): e1803088.

[28] Devic T, Horcajada P, Serre C, et al. Functionalization in flexible porous solids: Effects on the pore opening and the host-guest interactions [J]. Journal of the American Chemical Society, 2010, 132 (3): 1127-1136.

[29] Bai Y, Dou Y B, Xie L H, et al. Zr-based metal-organic frameworks: Design, synthesis, structure, and applications [J]. Chemical Society Reviews, 2016, 45 (8): 2327-2367.

[30] Zimpel A, Preiß T, Röder R, et al. Imparting functionality to MOF nanoparticles by external surface selective covalent attachment of polymers [J]. Chemistry of Materials, 2016, 28 (10): 3318-3326.

[31] Raptopoulou C P. Metal-organic frameworks: Synthetic methods and potential applications [J]. Materials, 2021, 14 (2): 310.

[32] Dey C, Kundu T, Biswal B P, et al. Crystalline metal-organic frameworks (MOFs): Synthesis, structure and function [J]. Acta Crystallographic Section B Structural Science, Crystal Engineering and Materials, 2014, 70 (1): 3-10.

[33] Safaei M, Foroughi M M, Ebrahimpoor N, et al. A review on metal-organic frameworks: Synthesis and applications [J]. TrAC Trends in Analytical Chemistry, 2019, 118: 401-425.

[34] Halper S R, Do L, Stork J R, et al. Topological control in heterometallic metal-organic frameworks by anion templating and metalloligand design [J]. Journal of the American Chemical Society, 2006, 128 (47): 15255-15268.

[35] Lazarou K N, Psycharis V, Terzis A, et al. Network diversity and supramolecular isomerism in copper(Ⅱ)/1,2-bis (4-pyridyl) ethane coordination polymers [J]. Polyhedron, 2011, 30 (6): 963-970.

[36] Li H L, Eddaoudi M, O'Keeffe M, et al. Design and synthesis of an exceptionally stable and highly porous metal-organic framework [J]. Nature, 1999, 402 (6759): 276-279.

[37] Rabenau A. The role of hydrothermal synthesis in preparative chemistry [J]. Angewandte Chemie International Edition in English, 1985, 24 (12): 1026-1040.

[38] Millange F, El Osta R, Medina M E, et al. A time-resolved diffraction study of a window of stability in the synthesis of a copper carboxylate metal-organic framework [J]. CrystEngComm, 2011, 13 (1): 103-108.

[39] Li P, Cheng F F, Xiong W W, et al. New synthetic strategies to prepare metal-organic frameworks [J]. Inorganic Chemistry Frontiers, 2018, 5 (11): 2693-2708.

[40] Hu Y Y, Liu C, Zhang Y H, et al. Microwave-assisted hydrothermal synthesis of nanozeolites with controllable size [J]. Microporous and Mesoporous Materials, 2009, 119 (1-3): 306-314.

[41] Zhang S H, Song Y, Liang H, et al. Microwave-assisted synthesis, crystal structure and properties of a disc-like heptanuclear Co(Ⅱ) cluster and a heterometallic cubanic Co(Ⅱ) cluster [J]. CrystEngComm, 2009, 11 (5): 865-872.

[42] Lin Z J, Yang Z, Liu T F, et al. Microwave-assisted synthesis of a series of lanthanide metal-organic frameworks and gas sorption properties [J]. Inorganic Chemistry, 2012, 51 (3): 1813-1820.

[43] Seo Y K, Hundal G, Jang I T, et al. Microwave synthesis of hybrid inorganic-organic materials including porous $Cu_3(BTC)_2$ from Cu(Ⅱ)-trimesate mixture [J]. Microporous and Mesoporous Materials, 2009, 119 (1-3): 331-337.

[44] Ni Z, Masel R I. Rapid production of metal-organic frameworks *via* microwave-assisted solvothermal synthesis [J]. Journal of the American Chemical Society, 2006, 128 (38): 12394-12395.

[45] Friščić T, Halasz I, Beldon P J, et al. Real-time and *in situ* monitoring of mechanochemical milling reactions [J]. Nature Chemistry, 2013, 5 (1): 66-73.

[46] Garay A L, Pichon A, James S L. Solvent-free synthesis of metal complexes [J]. Chemical Society Reviews, 2007, 36 (6): 846-855.

[47] Martinez Joaristi A, Juan-Alcañiz J, Serra-Crespo P, et al. Electrochemical synthesis of some archetypical Zn^{2+}, Cu^{2+}, and Al^{3+} metal organic frameworks [J]. Crystal Growth & Design, 2012, 12 (7): 3489-3498.

[48] Aslani A, Morsali A. Sonochemical synthesis of nano-sized metal-organic lead(Ⅱ) polymer: A precursor for the preparation of nano-structured lead(Ⅱ) iodide and lead(Ⅱ) oxide [J]. Inorganica Chimica Acta, 2009, 362 (14): 5012-5016.

[49] Carson C G, Brown A J, Sholl D S, et al. Sonochemical synthesis and characterization of submicrometer crystals of the metal-organic framework Cu [(hfipbb)$(H_2hfipbb)_{0.5}$] [J]. Crystal Growth & Design, 2011, 11 (10): 4505-4510.

[50] Son W J, Kim J, Kim J, et al. Sonochemical synthesis of MOF-5 [J]. Chemical Communications, 2008 (47): 6336-6338.

[51] Ye R F, Ni M, Xu Y Y, et al. Synthesis of Zn-based metal-organic frameworks in ionic liquid microemulsions at room temperature [J]. RSC Advances, 2018, 8 (46): 26237-26242.

[52] Zheng W Z, Hao X L, Zhao L, et al. Controllable preparation of nanoscale metal-organic frameworks by ionic liquid microemulsions [J]. Industrial & Engineering Chemistry Research, 2017, 56 (20): 5899-5905.

[53] Tanabe K K, Cohen S M. Postsynthetic modification of metal-organic frameworks: A progress report [J]. Chemical Society Reviews, 2011, 40 (2): 498-519.

[54] Cohen S M. Postsynthetic methods for the functionalization of metal-organic frameworks [J]. Chemical Reviews, 2012, 112 (2): 970-1000.

[55] Garibay S J, Wang Z Q, Tanabe K K, et al. Postsynthetic modification: Aversatile approach toward multifunctional metal-organic frameworks [J]. Inorganic Chemistry, 2009, 48 (15): 7341-7349.

[56] Karagiaridi O, Bury W, Mondloch J E, et al. Solvent-assisted linker exchange: An alternative to the *de novo* synthesis of unattainable metal-organic frameworks [J]. Angewandte Chemie (International Ed), 2014, 53 (18): 4530-4540.

[57] Lalonde M, Bury W, Karagiaridi O, et al. Transmetalation: Routes to metal exchange within metal-organic frameworks [J]. Journal of Materials Chemistry A, 2013, 1 (18): 5453-5468.

[58] Yanai N, Granick S. Directional self-assembly of a colloidal metal-organic framework [J]. Angewandte Chemie (International Ed), 2012, 51 (23): 5638-5641.

[59] Song X K, Jeong S, Kim D, et al. Transmetalations in two metal-organic frameworks with different framework flexibilities: Kinetics and core-shell heterostructure [J]. CrystEngComm, 2012, 14 (18): 5753-5756.

[60] Song X K, Kim T K, Kim H, et al. Post-synthetic modifications of framework metal

ions in isostructural metal-organic frameworks: Core-shell heterostructures *via* selective transmetalations [J]. Chemistry of Materials, 2012, 24 (15): 3065-3073.

[61] Fang Z L, Bueken B, De Vos D E, et al. Defect-engineered metal-organic frameworks [J]. Angewandte Chemie International Edition, 2015, 54 (25): 7234-7254.

[62] Masoomi M Y, Morsali A, Dhakshinamoorthy A, et al. Mixed-metal MOFs: Unique opportunities in metal-organic framework (MOF) functionality and design [J]. Angewandte Chemie (International Ed), 2019, 58 (43): 15188-15205.

[63] Zhao N, Cai K, He H M. The synthesis of metal-organic frameworks with template strategies [J]. Dalton Transactions, 2020, 49 (33): 11467-11479.

[64] Li Q Y, Xu C M, Liang Y R, et al. Reforming magnet waste to Prussian blue for sustainable sodium-ion batteries [J]. ACS Applied Materials & Interfaces, 2022, 14 (42): 47747-47757.

[65] Lim C Q X, Tan Z-K. Prussian white with near-maximum specific capacity in sodium-ion batteries [J]. ACS Applied Energy Materials, 2021, 4 (6): 6214-6220.

[66] Liu Y, Qiao Y, Zhang W X, et al. Sodium storage in Na-rich $Na_xFeFe(CN)_6$ nanocubes [J]. Nano Energy, 2015, 12: 386-393.

[67] Wu X Y, Wu C H, Wei C X, et al. Highly crystallized $Na_2CoFe(CN)_6$ with suppressed lattice defects as superior cathode material for sodium-ion batteries [J]. ACS Applied Materials & Interfaces, 2016, 8 (8): 5393-5399.

[68] Li W J, Chou S L, Wang J Z, et al. Facile method to synthesize Na-enriched $Na_{1+x}FeFe(CN)_6$ frameworks as cathode with superior electrochemical performance for sodium-ion batteries [J]. Chemistry of Materials, 2015, 27 (6): 1997-2003.

[69] Wu X Y, Luo Y, Sun M Y, et al. Low-defect Prussian blue nanocubes as high capacity and long life cathodes for aqueous Na-ion batteries [J]. Nano Energy, 2015, 13: 117-123.

[70] You Y, Wu X L, Yin Y X, et al. High-quality Prussian blue crystals as superior cathode materials for room-temperature sodium-ion batteries [J]. Energy & Environmental Science, 2014, 7 (5): 1643-1647.

[71] Chen S R, Xue M, Li Y Q, et al. Porous $ZnCo_2O_4$ nanoparticles derived from a new mixed-metal organic framework for supercapacitors [J]. Inorganic Chemistry Frontiers, 2015, 2 (2): 177-183.

[72] Wei X J, Peng H R, Li Y H, et al. In situ growth of zeolitic imidazolate framework-67-derived nanoporous Carbon@$K_{0.5}Mn_2O_4$ for high-performance 2.4V aqueous asymmetric supercapacitors [J]. ChemSusChem, 2018, 11 (18): 3167-3174.

[73] Yao M Y, Zhao X, Jin L, et al. High energy density asymmetric supercapacitors based on MOF-derived nanoporous carbon/manganese dioxide hybrids [J]. Chemical Engineering Journal, 2017, 322: 582-589.

[74] Salunkhe R R, Kaneti Y V, Yamauchi Y. Metal-organic framework-derived nanoporous

metal oxides toward supercapacitor applications: Progress and prospects [J]. ACS Nano, 2017, 11 (6): 5293-5308.

[75] Wei X J, Li Y H, Peng H R, et al. A novel functional material of Co_3O_4/Fe_2O_3 nanocubes derived from a MOF precursor for high-performance electrochemical energy storage and conversion application [J]. Chemical Engineering Journal, 2019, 355: 336-340.

[76] Zhu Z Y, Han C, Li T T, et al. MOF-templated syntheses of porous Co_3O_4 hollow spheres and micro-flowers for enhanced performance in supercapacitors [J]. CrystEngComm, 2018, 20 (27): 3812-3816.

[77] Qin Y Y, Peng Q Y, Ding Y J, et al. Lightweight, superelastic, and mechanically flexible graphene/polyimide nanocomposite foam for strain sensor application [J]. ACS Nano, 2015, 9 (9): 8933-8941.

[78] Tian J H, Lin B P, Sun Y, et al. Porous WO_3@CuO composites derived from polyoxometalates@metal organic frameworks for supercapacitor [J]. Materials Letters, 2017, 206: 91-94.

[79] Deng X Y, Li J J, Zhu S, et al. Metal-organic frameworks-derived honeycomb-like Co_3O_4/three-dimensional graphene networks/Ni foam hybrid as a binder-free electrode for supercapacitors [J]. Journal of Alloys and Compounds, 2017, 693: 16-24.

[80] Chen J Y, Wang H Y, Deng J, et al. Low-crystalline tungsten trioxide anode with superior electrochemical performance for flexible solid-state asymmetry supercapacitor [J]. Journal of Materials Chemistry A, 2018, 6 (19): 8986-8991.

[81] Chen H C, Qin Y L, Cao H J, et al. Synthesis of amorphous nickel-cobalt-manganese hydroxides for supercapacitor-battery hybrid energy storage system [J]. Energy Storage Materials, 2019, 17: 194-203.

[82] Owusu K A, Qu L B, Li J T, et al. Low-crystalline iron oxide hydroxide nanoparticle anode for high-performance supercapacitors [J]. Nature Communications, 2017, 8: 14264.

[83] Yuan H Y, Aljneibi S A A A, Yuan J R, et al. ZnO nanosheets abundant in oxygen vacancies derived from metal-organic frameworks for ppb-level gas sensing [J]. Advanced Materials, 2019, 31 (11): e1807161.

[84] Shen Y, Guo S G, Du F, et al. Prussian blue analogue-derived Ni and Co bimetallic oxide nanoplate arrays block-built from porous and hollow nanocubes for the efficient oxygen evolution reaction [J]. Nanoscale, 2019, 11 (24): 11765-11773.

[85] Li S W, Liu Y, Zhou J W, et al. Monodispersed MnO nanoparticles in graphene-an interconnected N-doped 3D carbon framework as a highly efficient gas cathode in Li-CO_2 batteries [J]. Energy & Environmental Science, 2019, 12 (3): 1046-1054.

[86] Wang X, Yu L, Guan B Y, et al. Metal-organic framework hybrid-assisted formation of Co_3O_4/Co-Fe oxide double-shelled nanoboxes for enhanced oxygen evolution [J]. Ad-

vanced Materials, 2018, 30 (29): 1801211.

[87] Wang X F, Ma W, Jiang F, et al. Prussian blue analogue derived porous $NiFe_2O_4$ nanocubes for low-concentration acetone sensing at low working temperature [J]. Chemical Engineering Journal, 2018, 338: 504-512.

[88] Wang D, Zhou W W, Zhang R, et al. MOF-derived Zn-Mn mixed oxides@carbon hollow disks with robust hierarchical structure for high-performance lithium-ion batteries [J]. Journal of Materials Chemistry A, 2018, 6 (7): 2974-2983.

[89] Hu L, Zhang P, Chen Q W, et al. Prussian blue analogue $Mn_3[Co(CN)_6]_2 \cdot nH_2O$ porous nanocubes: Large-scale synthesis and their CO_2 storage properties [J]. Dalton Transactions, 2011, 40 (20): 5557-5562.

[90] Zhang J, Wang L J, Xu L L, et al. Porous cobalt-manganese oxide nanocubes derived from metal organic frameworks as a cathode catalyst for rechargeable Li-O_2 batteries [J]. Nanoscale, 2015, 7 (2): 720-726.

[91] Wang X, Wu X L, Guo Y G, et al. Synthesis and lithium storage properties of Co_3O_4 nanosheet-assembled multishelled hollow spheres [J]. Advanced Functional Materials, 2010, 20 (10): 1680-1686.

[92] Sundriyal S, Kaur H, Bhardwaj S K, et al. Metal-organic frameworks and their composites as efficient electrodes for supercapacitor applications [J]. Coordination Chemistry Reviews, 2018, 369: 15-38.

[93] Subramanian V, Zhu H W, Wei B Q. Nanostructured MnO_2: Hydrothermal synthesis and electrochemical properties as a supercapacitor electrode material [J]. Journal of Power Sources, 2006, 159 (1): 361-364.

[94] Goda E S, Lee S, Sohail M, et al. Prussian blue and its analogues as advanced supercapacitor electrodes [J]. Journal of Energy Chemistry, 2020, 50: 206-229.

[95] Ju H, Tang Q Q, Xu Y, et al. Prussian blue analogue-derived hollow metal oxide heterostructure for high-performance supercapacitors [J]. Dalton Transactions, 2023, 52 (36): 12948-12957.

[96] Wei C Z, Zhang R, Zheng X, et al. Hierarchical porous $NiCo_2O_4/CeO_2$ hybrid materials for high performance supercapacitors [J]. Inorganic Chemistry Frontiers, 2018, 5 (12): 3126-3134.

[97] Shi Z X, Liu Y, Zhang Y C, et al. Designed synthesis of yolk-shelled $NiCo_2O_4$/$MnCo_2O_4$ hollow sphere with boosted performance for supercapacitors [J]. Applied Surface Science, 2023, 611: 155758.

[98] Wei C Z, Zhan N N, Tao J, et al. Synthesis of hierarchically porous $NiCo_2S_4$ core-shell hollow spheres *via* self-template route for high performance supercapacitors [J]. Applied Surface Science, 2018, 453: 288-296.

[99] Wei C Z, Chen Q Y, Cheng C, et al. Mesoporous nickel cobalt manganese sulfide yolk-shell hollow spheres for high-performance electrochemical energy storage [J]. Inorganic

Chemistry Frontiers, 2019, 6 (7): 1851-1860.

[100] Ju H, Yang J X, Guo X Y, et al. Prussian blue analogue-derived Co_3O_4/Fe_2O_3 with a partially hollow and octahedral structure for high-performance supercapacitors [J]. Dalton Transactions, 2024, 53 (6): 2626-2634.

[101] Wu Y Q, Wang L, He X, et al. An alkaline-acid asymmetric electrolyzer using NiCoP/CoP/Co_3O_4 multi-shell hollow nanoflakes as cathode and Ag as anode to realizing energy efficient production of hydrogen and shape controllable silver oxide [J]. International Journal of Hydrogen Energy, 2023, 48 (35): 12958-12968.

[102] Ding H B, Wang X, Zhao J L, et al. Construction of hollow multi-shell structural NCM622 as cathode to improve the cycling stability of it's Li-ion batteries [J]. Journal of Energy Storage, 2025, 107: 114835.

[103] Hu X Y, Wan C B, Meng X H, et al. Porous $NiCoO_2$ nanospheres encapsulated in nitrogen-doped carbon shell achieving high energy storage for aqueous supercapacitors and zinc-ion batteries [J]. Applied Surface Science, 2022, 582: 152456.

[104] Kitchamsetti N. A review on recent advances in Prussian blue, its analogues, and their derived materials as electrodes for high performance supercapacitors [J]. Journal of Energy Storage, 2023, 73: 108958.

[105] Lobinsky A A, Kaneva M V, Tenevich M I, et al. Direct synthesis of $Mn_3[Fe(CN)_6]_2 \cdot nH_2O$ nanosheets as novel 2D analog of Prussian blue and material for high-performance metal-ion batteries [J]. Micromachines, 2023, 14 (5): 1083.

[106] Wang M L, Ling R, Zhou C H, et al. Sequentially epitaxial multi-shelled Mn-based Prussian blue cathode for highly stable sodium-ions batteries [J]. Energy Storage Materials, 2024, 69: 103376.

[107] Wang Y N, Zhang F Y, Long Q, et al. Enhancing cyclic stability of Mn-based Prussian blue cathode for Potassium Ion storage by high-spin Fe substitution strategy [J]. Energy Storage Materials, 2024, 71: 103399.

[108] Wang M L, Ling R, Yang C, et al. Structural regulation of Mn-based Prussian blue induced by zinc-substitution for enhanced sodium storage performance [J]. Electrochimica Acta, 2023, 462: 142711.

[109] Xi Y M, Lu Y C. Mechanochemical synthesis of Fe/Mn-based binary hexacyanoferrate for sodium-ion battery [J]. Powder Technology, 2023, 423: 118500.

[110] Purusottam Reddy B, Reddy Prasad P, Mallikarjuna K, et al. Mn-Co Prussian blue analogue cubic frames for efficient aqueous Zn ion batteries [J]. Microporous and Mesoporous Materials, 2023, 362: 112793.

[111] Ding X Y, Zhou Q B, Wang Z Y, et al. An ultra-stable Mn-based Prussian blue compound effectively suppresses Jahn-Teller distortion as a superior cathode material for sodium-ion batteries [J]. Journal of Materials Chemistry A, 2024, 12 (40): 27598-27609.

[112] Ni C H, Hao C, Tan J Z, et al. Fabrication of $Co_{1.5}Ni_{1.5}S_4$ and Prussian blue analogues composites with yolk-shell heterostructures as cathode and biomass derived carbon as anode for asymmetric supercapacitors [J]. Journal of Cleaner Production, 2024, 466: 142844.

[113] Heidari Gourji F, Rajaramanan T, Frette Ø, et al. Fabrication of ternary $NiCoMoO_x$ with yolk-shell hollow structure as a positive electrode material for high-performance electrochemical capacitor applications [J]. Nanoscale, 2023, 15 (39): 16178-16187.

[114] Rajak R, Saraf M, Mobin S M. Robust heterostructures of a bimetallic sodium-zinc metal-organic framework and reduced graphene oxide for high-performance supercapacitors [J]. Journal of Materials Chemistry A, 2019, 7 (4): 1725-1736.

[115] Wang J G, Zhang Z Y, Zhang X Y, et al. Cation exchange formation of Prussian blue analogue submicroboxes for high-performance Na-ion hybrid supercapacitors [J]. Nano Energy, 2017, 39: 647-653.

[116] Zeng Y X, Lu X F, Zhang S L, et al. Construction of Co-Mn Prussian blue analog hollow spheres for efficient aqueous Zn-ion batteries [J]. Angewandte Chemie International Edition, 2021, 60 (41): 22189-22194.

[117] Zhang Y F, Li L Q, Su H Q, et al. Binary metal oxide: Advanced energy storage materials in supercapacitors [J]. Journal of Materials Chemistry A, 2015, 3 (1): 43-59.

[118] Zhu W, Li A, Wang Z P, et al. Metal-organic frameworks and their derivatives: Designing principles and advances toward advanced cathode materials for alkali metal ion batteries [J]. Small, 2021, 17 (22): e2006424.

[119] Biswal A, Panda P K, Acharya A N, et al. Role of additives in electrochemical deposition of ternary metal oxide microspheres for supercapacitor applications [J]. ACS Omega, 2020, 5 (7): 3405-3417.

[120] Wei X J, Hu W P, Peng H R, et al. High energy capacitors based on all metal-organic frameworks derivatives and solar-charging station application [J]. Small, 2019, 15 (30): 1902280.

第3章

金属有机框架材料的结构表征

3.1
晶体结构分析技术——X 射线衍射

3.1.1 X 射线衍射的概述

X 射线衍射（X-ray diffraction，XRD）是研究物质的物相和晶体结构的主要方法。当某物质（晶体或非晶体）进行衍射分析时，该物质被X 射线照射产生不同程度的衍射现象，物质组成、晶型、分子内成键方式、分子的构型、构象等特性决定该物质产生特有的衍射图谱。XRD 技术具有不损伤样品、无污染、快捷、测量精度高、能得到有关晶体完整性的大量信息等优点。因此，XRD 技术已在材料科学、地质学、化学、物理学、生物学等领域得到广泛应用。

X 射线投射到晶体中时，会受到晶体中原子的散射，而散射波就好像是从原子中心发出，每一个原子中心发出的散射波又好比一个球面波，如图 3.1 所示。由于原子在晶体中是周期排列的，这些散射球面波之间存在固定相位关系，会在空间产生干涉。结果导致在某些散射方向的球面波相互加强，某些方向上相互抵消，从而出现衍射现象。衍射线在空间分布的方位和强度与晶体结构密切相关。

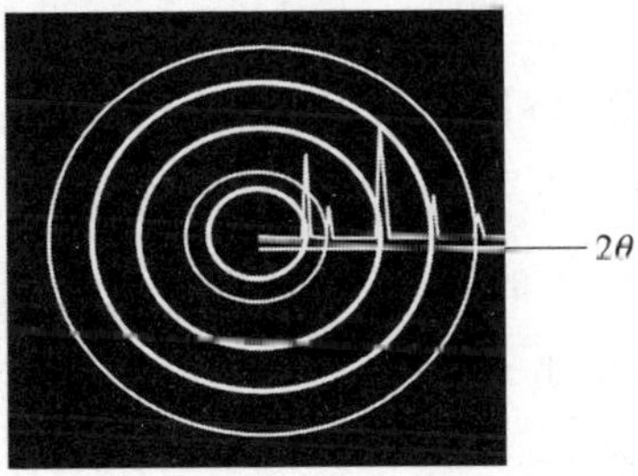

图 3.1

X 射线衍射照片及粉末衍射图谱

3.1.2 MOFs 的晶体结构测试

3.1.2.1 高晶态 MOFs

利用 XRD 对样品的晶体结构进行表征。图 3.2 为 MnHCF-C、

MnHCF-H、MnHCF-E 和 MnHCF 样品的 XRD 图。可以观察到四个样品均对应于单斜晶型结构（$P2_1/n$）的（2 0 0）、（2 −2 0）、（2 2 0）、（4 0 0）、（4 −2 0）和（4 2 0）晶面[1]。以往的研究表明，单斜相的 PBAs 由于 Na 含量高而比立方相的 PBAs 具有更高的比容量[2]。

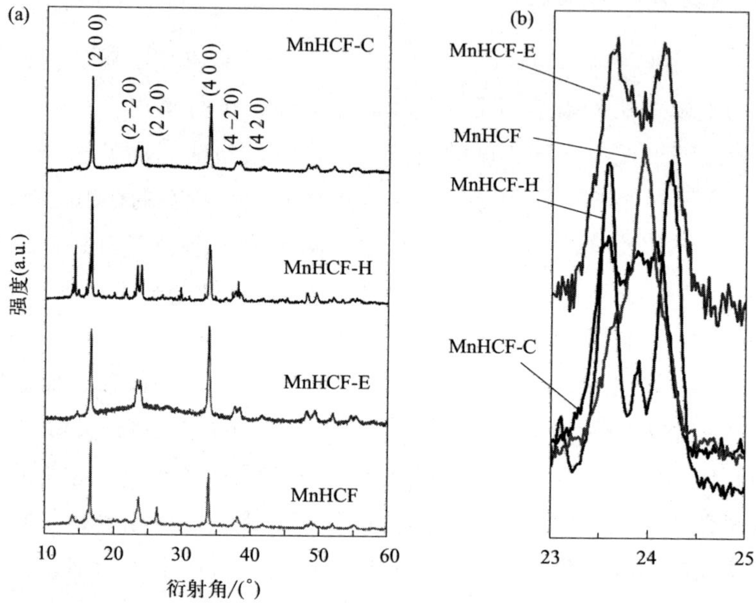

图 3.2

MnHCF-C、MnHCF-H、MnHCF-E 和 MnHCF 样品的 XRD 图

3.1.2.2 蛋黄壳结构 Co-Mn MOFs 微球

根据文献［3］，建立 $Na_xMn_yCo_zFe(CN)_6$ 的理论计算模型，使用 Material Studio 软件中的 CASTEP 程序进行计算。Perdew-Burke-Ernzerhof（PBE）泛函用于描述交换和相关效应，截断能设置为 450eV，布里渊区抽样采用 3×3×3 的 Monkhorst-Pack 网格，总能量的收敛设置为 1.0^{-5}eV。在图 3.3(a) 中，MnCo-glycerol SS 的 XRD 图显示出一个明显的宽峰，这可能与金属醇复合物的特征峰相对应[3]。MnCo-PBA YSS 的所有衍射峰都与 $Na_xMn_yCo_zFe(CN)_6$ 理论计算结果的单斜相一致，16.8°、23.6°、24.2°和 34.1°处的特征峰分别对应（0 0 2）、（2 0 −2）、（2 2 0）、（0 0 4）晶面，没有残余或无关的衍射峰表明 MnCo-SS 已完全转化为 MnCo-PBA YSS。

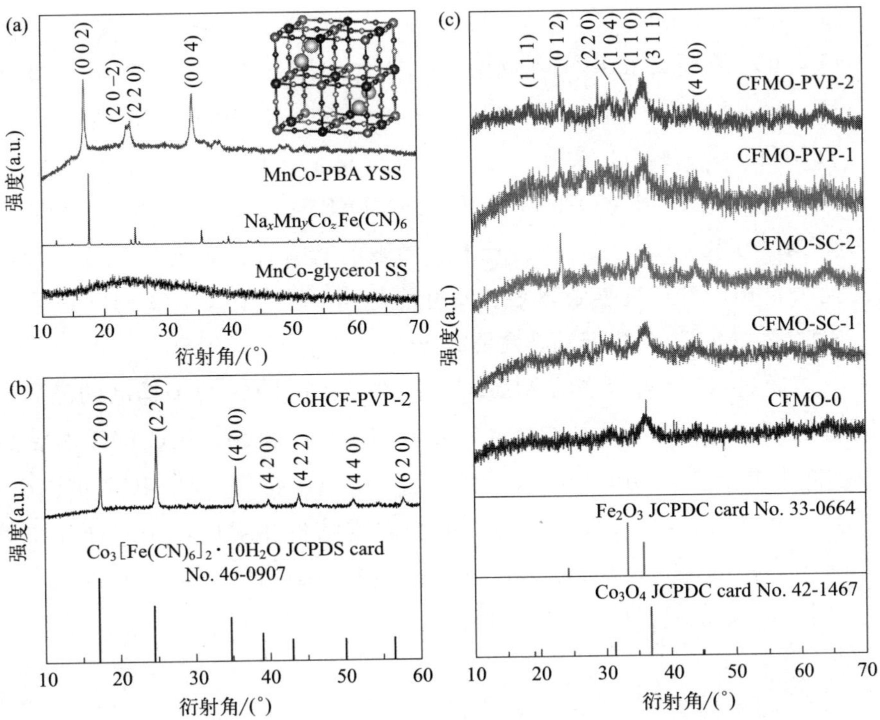

图 3.3

不同物质的 XRD 图

(a) MnCo-glycerol SS 和 MnCo-PBA YSS 的 XRD 图谱（插图：MnCo-PBA YSS 的晶体结构）；(b) CoHCF-PVP-2 的 XRD 图；(c) CFMO-0、CFMO-SC-1、CFMO-SC-2、CFMO-PVP-1 和 CFMO-PVP-2 的 XRD 图

3.1.3 MOFs 衍生金属氧化物的晶体结构测试

3.1.3.1 MOFs 衍生部分中空八面体结构 Co_3O_4/Fe_2O_3

图 3.3(b) 为 CoHCF-PVP-2 的 XRD 测试图谱及其相应标准卡片的对比图。CoHCF-PVP-2 存在明显的尖峰，与 $Co_3[Fe(CN)_6]_2 \cdot 10H_2O$ [JCPDS card No. 46-0907，空间群：F-43m(216)] 的 (2 0 0)、(2 2 0)、(4 0 0)、(4 2 0)、(4 2 2)、(4 4 0)、(6 2 0) 晶面一致。基于上述分析，成功合成了前驱体。

将前驱体在空气中进行煅烧，得到相应的金属氧化物。用 XRD 对 CFMO-0、CFMO-SC-1、CFMO-SC-2、CFMO-PVP-1 和 CFMO-PVP-2 的结构特征进行表征 [图 3.3(c)]。CoHCF-PVP-2 的峰对应于 Co_3O_4

(JCPDS card No. 42-1467) 和 Fe_2O_3 (JCPDS card No. 33-0664)。Co_3O_4 的 (1 1 1)、(2 2 0)、(3 1 1) 晶面和 Fe_2O_3 的 (0 1 2)、(1 0 4)、(1 1 0) 晶面的衍射峰分别为 18.9°、31.2°、36.5°、23.5°、33.8°和 35.9°。CFMO-SC-2、CFMO-PVP-1 和 CFMO-PVP-2 的结晶度优于 CFMO-0 和 CFMO-SC-1。这可能与实验中柠檬酸三钠的添加量有关，CFMO-SC-2、CFMO-PVP-1 和 CFMO-PVP-2 的柠檬酸盐含量高于 CFMO-0 和 CFMO-SC-1。上述结果表明所有样品都非常纯净，没有其他杂质相，且经过热处理之后所有前驱体都转变为 Co_3O_4/Fe_2O_3[4]。

3.1.3.2 MOFs 衍生低晶态金属氧化物

通过 XRD 对煅烧前 MnHCC 和 MnHCC-PVP 两个样品的晶体结构进行了分析和表征。如图 3.4 所示，MnHCC 和 MnHCC-PVP 样品的特征峰均能很好地与 $\{Mn_3[Co(CN)_6]_2 \cdot (H_2O)_{12}\}_{1.333}$ [JCPDF No. 71-1530，空间群：$Fm\text{-}3m(225)$] 面心立方结构相对应，说明样品中无杂质相。在 17.2°、24.4°、34.7°和 38.8°处的衍射峰分别对应于面心立方结构的 (2 0 0)、(2 2 0)、(4 0 0) 和 (4 2 0) 晶面。

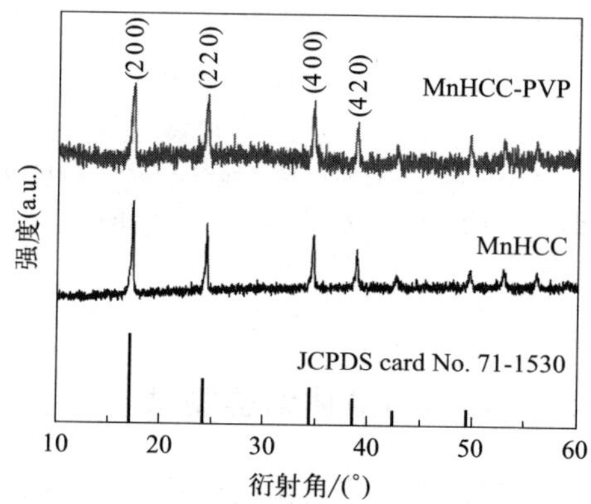

图 3.4

MnHCC 和 MnHCC-PVP 的 XRD 图

进一步通过 XRD 对煅烧后的 MCMO-PVP-450、MCMO-450、MCMO-PVP-650 和 MCMO-650 四个样品的晶体结构和相组成进行表征。如图 3.5 所示，对于 MCMO-PVP-450 样品，在 XRD 图谱中只有一个很小的、不明显的衍射峰，说明产物的低晶态特性。与 MCMO-PVP-450 样品相比，MCMO-450 的 XRD 衍射图谱存在衍射峰，与 Co_3O_4(JCPDF No. 43-1003) 匹配良好，31.3°和 36.8°处的衍射峰分别属于（2 2 0）和（3 1 1）晶面。对于 MCMO-PVP-650 和 MCMO-650 样品，所有的衍射峰都能很好地与 Co_3O_4（JCPDF No. 43-1003）和 Mn_2O_3（JCPDF No. 33-0900）对应。MCMO-PVP-650 样品在 36.8°、32.3°、35.6°处的衍射峰分别属于 Co_3O_4 的（3 1 1）晶面、Mn_2O_3 的（1 0 4）和（1 1 0）晶面。MCMO-650 在 31.3°、36.8°、32.3°、35.6°和 62.3°的衍射峰分别属于 Co_3O_4 的（2 2 0）晶面、Mn_2O_3 的（1 0 4）、（1 1 0）和（2 1 4）晶面。显然，MCMO-PVP-650 样品比 MCMO-650 样品少两个衍射峰，说明无论在 450℃还是 650℃下煅烧，PVP 的存在都会阻止金属氧化物的结晶，导致结构的无序。根据以往的研究，MOFs 材料衍生的金属氧化物都具有良好的结晶度[5-9]，而与高晶态金属氧化物相比，对应的低晶态化合物具有无序的结构和丰富的表面缺陷，具有更易进入的区域、可逆的活性位点和快速的离子扩散通道，有利于获得更好的电化学性能[10-13]。上述对比分析表明，PVP 是形成低晶态金属氧化物必不可少的物质。

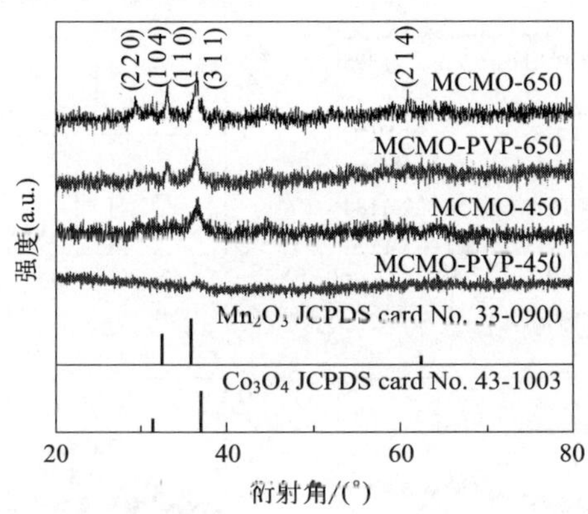

图 3.5

MCMO-PVP-450、MCMO-450、MCMO-PVP-650 和 MCMO-650 的 XRD 图

3.1.3.3 MOFs 衍生中空金属氧化物异质结

图 3.6(a) 为 CuHCC、NiHCC 和 NiHCC@CuHCC 样品的 XRD 图。CuHCC 样品所有的特征峰均能与 $Cu_3[Co(CN)_6]_2 \cdot 9H_2O$［JCPDF No. 51-1895，空间群：$Fm$-$3m$(225)］相对应，NiHCC 所有的特征峰均能与 $Ni_3[Co(CN)_6]_2 \cdot 3H_2O$［JCPDF No. 22-1184，空间群：$Fm$-$3m$(225)］相对应，NiHCC@CuHCC 能与 CuHCC 和 NiHCC 两个样品的峰匹配良好，说明制备的三个样品都非常纯净，无杂质相。

对 CuHCC、NiHCC 和 NiHCC@CuHCC 三个样品进行煅烧处理，得到对应的金属氧化物，如图 3.6(b)～(d)所示。在图 3.6(b) 中，CuO/Co_3O_4 所有的特征峰均能与 CuO（JCPDF No. 80-1916）和 Co_3O_4（JCPDF No. 43-1003）相对应。2θ 在 35.5°、38.7°、48.7°、58.2°、68.0°处分别对应于 CuO 的（−1 1 1）、(1 1 1)、(−2 0 2)、(2 0 2) 和（2 2 0）晶面，31.3°、36.8°、44.8°、59.4°、65.2°处对应于 Co_3O_4 的（2 2 0）、(3 1 1)、(4 0 0)、(5 1 1) 和（4 4 0）晶面。在图 3.6(c) 中，NiO/Co_3O_4 所有的峰都能与 NiO(JCPDF No. 47-1049) 和 Co_3O_4(JCPDF No. 43-1003) 相对应。2θ 在 37.2°、43.3°、62.9°处分别对应于 NiO 的（1 1 1）、(2 0 0) 和（2 2 0）晶面，其他的与 Co_3O_4 的晶面对应。在图 3.6(d) 中，$CuO/NiO/Co_3O_4$ 样品的特征

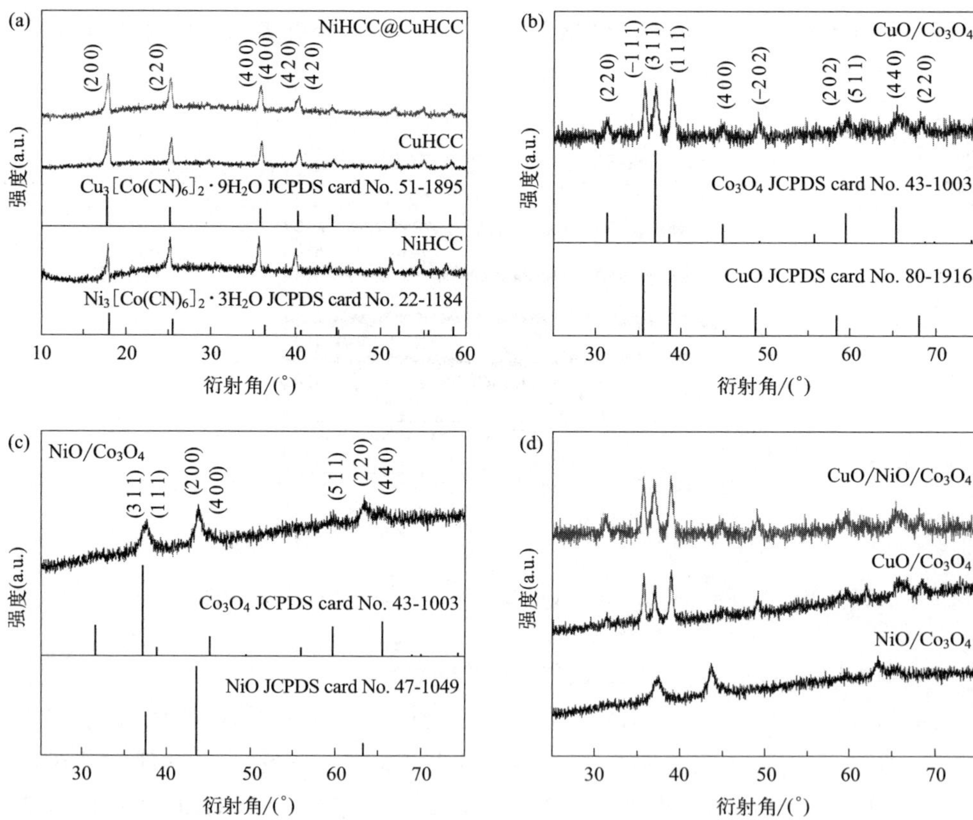

图 3.6

CuHCC、NiHCC 和 NiHCC@CuHCC（a）及 CuO/Co_3O_4（b）、NiO/Co_3O_4（c）、$CuO/NiO/Co_3O_4$（d）的 XRD 图

峰均能与 CuO/Co_3O_4 和 NiO/Co_3O_4 样品的峰相对应，说明煅烧过程已充分进行，样品为 CuO、NiO 和 Co_3O_4 的复合金属氧化物，无杂质相存在。

3.1.3.4 MOFs 衍生双壳纳米笼 Co_3O_4/Fe_2O_3

我们对 Co-Fe PBA、ZIF-67、ZIF-67/Co-Fe PBA 进行 XRD 分析，图 3.7 为前驱体 Co-Fe PBA、ZIF-67、ZIF-67/Co-Fe PBA 的 XRD 图。Co-Fe PBA 在 $2\theta=17.8°$、25.2°、36.1°和 40.6°处存在四个显著的衍射峰，分别对应于 $Co_3[Fe(CN)_6]_2 \cdot 10H_2O$（JCPDS No. 46-0907）面心立方结构的（1 1 1）、（2 0 0）、（4 0 0）和（4 2 0）晶面，未发现其他峰的存在。这一现象明确表明成功合成了目标产物，且其纯度高。ZIF-67 的 XRD 结果与之前的研究结果一致[8]，证实形成了纯相的 ZIF-67。经阴离子交换后，ZIF-67/Co-Fe PBA 样品与 ZIF-67 一致[8]，但峰的强度降低，同时未发现明显的 Co-Fe PBA 样品的特征峰。

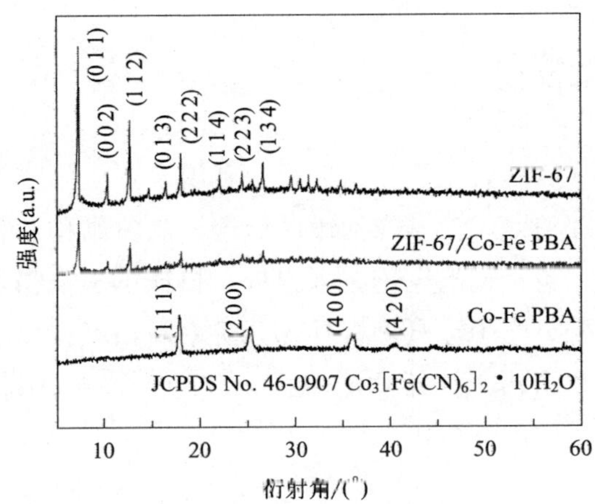

图 3.7
Co-Fe PBA、ZIF-67、ZIF-67/Co-Fe PBA 的 XRD 图

煅烧后 Co_3O_4/Fe_2O_3 NCs、Co_3O_4 Ps 和 Co_3O_4/Fe_2O_3 DSNCs 样品的 XRD 图如图 3.8 所示，三个样品均在 $2\theta=31.3°$、36.9°和 44.8°处呈现三个显著的 Co_3O_4（JCPDS No. 42-1467）特征峰，分别对应 Co_3O_4 的（2 2 0）、（2 2 2）和（4 0 0）晶面。同时，在 Co_3O_4/Fe_2O_3 NCs 和 Co_3O_4/Fe_2O_3 DSNCs 样品中，检测到一个额外的 Fe_2O_3（JCPDS No. 33-0664）的衍射峰，对应于其（1 1 0）晶面。

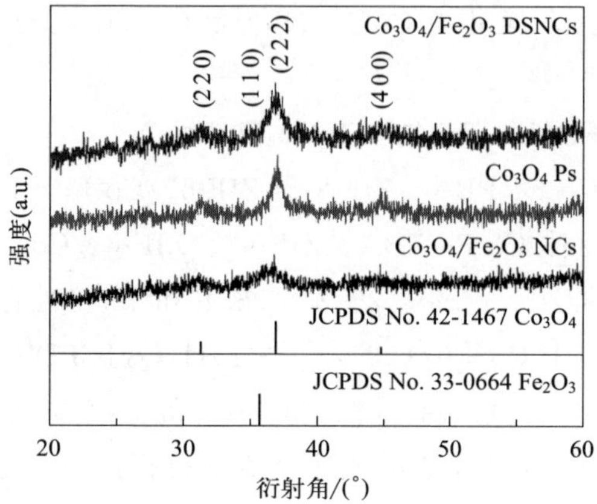

图 3.8

Co_3O_4/Fe_2O_3 DSNCs、Co_3O_4 Ps 和 Co_3O_4/Fe_2O_3 NCs 的 XRD 图

3.2 形貌与微结构表征

如图 3.9 所示，电子显微分析是利用聚焦电子束与试样相互作用产生的各种物理信号，对试样的微区形貌、晶体结构和化学组成进行分析的一种方法，包括透射电子显微分析、扫描电子显微分析和电子探针 X 射线显微分析。电子显微分析具有分辨率高，可在高放大倍数下直接观察试样形貌和结构，仪器功能多样化等特点，在材料合成、矿物分析、药物开发等领域广泛应用。

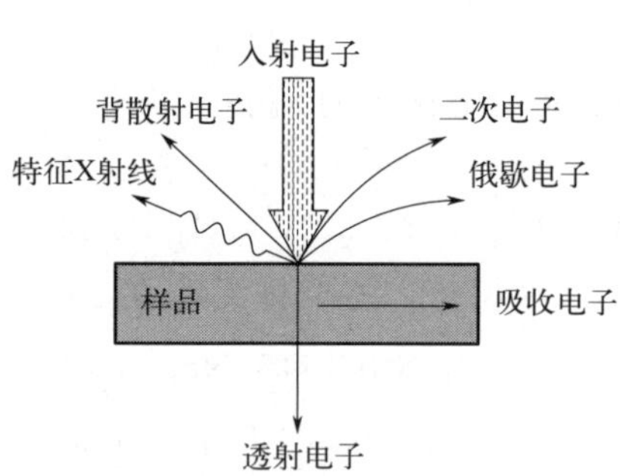

图 3.9

电子束与固体试样作用产生的信号

3.2.1 场发射扫描电子显微镜测试

利用场发射扫描电子显微镜（field emission scanning electron microscope，FESEM）测试 MOFs 及其衍生金属氧化物的微观形貌。

3.2.1.1 MOFs

（1）高晶态 MOFs

图 3.10（a）～（d）分别为 MnHCF-C、MnHCF-H、MnHCF-E、MnHCF 的 FESEM 图。MnHCF-E 呈现出小颗粒结构，MnHCF-H、MnHCF-C、MnHCF 均呈现出立方体结构。在 FESEM 图上，随机取 50 个点，对颗粒尺寸进行统计，如图 3.11(a)～(d) 所示，MnHCF-C、MnHCF-H、MnHCF-E 和 MnHCF 平均颗粒尺寸分别为 199.00nm、197.52nm、30.06nm 和 119.44nm。

图 3.10
MnHCF-C、MnHCF-H、MnHCF-E 和 MnHCF 的 FESEM
(a) MnHCF-C；(b) MnHCF-H；(c) MnHCF-E；(d) MnHCF

（2）蛋黄壳结构 Co-Mn MOFs 微球

图 3.12(a_1)、(a_2)，图 3.12(b_1)、(b_2)，图 3.12(c_1)、(c_2) 分别是 Mn-glycerol SS、MnCo-glycerol SS 和 Co-glycerol SS 的 SEM 图。自

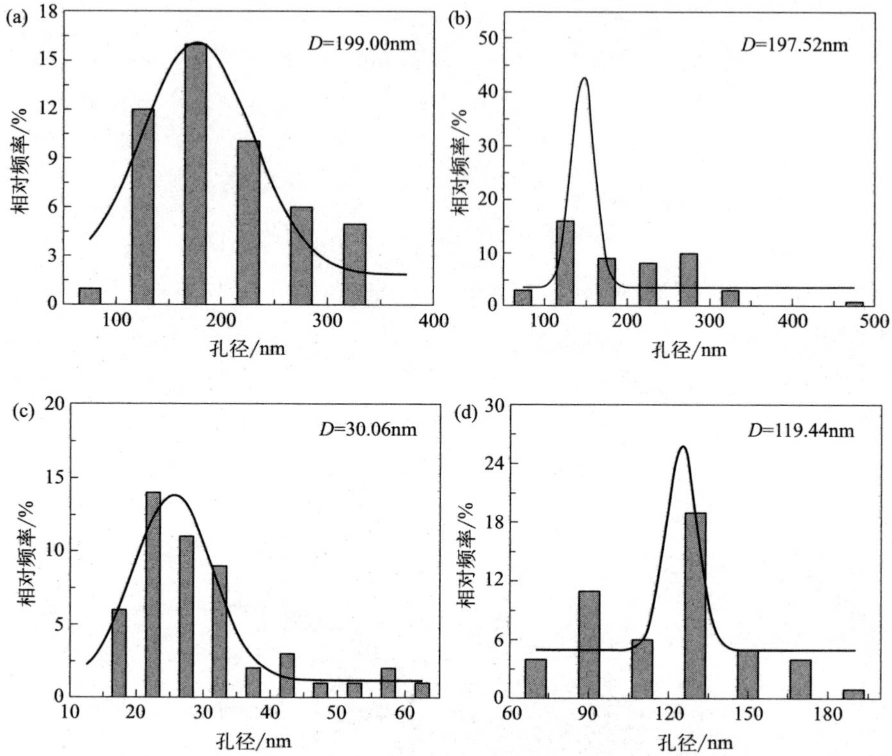

图 3.11

MnHCF-C、MnHCF-H、MnHCF-E 和 MnHCF 的粒径分布

(a) MnHCF-C；(b) MnHCF-H；(c) MnHCF-E；(d) MnHCF

模板前驱体 Mn-glycerol SS、MnCo-glycerol SS 和 Co-glycerol SS 是通过简单的溶剂热法合成的，具有光滑的表面和均匀的粒径，如图 3.12(a_3)、(b_3) 和(c_3) 所示，测得 Mn-glycerol SS、MnCo-glycerol SS 和 Co-glycerol SS 的粒度分布分别为 3.57μm、1.23μm 和 0.63μm。图 3.13(a_1)、(a_2)，图 3.13(b_1)、(b_2)，图 3.13(c_1)、(c_2) 分别是 Mn-PBA YSS、MnCo-PBA YSS 和 Co-PBA YSS 的 SEM 图，经过油浴处理后，Mn-PBA YSS、MnCo-PBA YSS 和 Co-PBA YSS 依然为球体，但表面变得粗糙，并由许多立方体聚集而成。

3.2.1.2 MOFs 衍生金属氧化物

(1) MOFs 衍生部分中空八面体结构 Co_3O_4/Fe_2O_3

图 3.14 (a) ～ (e) 为 CoHCF-0、CoHCF-SC-1、CoHCF-SC-2、CoHCF-PVP-1 和 CoHCF-PVP-2 的 SEM 图像。CoHCF-0 为棱角圆润

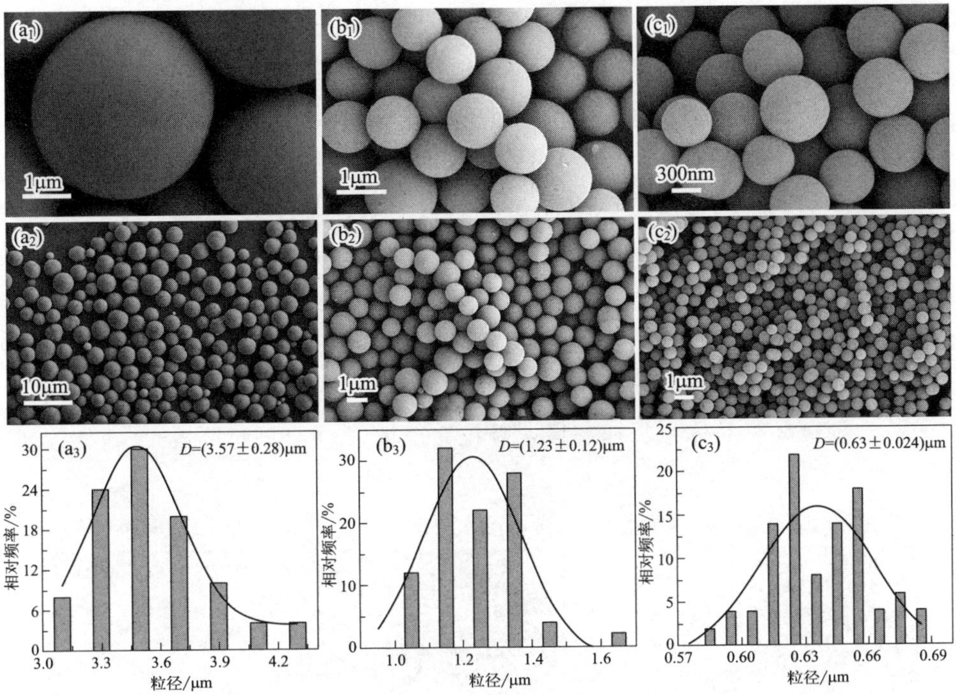

图 3.12

Mn-glycerol SS、MnCo-glycerol SS 与 Co-glycerol SS 的 SEM 图与粒径分布图

SEM 图：(a_1)、(a_2) Mn-glycerol SS，(b_1)、(b_2) MnCo-glycerol SS，(c_1)、(c_2) Co-glycerol SS；

粒径分布图：(a_3) Mn-glycerol SS，(b_3) MnCo-glycerol SS，(c_3) Co-glycerol SS

图 3.13

Mn-PBA YSS、MnCo-PBA YSS 与 Co-PBA YSS 的 SEM 图

(a_1)、(a_2) Mn-PBA YSS；(b_1)、(b_2) MnCo-PBA YSS；(c_1)、(c_2) Co-PBA YSS

的立方体结构，CoHCF-SC-1 为不均匀的立方体结构，且立方体之间相互咬合，CoHCF-SC-2 为表面存在凹陷的立方体结构，CoHCF-PVP-1 是缺角的立方体结构，CoHCF-PVP-2 为颗粒大小均匀的八面体结构。随着柠檬酸三钠用量的逐渐增加，粒径逐渐增大。这种现象可能是由于柠檬酸三钠与 Co^{2+} 的强螯合作用，有效地控制了 Co^{2+} 的释放，从而减缓结晶成核的速度并减少晶核的数量，延长晶体的生长时间[14]，因此颗粒尺寸逐渐增大。此外，柠檬酸盐还可以结合在晶体表面作为结构导向试剂[15]。随着 PVP 含量的增加，颗粒的生长方向明显不同。这可能是 PVP 分子的取向特性导致了不同晶面的生长速率不同[4]，因此形成不同的形貌。在八面体结构的 PBAs 样品 CoHCF-PVP-2 中，由于 PVP 含量最高，晶体生长速率慢，颗粒完全被（1 1 1）面覆盖[16]。

图 3.14
CoHCF-0、CoHCF-SC-1、CoHCF-SC-2、CoHCF-PVP-1 及 CoHCF-PVP-2 的 SEM 图

基于以上观察，我们提出了 Co-Fe PBA 结构形状演变的示意图（图 3.15）。首先，Co-Fe 立方体在初始反应中迅速形成，作为后续过程中的模板[17]。随后，由于立方体的棱角和边缘具有相对较高的反应性，新的 Co-Fe 相在原位生成并有选择地沉积在这些区域（阶段 1）[18]。随后的阶段是 PVP 和高浓度的柠檬酸盐（阶段 3 和阶段 4），在壳生长的过程中，高浓度的柠檬酸盐会产生表面封闭的缺角立方体（阶段 3）。随着 PVP 浓度的增加，样品的形状变成八面体结构（阶段 4）。在另一条路径中，PVP 是不存在的（阶段 5 和阶段 6），Co-Fe 相在晶体的侧面逐渐生长，形成立方体（阶段 5）。随着柠檬酸盐浓度的增加，固体立方体最终演变成空心立方体（阶段 6）[17]。原因是柠檬酸盐可以附着在一个或几个特定的表面上，并有助于蚀刻或溶解 Co-Fe 立方体表面的阳离子，因此形态不断演变，最终形成空心结构[15]。综上所述，PVP 和柠檬酸盐对（1 0 0）和（1 1 1）两个晶面均有影响。

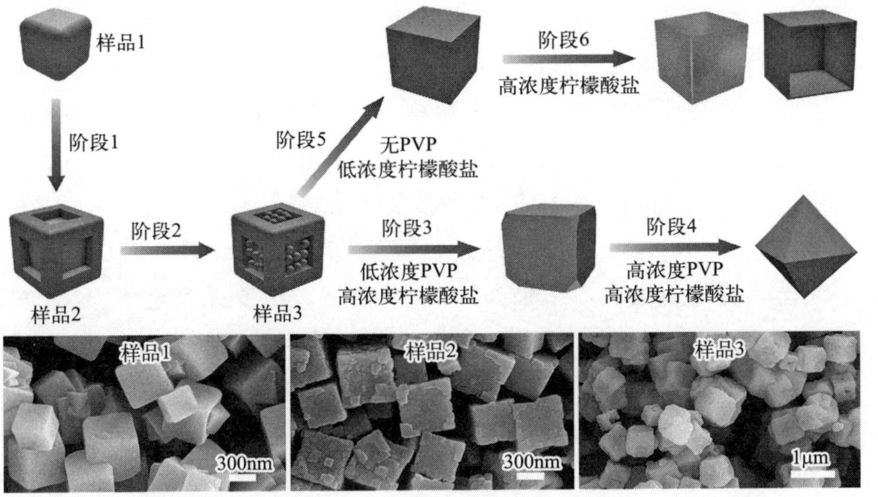

图 3.15

不同 Co-Fe PBA 结构的构造示意图

采用 FESEM 表征了 CFMO-0、CFMO-SC-1、CFMO-SC-2、CFMO-PVP-1 和 CFMO-PVP-2 的形貌。图 3.16(a)～(e) 为金属氧化物的 SEM 图像。所有样品在碳化后形貌均保持良好。与前驱体光滑的表面不同，金属氧化物的表面变得粗糙，由小的球形颗粒组成。

图 3.16

CFMO-0、CFMO-SC-1、CFMO-SC-2、CFMO-PVP-1 及 CFMO-PVP-2 的 SEM 图

(2) MOFs 衍生低晶态金属氧化物

从图 3.17(a) 可以看出，在无 PVP 的情况下，MnHCC 的颗粒大小不均匀、不规则，而且立方体存在明显的团聚现象[19]。当加入适量 PVP 时，如图 3.17(b) 所示，所得样品颗粒分散性良好。随着 PVP 加入量的逐渐增大，如图 3.17(c)、(d) 所示，所得的纳米/微米立方体大小逐渐均匀，当 PVP 浓度增加到 60mg・mL^{-1} 时，立方体形貌均匀、

规则、分散良好、表面光滑，这一现象说明 PVP 在自组装过程中具有重要作用。由于在纳米/微米颗粒形成过程中，PVP 中的—N 或 C ═O 官能团可以与 Mn^{2+} 形成很弱的配位，因此维持了立方体结构的稳定，形成了 PVP 保护的纳米/微米颗粒[19]。说明在材料制备过程中 PVP 对均匀纳米/微米立方体的形成有很大的作用，有效抑制晶粒的无规则团聚[19]。综上所述，选择 PVP 浓度为 $60mg \cdot mL^{-1}$ 作为后续样品的制备条件。对 MnHCC-PVP 样品进行能量色散 X 射线谱（EDX）测试，研究样品的化学组成，结果如图 3.18 所示，主要元素有 C、N、O、K、Mn、Co（Au 和 Si 元素源于样品的制备过程和基底材料），无杂质，其中 O 元素源于 PVP，并且从影像分析图可知，每种元素在 MnHCC-PVP 样品中分布均匀。

图 3.17

不同 PVP 浓度样品的 FESEM 图

(a) $0mg \cdot mL^{-1}$；(b) $30mg \cdot mL^{-1}$；(c) $60mg \cdot mL^{-1}$；(d) $120mg \cdot mL^{-1}$

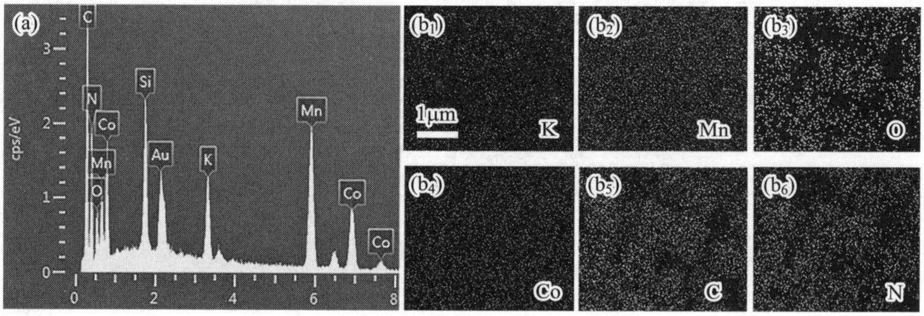

图 3.18

MnHCC-PVP 的 SEM 能谱图和 K、Co、Mn、C、N、O 元素的影像分析图

图 3.19 为 MCMO-PVP-450 样品的 FESEM 图。可以看出，MCMO-PVP-

450 样品仍然具有均匀、规则和分散良好的形貌，但立方体的表面粗糙度增加，样品由致密堆积在一起的 Co_3O_4/Mn_2O_3 小颗粒组成。

图 3.19

MCMO-PVP-450 在不同放大倍数下的 FESEM 图

(3) MOFs 衍生中空金属氧化物异质结

为了证明核壳结构的成功制备，对 CuHCC、NiHCC 和 NiHCC@CuHCC 三个样品进行了 FESEM 测试以及粒径分布的统计。图 3.20(a)、(b) 分别为 CuHCC 和 NiHCC 样品的 FESEM 图，两个样品均呈现立方体结构，图 3.20(c)、(d) 为不同放大倍数下 NiHCC@CuHCC 的形貌，也为立方体结构。分别对图 3.20(b)、(c) 中的颗粒尺寸进行了分布统计，结果见图 3.21(a)、(b)，NiHCC 样品颗粒尺寸平均为 0.62μm，NiHCC@CuHCC 样品颗粒尺寸平均为 0.89μm。从上述结果可知，核层的样品 NiHCC 颗粒尺寸较小，经晶种法制备核壳结构后的样品 NiHCC@CuHCC 颗粒尺寸增大，说明壳层样品 CuHCC 在 NiHCC 表面沉积，初步证明核壳结构的形成。

图 3.20

CuHCC、NiHCC 和 NiHCC@CuHCC 的 FESEM 图

(a) CuHCC；(b) NiHCC；(c)、(d) NiHCC@CuHCC

将 CuHCC、NiHCC 和 NiHCC@CuHCC 煅烧得到相应的金属氧化

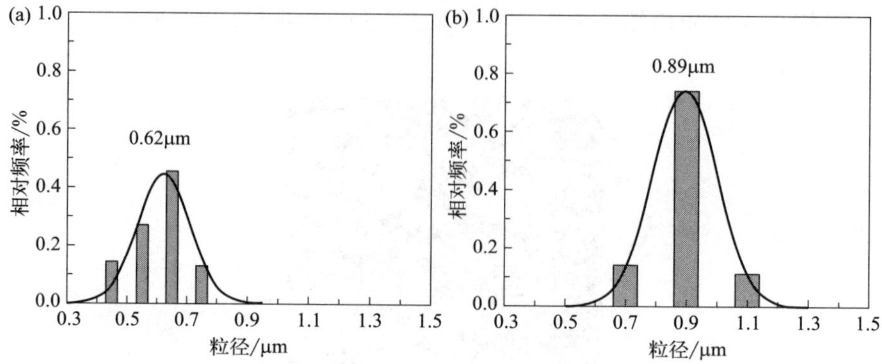

图 3.21

NiHCC 和 NiHCC@CuHCC 的粒径分布图

(a) NiHCC；(b) NiHCC@CuHCC

物，并用 FESEM 对其形貌和结构进行了分析。FESEM 图像如图 3.22(a)～(c) 所示，CuO/Co_3O_4 由金属氧化物颗粒组成，NiO/Co_3O_4 和 $CuO/NiO/Co_3O_4$ 为立方结构，由于有机成分分解和金属氧化物的形成，表面粗糙，这与以前的文献报道一致[4]。

图 3.22

CuO/Co_3O_4、NiO/Co_3O_4 与 $CuO/NiO/Co_3O_4$ 的 FESEM 图

(a) CuO/Co_3O_4；(b) NiO/Co_3O_4；(c) $CuO/NiO/Co_3O_4$

(4) MOFs 衍生双壳纳米笼 Co_3O_4/Fe_2O_3

Co-Fe PBA、ZIF-67 利用直接沉淀法制备得到，图 3.23 为 Co-Fe PBA 的 SEM 图，呈立方体结构。图 3.24(a) 为 ZIF-67 的 SEM 图，ZIF-67 呈菱形十二面体结构。Co-Fe PBA 和 ZIF-67 表面光滑，颗粒尺寸均匀。将 $K_3[Fe(CN)_6]$ 溶液注入 ZIF-67 悬浮液中反应 30min 后，溶液由紫色变为蓝紫色，得到 ZIF-67/Co-Fe PBA，如图 3.24(b) 所示，

样品颗粒表面存在小纳米片，且表面更粗糙，由图中标注虚线框的位置可以看出，颗粒内部存在核。在制备过程中改变滴加溶液的浓度，如提高 E 溶液浓度或者降低 F 溶液浓度，在进行阴离子交换时，均会造成外壳破裂，且样品颜色呈灰紫色，SEM 图分别见图 3.24(c) 和图 3.24(d)。

图 3.23

Co-Fe PBA 的 SEM 图

图 3.24

ZIF-67、ZIF-67/Co-Fe PBA、ZIF-67-E 和 ZIF-67-F 的 SEM 图

(a) ZIF-67；(b) ZIF-67/Co-Fe PBA；(c) ZIF-67-E；(d) ZIF-67-F

Co_3O_4/Fe_2O_3 NCs、Co_3O_4 Ps、Co_3O_4/Fe_2O_3 DSNCs 分别由 Co-Fe PBA、ZIF-67、ZIF-67/Co-Fe PBA 经空气气氛缓慢煅烧（1℃ · min^{-1} 的升温速率）后得到。图 3.25(a)、图 3.25(c)、图 3.25(d) 分别为 Co_3O_4/Fe_2O_3 NCs、Co_3O_4 Ps、Co_3O_4/Fe_2O_3 DSNCs 的 SEM 图。

从图中可以看出，Co_3O_4/Fe_2O_3 NCs 仍是立方体结构，比 Co-Fe PBA 表面更粗糙，由小颗粒堆积而成；Co_3O_4 Ps 表面凹陷，出现褶皱，有明显收缩现象；Co_3O_4/Fe_2O_3 DSNCs 表面微凹，有细小颗粒，结构饱满。当提高煅烧过程中升温速率（2℃ · min^{-1}）和煅烧温度（350℃）时，ZIF-67/Co-Fe PBA 煅烧后的颗粒无法保持完整的形貌，均破碎，呈颗粒状和片状，如图 3.25(b) 所示。

图 3.25

Co_3O_4/Fe_2O_3 NCs、Co_3O_4 Ps 和 Co_3O_4/Fe_2O_3 DSNCs 的 SEM 图

(a) Co_3O_4/Fe_2O_3 NCs 的 SEM 图；(b) 提高煅烧过程中升温速率的 SEM 图；(c) Co_3O_4 Ps 的 SEM 图；(d) Co_3O_4/Fe_2O_3 DSNCs 的 SEM 图

3.2.2 透射电子显微镜

利用透射电子显微镜（transmission electron microscope，TEM）观察材料的微观结构和晶体结构。高分辨率透射电子显微镜（high resolution transmission electron microscope，HRTEM）可获得样品的晶面间距，再与晶体的标准晶面间距对比，从而确定样品所属晶面。能量色散 X 射线谱（energy dispersive X-ray spectroscopy，EDX）中的面扫（mapping）能够实现局部区域的成分分布映射，可以揭示不同元素的空间分布特征。选区电子衍射（selected area electron diffraction，SAED）可获取样品的局部结构信息，通过分析衍射图，可以确定材料的晶相、晶格参数及晶面取向等信息，帮助研究材料的结晶性质。

3.2.2.1 MOFs

(1) 高晶态 MOFs

如图 3.26(a)～(d)所示，MnHCF-C、MnHCF-H 和 MnHCF 呈现出实心的立方体结构，MnHCF-E 是实心的小球形颗粒[20]。图 3.27(a)为 MnHCF 的 SAED 图样，呈现多晶结构。高角度环形暗场 TEM 和相应的元素映射［图 3.27(b)］证实 MnHCF 由 Mn、Fe、C、N、Na 和 O 元素组成，这些元素分布均匀。

图 3.26
MnHCF-C、MnHCF-H、MnHCF-E 和 MnHCF 的 TEM 图

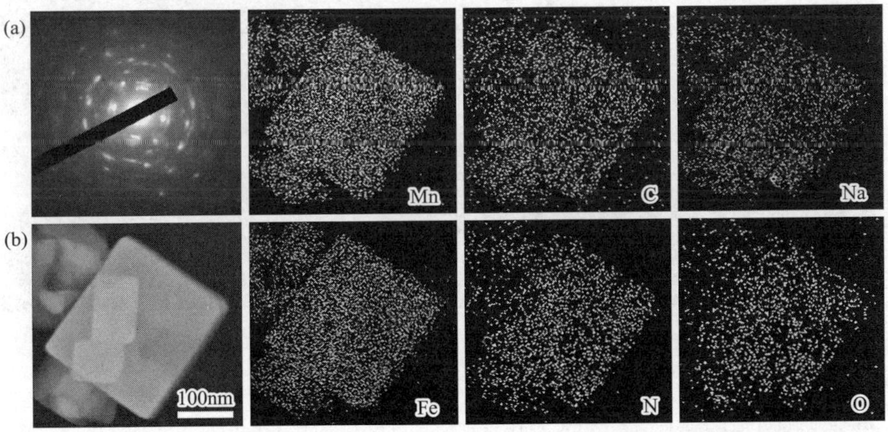

图 3.27
MnHCF 的 SAED 图（a）以及 TEM 图和对应的 EDX 元素扫描图（b）

(2) 蛋黄壳结构 Co-Mn MOFs 微球

图 3.28(a)～(f) 中的 TEM 图证实，Mn-glycerol SS、MnCo-glycerol SS 和 Co-glycerol SS 是光滑的实心球体，而 Mn-PBA YSS、MnCo-PBA YSS 和 Co-PBA YSS 的表面粗糙，内核是实心结构，外壳和内核之间有空隙，是蛋黄壳结构。MnCo-PBA YSS 样品的外壳和内核之间的空隙最大，Mn-PBA YSS 的空隙最小。在 HRTEM 图像［图 3.28(g_1)、(g_2)］中，可以清晰地辨认出两条突出的晶格条纹，其晶面间距分别为 0.50nm 和 0.36nm，分别对应于 $Na_xMn_yCo_zFe(CN)_6$（$0<x\leqslant1$，$0<y<1$，$0<z<1$，$y+z=1$）的（0 0 2）和（2 0 −2）晶面。图 3.28(h_1)～(h_8) 展示了 MnCo-PBA YSS 的能谱面扫描图，显示了 Mn、Fe、Na、C、Co、O 和 N 的存在。值得注意的是，Mn、Co

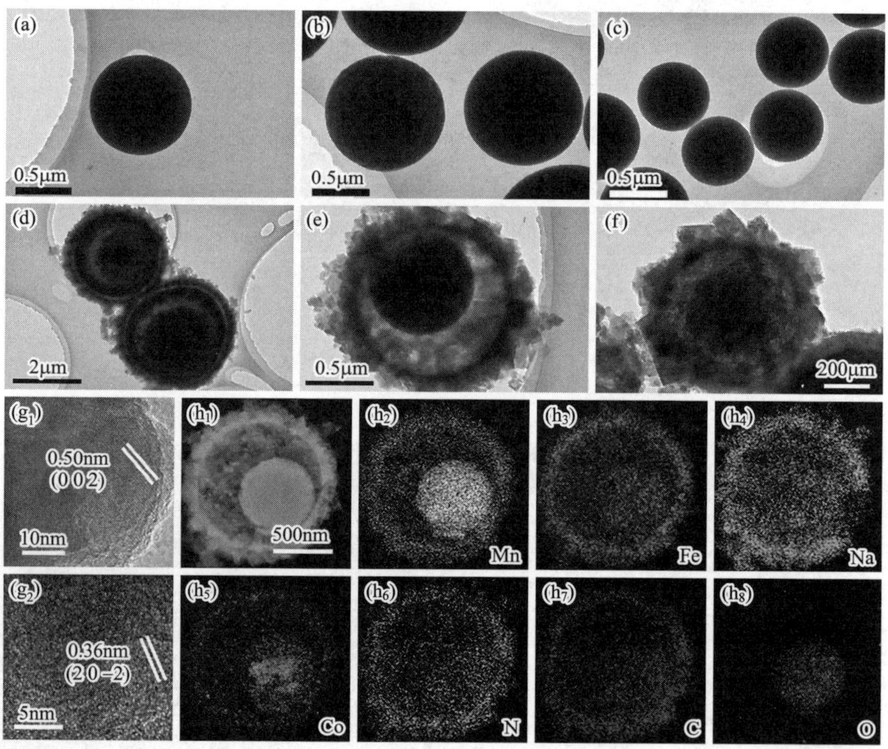

图 3.28

蛋黄壳结构 Co-Mn MOFs 微球的 TEM 图和能谱面扫描图

(a) Mn-glycerol SS 的 TEM；(b) MnCo-glycerol SS 的 TEM；(c) Co-glycerol SS 的 TEM；(d) Mn-PBA YSS 的 TEM；(e) MnCo-PBA YSS 的 TEM；(f) Co-PBA YSS 的 TEM；(g_1)、(g_2) MnCo-PBA YSS 的 HRTEM；(h_1)～(h_8) MnCo-PBA YSS 的能谱面扫描图

和 O 主要分布在蛋黄结构中，而 Fe、Na、N 和 C 主要位于外壳中。

3.2.2.2 MOFs 衍生金属氧化物

(1) MOFs 衍生部分中空八面体结构 Co_3O_4/Fe_2O_3

如图 3.29(a)～(e) 所示，CoHCF-0 是实心的小颗粒结构，CoHCF-SC-1 为实心的立方体结构，CoHCF-SC-2 为空心的立方体结构，CoHCF-PVP-1 为缺角的实心立方体结构，CoHCF-PVP-2 为实心的八面体结构。

图 3.29
CoHCF-0、CoHCF-SC-1、CoHCF-SC-2、CoHCF-PVP-1 和 CoHCF-PVP-2 的 TEM 图

图 3.30(a) 为 CFMO-PVP-2 的 TEM 图像，CFMO-PVP-2 中间部分呈空心结构，具有更多可达的活性位点。图 3.30(b) 通过 HRTEM 揭示了样品的复杂结构。Co_3O_4 的 (3 1 1) 和 (4 0 0) 晶面以及 Fe_2O_3 的 (1 1 0) 和 (1 0 4) 晶面的面间距分别为 0.241nm、0.200nm、0.249nm 和 0.272nm。通过 SAED 对结晶特性进行了验证，SAED 图[图 3.30(c)] 呈现多晶结构[21]。图 3.30(d) 为高角度环形暗场 TEM 和对应的元素扫描图像，证实 CFMO-PVP-2 含有 Co、Fe、O、C 等元素，且这些元素分布均匀。

(2) MOFs 衍生低晶态金属氧化物

图 3.31(a) 是 MnHCC-PVP 样品的 TEM 图，从图中可以看出，MnHCC-PVP 呈现均一的立方体结构，与 FESEM 测试结果一致。图 3.31(b) 为 MCMO-PVP-450 样品的 TEM 图，仍为立方体结构。TEM 图及对应的元素面分布图如图 3.31(c) 所示，可以看出 Co、Mn、O、K、C 元素的存在，且分布均匀。MCMO-PVP-450 样品的 HRTEM 图像 [图 3.31(d)] 显示出模糊的晶格条纹，且在黄色标记区域内含有许多缺陷和无序结构，证实了 MnHCC-PVP 样品在煅烧后转化为低晶态金属氧化物 MCMO-PVP-450，这与 XRD 结果一致。

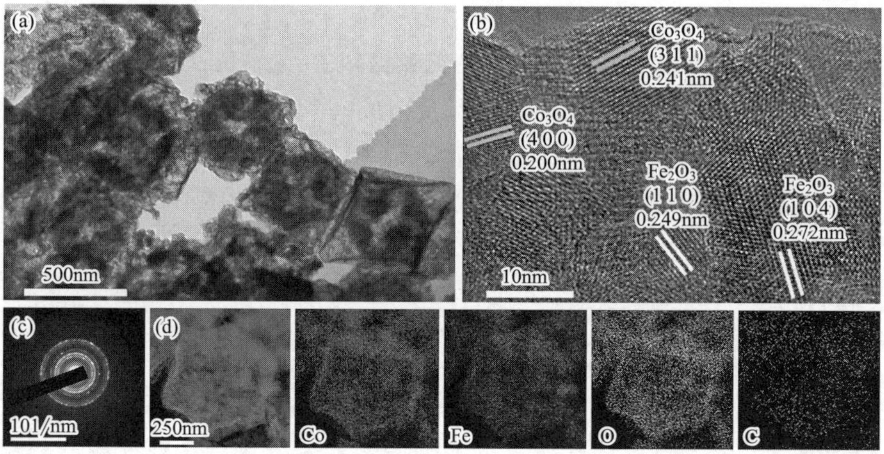

图 3.30

CFMO-PVP-2 的结构表征

（a）TEM 图像；（b）HRTEM 图；（c）SAED 图；（d）高角度环形暗场 TEM 和对应的元素扫描图

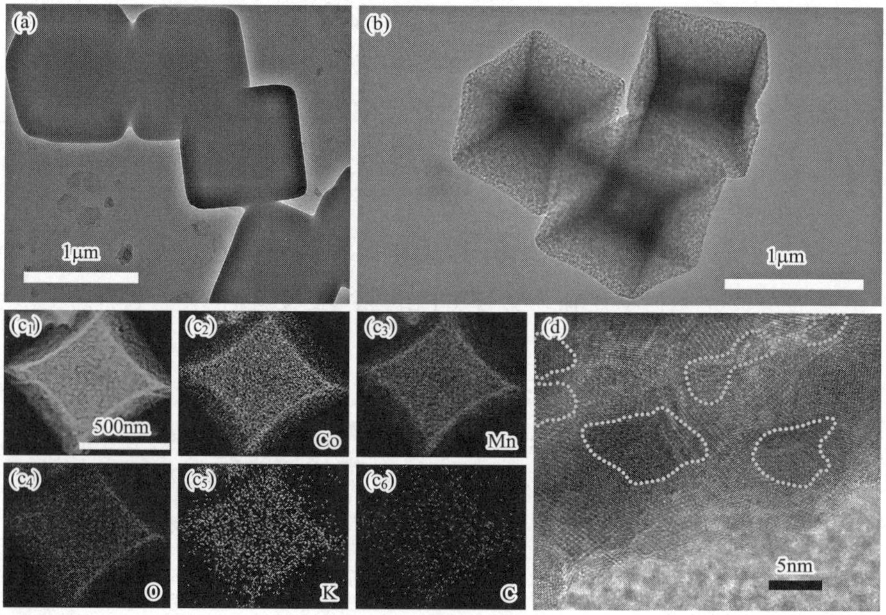

图 3.31

MnHCC-PVP 与 MCMO-PVP-450 的结构表征

（a）MnHCC-PVP 的 TEM 图；（b）MCMO-PVP-450 的 TEM 图；（c）MCMO-PVP-450 的 TEM 图和对应的 Co、Mn、O、K 和 C 元素面分布图；（d）MCMO-PVP-450 的 HRTEM 图

(3) MOFs衍生中空金属氧化物异质结

为了更加直观地说明核壳结构制备成功，采用TEM和EDX元素面分布测试，观察每种元素的分布位置。图3.32(a)为NiHCC@CuHCC样品的TEM图，颗粒呈现立方体结构，并且表面光滑，意味着壳层CuHCC均匀地沉积在核层NiHCC表面。图3.32(b)为NiHCC@CuHCC的TEM图和对应的EDX元素面分布图，从图中可以看出，样品中含有Ni、Cu、Co、Na、C、N和O七种元素，其中Ni的分布集中在颗粒的中心位置，Cu主要分布在颗粒边缘，Co在整个颗粒中均匀分布。这表明形成了NiHCC@CuHCC核壳结构，进一步证实了CuHCC在NiHCC表面成功沉积。

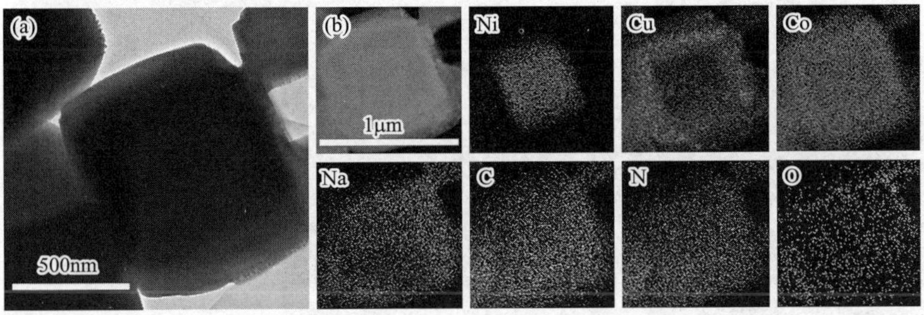

图3.32

NiHCC@CuHCC的结构表征

(a) TEM图；(b) TEM图和对应的Ni、Cu、Co、Na、C、N和O的EDX元素面分布图

图3.33(a)为CuO/Co_3O_4样品的TEM图。锻烧后形成CuO/Co_3O_4，并保持立方体结构形态。图3.33(b)是CuO/Co_3O_4样品的HRTEM图。显示了Co_3O_4(0.204nm)的(4 0 0)晶面和CuO(0.188nm)的(−2 0 2)晶面。Cu、Co、O元素分布均匀，如图3.33(c)所示。图3.33(d)为NiO/Co_3O_4样品的TEM图像，为立方体结构。图3.33(e)为NiO/Co_3O_4的HRTEM图像，Co_3O_4的(4 0 0)晶面和NiO的(2 0 0)晶面的晶面间距分别为0.204nm和0.209nm。NiO/Co_3O_4的元素映射如图3.33(f)所示，证实了Ni、Co、O的均匀分布。图3.33(g)为CuO/NiO/Co_3O_4样品的TEM图像。边缘暗、中心亮证实样品具有空心结构[4]，可以减小结构应变，提高材料的循环稳定性[22]。图3.33(h)为CuO/NiO/Co_3O_4样品的HRTEM图，图中清

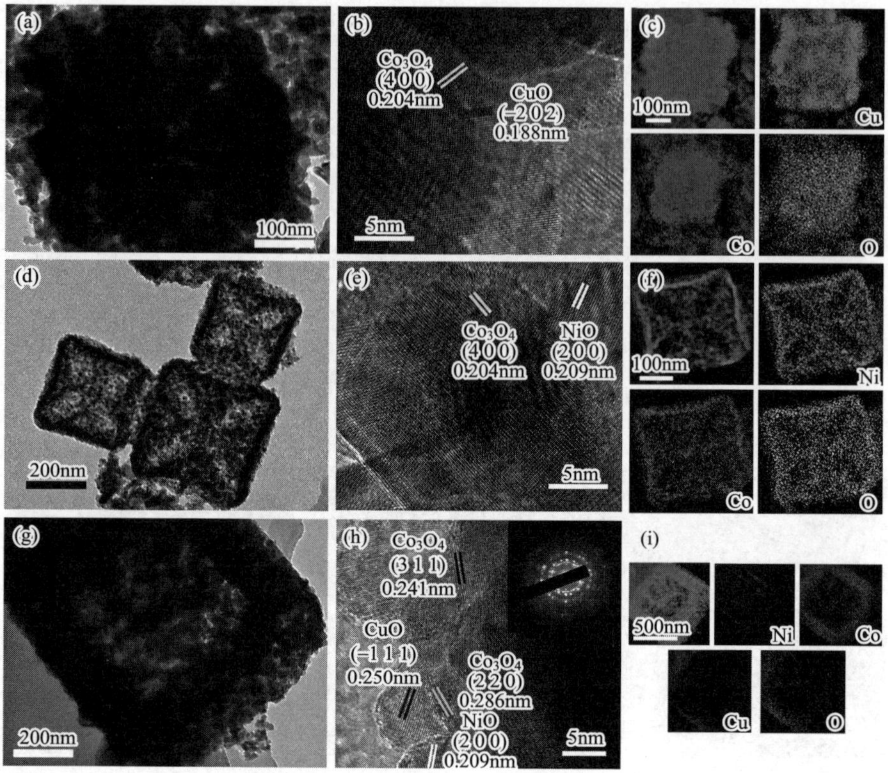

图 3.33

CuO/Co_3O_4、NiO/Co_3O_4 与 $CuO/NiO/Co_3O_4$ 的结构表征

CuO/Co_3O_4：(a) TEM 图，(b) HRTEM 图，(c) TEM 图和对应的 Cu、Co 和 O 的 EDX 元素面分布图；NiO/Co_3O_4：(d) TEM 图，(e) HRTEM 图，(f) TEM 图和对应的 Ni、Co 和 O 的 EDX 元素面分布图；$CuO/NiO/Co_3O_4$：(g) TEM 图，(h) SAED 图（插图：对应的选区电子衍射），(i) TEM 图和对应的 Ni、Cu、Co 和 O 的 EDX 元素面分布图

晰地看到，Co_3O_4 的（3 1 1）晶面（0.241nm）、CuO 的（−1 1 1）晶面（0.250nm）和 NiO 的（2 0 0）晶面（0.209nm），表明样品是 CuO、NiO 和 Co_3O_4 的复合金属氧化物，与 XRD 结果一致。重要的是，HRTEM 图像清晰地呈现了 CuO（−1 1 1）与 NiO（2 0 0）之间的晶格条纹，以及二者紧密接触所形成的高质量界面，说明异质结构成功构建[23]。图 3.33(h) 的插图是 $CuO/NiO/Co_3O_4$ 样品的 SAED 图，从图中可以看出，$CuO/NiO/Co_3O_4$ 为多晶结构。如图 3.33(i) 所示，TEM 图和相应的元素面分布图证实了 $CuO/NiO/Co_3O_4$ 样品中含有 Ni、Cu、

Co 和 O 元素，Ni、Cu 和 Co 元素均分布在颗粒边缘，Ni 在壳的内层，Cu 在壳的外层，说明 NiHCC@CuHCC 样品的核壳结构经过煅烧之后，形成 NiO/Co_3O_4 在内壳层、CuO/Co_3O_4 在外壳层的三元复合中空结构的 $CuO/NiO/Co_3O_4$。

综上所述，合成三元复合中空结构 $CuO/NiO/Co_3O_4$ 的过程如下：首先核层纳米立方体 NiHCC 通过共沉淀法制备，然后作为晶种制备核壳结构。由于 PBAs 的晶体结构和晶格常数相似，可在晶体表面外延沉积一层 PBAs。此外，$Na_3C_6H_5O_7 \cdot 2H_2O$ 作为添加剂，可以与溶解在水溶液中的 Cu^{2+} 相互作用，从而降低金属离子与配体的配位速率，保证第二层在晶种上的均匀覆盖[24,25]。因此在 NiHCC 纳米立方体表面沉积一层 CuHCC，形成了核壳结构的 NiHCC@CuHCC 立方体。经过煅烧处理后，NiHCC@CuHCC 前驱体最终转化为三元复合中空 $CuO/NiO/Co_3O_4$ 纳米笼，这主要是基于非平衡扩散过程。在煅烧开始时，由于表面和中心之间存在温度梯度，NiHCC@CuHCC 前驱体未均匀受热，导致在前驱体表面形成一层薄的金属氧化物。这一薄层具有大量气孔，可作为界面，将内部 NiHCC@CuHCC 与外部大气中的 O_2 分离，并允许 NiHCC@CuHCC 通过气孔向外扩散，但 NiHCC@CuHCC 的扩散速率比大气中的 O_2 快，因此，在薄层和未反应 NiHCC@CuHCC 前驱体之间产生空隙。在相互扩散过程中，内部形成的 CO_2 和 N_xO_y 不断释放，引发体积收缩，最终形成三元中空 $CuO/NiO/Co_3O_4$ 异质结构[25]。

(4) MOFs 衍生双壳纳米笼 Co_3O_4/Fe_2O_3

图 3.34(a_1)、(a_2) 与图 3.34(b_1)、(b_2) 分别为 ZIF-67 和 ZIF-67/Co-Fe PBA 的 TEM 图，由 TEM 图可以看出，ZIF-67 为实心的多面体结构。经阴离子交换后，ZIF-67/Co-Fe PBA 外部由一层壳状物质包围，内外层之间有明显空隙，为蛋黄壳结构。图 3.35(a_1) 为 ZIF-67/Co-Fe PBA 的暗场图，图 3.35(a_2)～(a_6) 为元素分布图。Co、C、N 均匀分布于内层和外层，Fe、K 分布于外层。这进一步证明成功制备了 ZIF-67/Co-Fe PBA 的蛋黄壳结构。利用沸石咪唑酯骨架结构材料（ZIFs）作为阴离子交换模板，可以在保留 PB/PBAs 层的同时合成空心 PBAs。ZIF-67 是一种常用的 Co 基沸石咪唑酯骨架材料，可作为构建 Co 基中空 PBAs 的前驱体。当 ZIF-67 分散在水中时，逐渐水解，释放出 Co 离子。

图 3.34

ZIF-67 与 ZIF-67/Co-Fe PBA 的 TEM 图

(a_1)、(a_2) ZIF-67；(b_1)、(b_2) ZIF-67/Co-Fe PBA

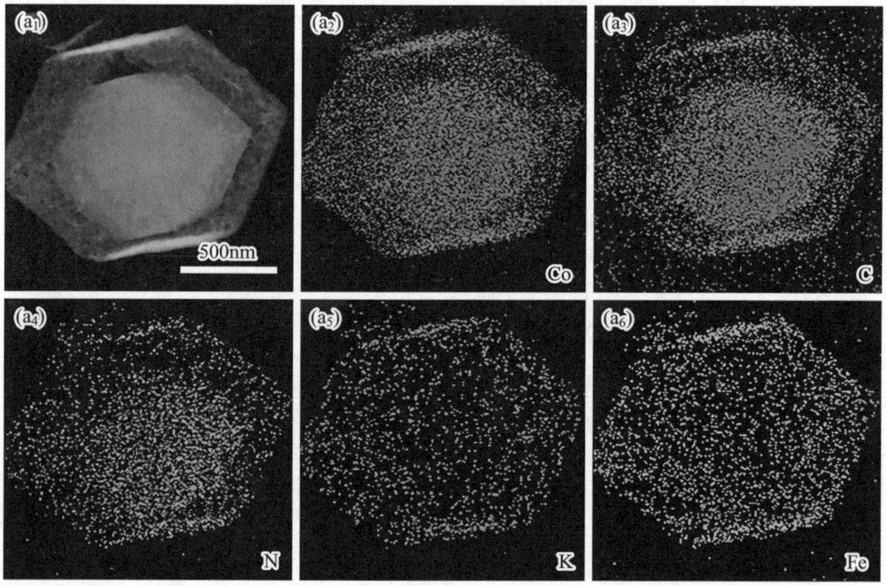

图 3.35

ZIF-67/Co-Fe PBA 的暗场图（a_1）和 Co、C、N、K、Fe 元素分布图（a_2）~（a_6）

当引入 $K_3[Fe(CN)_6]$ 时，ZIF-67 开始被逐渐蚀刻，导致形成核壳 ZIF-67@PBA 复合材料或中空 PBAs 结构。阴离子交换过程不仅有利于材料从实心结构转变为空心结构，而且可以通过掺杂引入新的金属元素[26]。

图 3.36 分别为 Co_3O_4/Fe_2O_3 NCs、Co_3O_4 Ps、Co_3O_4/Fe_2O_3 DSNCs 的 TEM 图。由图可看出，Co_3O_4/Fe_2O_3 NCs 为实心的立方体结构；Co_3O_4 Ps 表面出现褶皱状结构，内部依旧为实心；Co_3O_4/Fe_2O_3 DSNCs 内部由 ZIF-67/Co-Fe PBA 的实心变为空心，形成了双壳层结构。图 3.37(a_1) 为制备的双壳层 Co_3O_4/Fe_2O_3 DSNCs 暗场图，图 3.37(a_2)～(a_6) 为元素分布图。Co、O、C、K 在内、外壳层分布均匀，而 Fe 主要分布在外壳层。

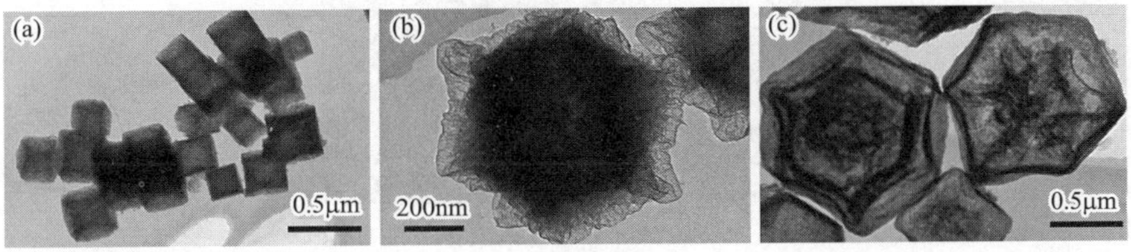

图 3.36

Co_3O_4/Fe_2O_3 NCs、Co_3O_4 Ps 与 Co_3O_4/Fe_2O_3 DSNCs 的 TEM 图

(a) Co_3O_4/Fe_2O_3 NCs 的 TEM 图；(b) Co_3O_4 Ps 的 TEM 图；(c) Co_3O_4/Fe_2O_3 DSNCs 的 TEM 图

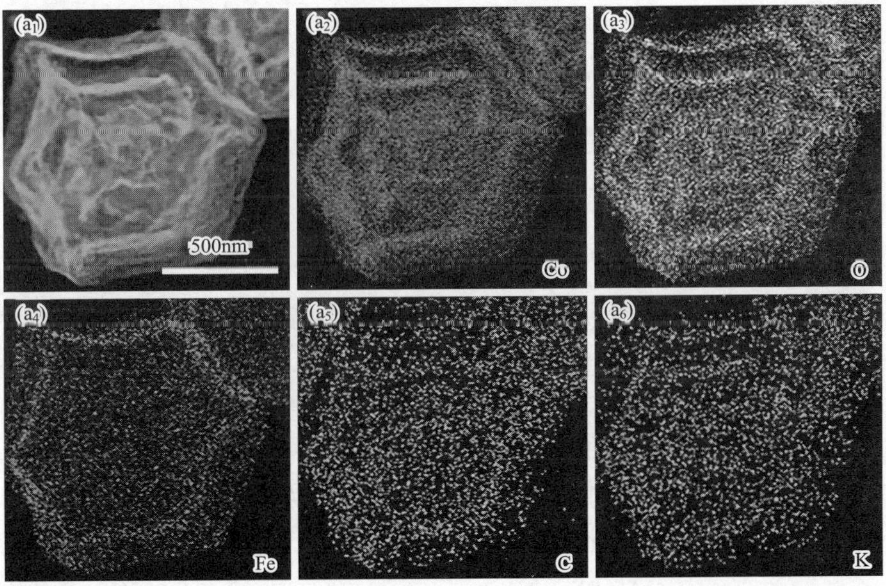

图 3.37

Co_3O_4/Fe_2O_3 DSNCs 暗场图（a_1）及 Co、O、Fe、C、K 元素的能谱面扫描图（a_2）~（a_6）

采用 HRTEM 测定了晶体的结构，根据图 3.38 的 HRTEM 图分析，晶面间距 0.243nm、0.209nm 和 0.253nm 分别对应 Co_3O_4(3 1 1)、Fe_2O_3(2 0 2) 和 Fe_2O_3(1 1 0) 晶面。据此推断，样品 Co_3O_4/Fe_2O_3 DSNCs 是 Co_3O_4 和 Fe_2O_3 的混合相且纯度较高，这与 XRD 结果分析一致。结合元素分布数据，Co_3O_4/Fe_2O_3 DSNCs 样品内壳主要成分为 Co_3O_4，外壳主要成分为 Co_3O_4 和 Fe_2O_3。

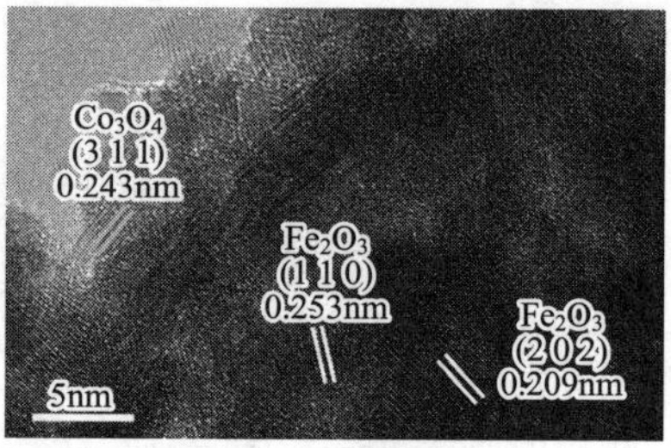

图 3.38

Co_3O_4/Fe_2O_3 DSNCs 的 HRTEM 图

3.3 表面与界面分析

3.3.1 比表面积与孔径分布

3.3.1.1 高晶态 MOFs

通过 N_2 吸附/脱附仪测试获得样品的比表面积和孔结构信息。其中，比表面积用 Barrett-Joyner-Halenda（BJH）方法拟合，而孔径分布和孔体积信息利用密度泛函理论（DFT）方法获得。如图 3.39 所示，两个样品曲线均属于第Ⅲ类型[27]。MnHCF-C 的比表面积为 $8.92m^2 \cdot g^{-1}$，MnHCF 的比表面积为 $7.14m^2 \cdot g^{-1}$，两个样品的比表面积差距不大，并且两个样品的孔径分布均为介孔和大孔。

3.3.1.2 蛋黄壳结构 Co-Mn MOFs 微球

图 3.40 是 Mn-PBA YSS、MnCo-PBA YSS 和 Co-PBA YSS 的孔径分布和 N_2 吸附/脱附等温线。图中的孔径分布是根据 BJH 方法计算得出的，可以清楚地看出，所有样品的主要孔径为介孔。等温吸脱附曲线

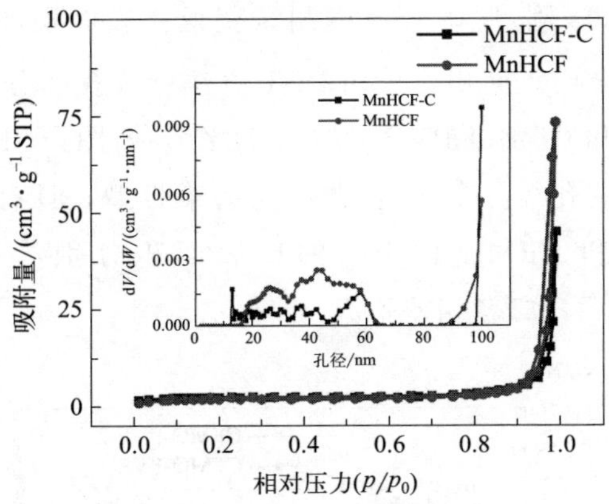

图 3.39

MnHCF-C 和 MnHCF 的 N_2O 吸附/脱附等温线（插图：孔径分布）

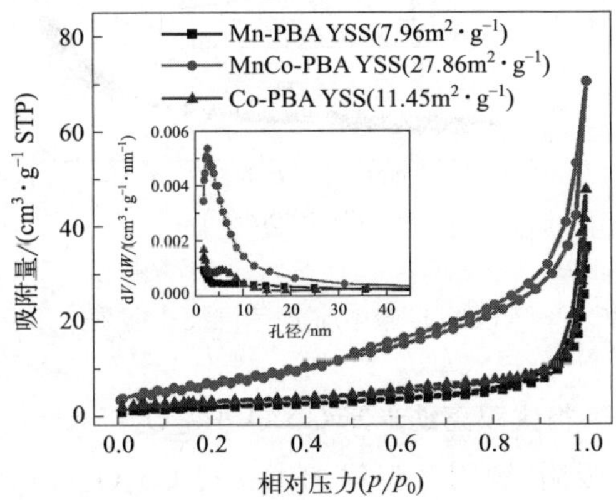

图 3.40

Mn-PBA YSS、MnCo-PBA YSS 和 Co-PBA YSS 的 N_2 吸附/脱附等温线（插图：孔径分布）

采用 BET 方法拟合。根据国际纯粹与应用化学联合会（IUPAC）的分类，这三种样品都呈现出以 H3 型吸附环为特征的第Ⅲ型等温线[28]。等温吸脱附曲线沿相对压力轴呈凸形，没有明显的拐点。脱附等温线位于吸附等温线之上，存在滞后现象，在 MnCo-PBA YSS 样品中尤为明显，表明这种材料具有更高的比表面积和孔隙率[29]。此外，比表面积的结果显示，MnCo-PBA YSS 具有最高的比表面积 $27.86m^2 \cdot g^{-1}$，从而进一步突出了其显著的性能优势。

3.3.1.3 MOFs衍生部分中空八面体结构 Co_3O_4/Fe_2O_3

通过 N_2 吸附/脱附等温线测试获得比表面积和孔结构信息。采用 BJH 方法拟合比表面积，采用 DFT 方法计算孔径分布。图 3.41 为 CFMO-PVP-2 和 CFMO-PVP-1 的 BJH 图（插图：CFMO-PVP-2 和 CFMO-PVP-1 的孔径分布图）。曲线均为第Ⅲ型，具有介孔结构[30]。CFMO-PVP-1 和 CFMO-PVP-2 的比表面积分别为 $14.09m^2 \cdot g^{-1}$ 和 $15.97m^2 \cdot g^{-1}$，二者相差不大。

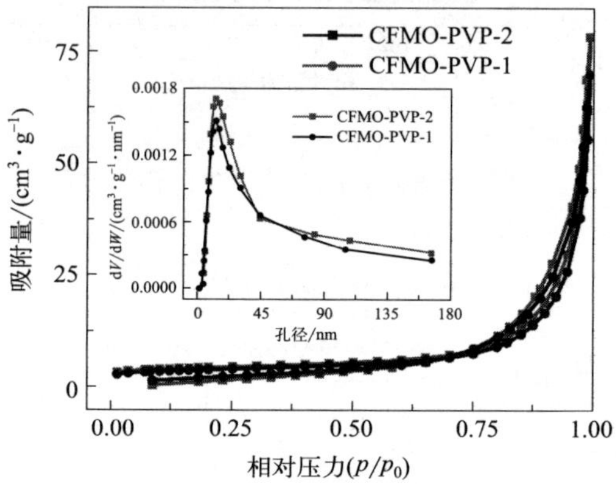

图 3.41
CFMO-PVP-2和 CFMO-PVP-1的 N_2 吸附/脱附等温线（插图：孔径分布）

3.3.1.4 MOFs衍生双壳纳米笼 Co_3O_4/Fe_2O_3

通过 N_2 吸附/脱附等温线测试获得 Co_3O_4/Fe_2O_3 NCs、Co_3O_4 Ps 和 Co_3O_4/Fe_2O_3 DSNCs 的比表面积和孔径分布等孔结构信息。其中，比表面积用 Brunauer-Emmett-Teller（BET）方法拟合，而孔径分布利用 BJH 方法获得。图 3.42 为 Co_3O_4/Fe_2O_3 NCs、Co_3O_4 Ps、Co_3O_4/Fe_2O_3 DSNCs 的 N_2 吸附/脱附等温线，三个样品曲线均属于第Ⅲ类型[28]，比表面积分别为 $39.94m^2 \cdot g^{-1}$、$115.64m^2 \cdot g^{-1}$、$64.30m^2 \cdot g^{-1}$。经阴离子交换再缓慢煅烧后，Co_3O_4/Fe_2O_3 DSNCs 比表面积处于中间位置，与 Co_3O_4 Ps 相比比表面积较低。

3.3.2 X射线光电子能谱

X射线光电子能谱（X-ray photoelectron spectroscopy，XPS）可对材料进行全谱扫描，以初步判定表面的化学成分。利用高分辨谱定性分

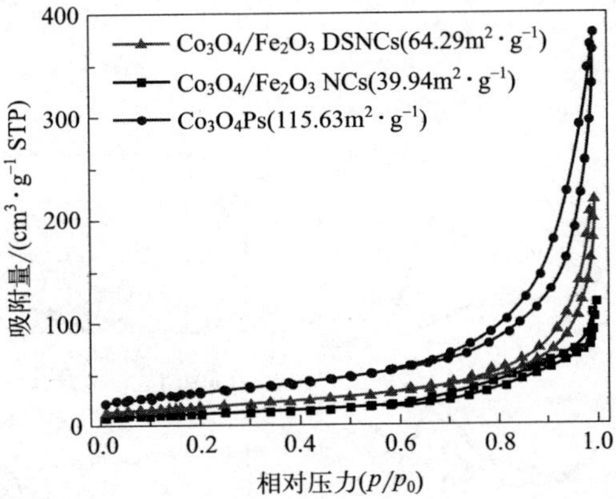

图 3.42
Co_3O_4 Ps、Co_3O_4/Fe_2O_3 DSNCs、Co_3O_4/Fe_2O_3 NCs 的 N_2 吸附/脱附等温线

析材料中元素的价态。

3.3.2.1 高晶态 MOFs

图 3.43 为 MnHCF 和 MnHCF-C 的 Fe 2p XPS 光谱，位于 708.5eV 和 721.7eV 的两个具有 13.2eV 能级分裂的峰分别属于 Fe $2p_{3/2}$ 和 Fe $2p_{1/2}$ 轨道，证实了 Fe 是以+2 价态形式存在[31]。图 3.44(a) 为 MnHCF 和 MnHCF-C 的 Mn 2p 光谱，除了两个位于 647.2eV 和 659.8eV 的卫星峰之外，能级分裂为 11.9eV 的两个位于 642.0eV 和 653.9eV 的峰分别属于 Mn $2p_{3/2}$ 和 Mn $2p_{1/2}$ 轨道，证明了 Mn 是+3 价和+2 价共

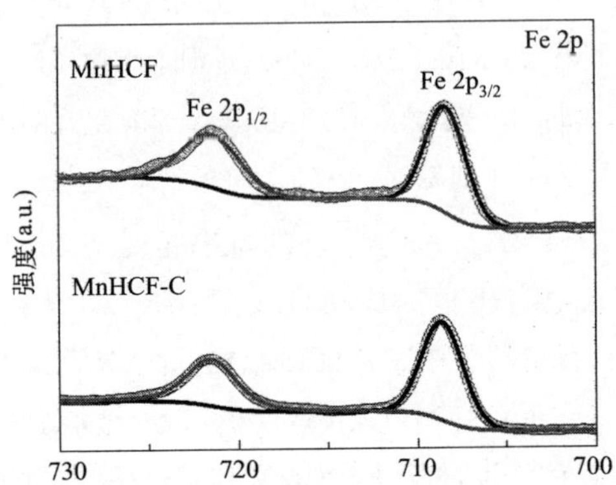

图 3.43
MnHCF 和 MnHCF-C 的 Fe 2p XPS 谱图

存[30]。图 3.44(b) 为 MnHCF 和 MnHCF-C 的 C 1s XPS 光谱，位于 284.9eV、286.7eV 和 288.5eV 处的三个峰值分别对应于 C≡N、C—C 和 C═O 键[1]。

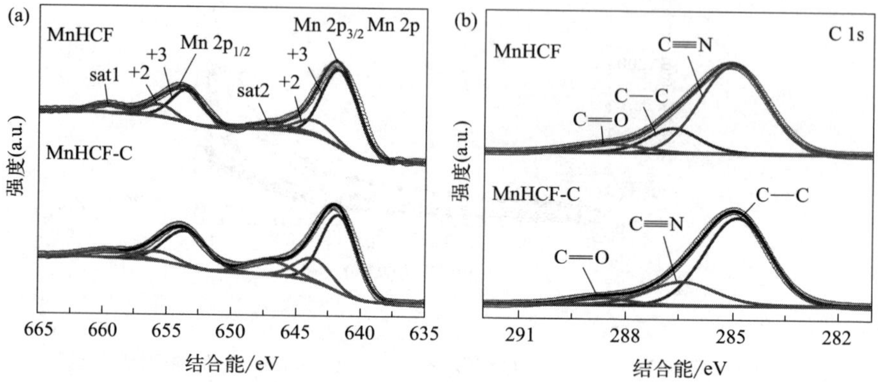

图 3.44

MnHCF 和 MnHCF-C 的 XPS 谱图

(a) Mn 2p XPS 谱图，(b) C 1s XPS 谱图

3.3.2.2 蛋黄壳结构 Co-Mn MOFs 微球

如图 3.45(a) 所示，MnCo-PBA YSS 的全谱显示出 C 1s、N 1s、O 1s、Mn 2p、Fe 2p 和 Na 1s 的特征元素峰，表明样品中存在这些元素，这与 TEM 的能谱面扫描结果一致。图 3.45(b) 展示了 Fe 2p 的高分辨 XPS 光谱，在 708.6eV 和 721.4eV 处显示了两个峰，分别对应于 Fe^{2+} $2p_{3/2}$ 和 Fe^{2+} $2p_{1/2}$ 的特征峰[3]。715.5eV 处的宽峰代表了 Fe^{2+} 的卫星峰。在图 3.45(c) 中，Mn 的 2p 谱分为两对峰，分别对应于 Mn^{2+} 和 Mn^{3+}，表明在 CoMn-PBA YSS 中同时存在 Mn^{2+} 和 Mn^{3+}。图 3.45(d) 显示了 Co 的 2p 光谱，在 782.9eV 和 797.1eV 处显示了两个峰，分裂能为 14.2eV，分别对应于 Co^{2+} 的 $2p_{3/2}$ 和 $2p_{1/2}$ 峰[33]。除了两个卫星峰之外，Co-PBA YSS 中 Co 的价态也是 +2[3]。所有这些表征和分析都明确证实通过自模板法成功合成了 MnCo-PBA YSS。

3.3.2.3 MOFs 衍生部分中空八面体结构 Co_3O_4/Fe_2O_3

图 3.46(a) 是 CFMO-PVP-2 的 Fe 2p XPS 光谱。711.3eV 和 724.6eV 的两个峰分别属于 Fe $2p_{3/2}$ 和 Fe $2p_{1/2}$ 轨道，同时伴有宽卫星峰，证实了铁以 +3 价态存在[4]。在高分辨 Co 2p XPS 光谱［图 3.46(b)］中，位于 779.9eV 和 795.0eV 的两个具有 15.1eV 能级分裂的峰属

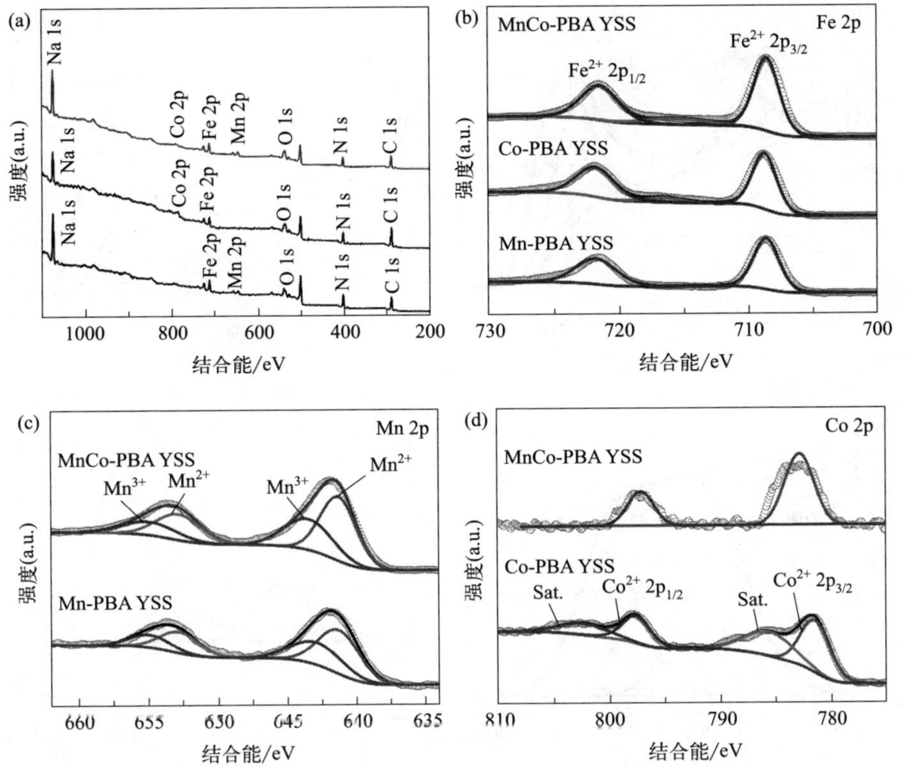

图 3.45

蛋黄壳结构 Co-Mn MOFs 微球的 XPS 光谱

(a) Mn-PBA YSS、Co-PBA YSS 和 MnCo-PBA YSS 的全谱；(b) Mn-PBA YSS、Co-PBA YSS 和 MnCo-PBA YSS 的 Fe 2p 谱；(c) Mn-PBA YSS 和 MnCo-PBA YSS 的 Mn 2p 谱；(d) Co-PBA YSS 和 MnCo-PBA YSS 的 Co 2p 谱

于 Co $2p_{3/2}$ 和 Co $2p_{1/2}$ 轨道，证实了 Co 以 Co^{2+} 和 Co^{3+} 的形式存在[34,35]。在图 3.46(c) 中，O 1s 谱可分为三种类型，分别为 Co_3O_4 相 (529.3eV)、Fe_2O_3 相 (531eV) 和吸附水 (532.7eV) 的氧信号[35]。在 C 1s 光谱［图 3.46(d)］中，284.7eV、286.6eV 和 288.8eV 处的三个峰分别对应于 sp^2 杂化碳 C═C、C—O 和 C═O 键[34]。如图 3.46(d) 所示，K 2p 在 292.6eV 和 295.4eV 处出现了两个分裂能为 2.8eV 的峰，证实了 K^+ 的存在[36]。

3.3.2.4 MOFs 衍生低晶态金属氧化物

图 3.47(a) 为 MnHCC 和 MnHCC-PVP 样品的 XPS 全谱图，样品

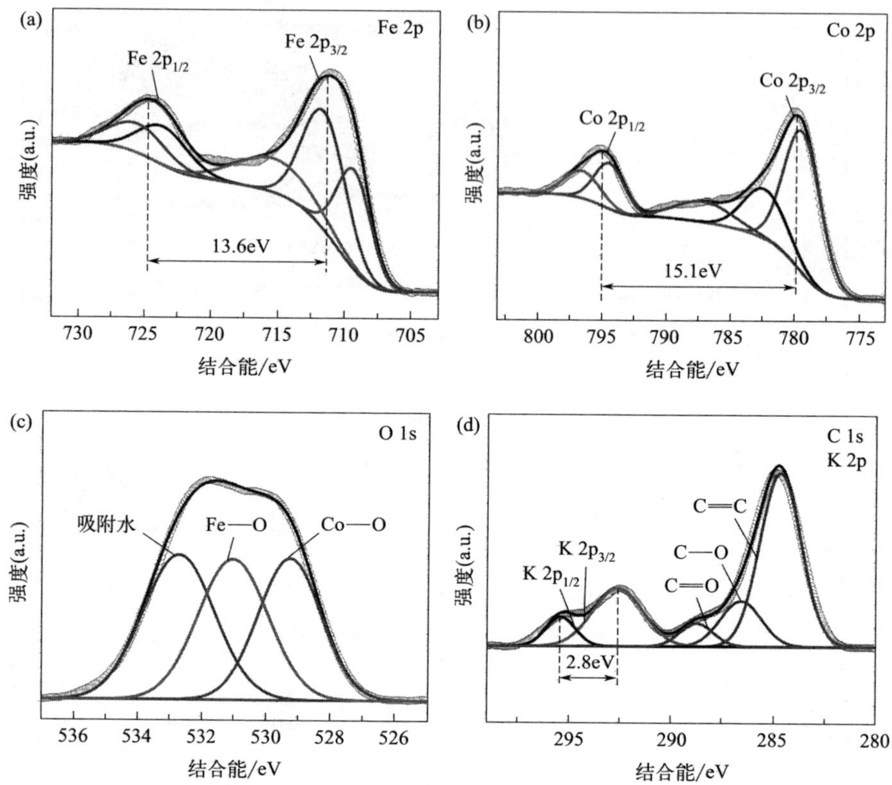

图 3.46

CFMO-PVP-2 的 XPS 谱图

(a) Fe 2p 分谱；(b) Co 2p 分谱；(c) O 1s 分谱；(d) C 1s 和 K 2p 分谱

中含有 C、N、O、Mn、Co 元素，与 EDX 测试的结果相比缺少 K 元素，可能原因是 K 元素含量较少。图 3.47(b) 是 MnHCC-PVP 样品的高分辨 Co 2p 分谱图，可分为 Co $2p_{3/2}$（782.2eV）和 Co $2p_{1/2}$（797.0eV）两个轨道，每个峰都对应 Co^{3+} 的特征峰[37]。图 3.47(c) 是 MnHCC-PVP 样品的高分辨 Mn 2p 分谱图，可分为 Mn $2p_{3/2}$（642.1eV）和 Mn $2p_{1/2}$（653.9eV）两个轨道，其中 Mn $2p_{3/2}$ 可分为三个小峰，分别为卫星峰、Mn^{3+} 和 Mn^{2+} 的特征峰[38-40]。图 3.47(d) 为 MnHCC 和 MnHCC-PVP 样品的高分辨 C 1s XPS 分谱图，可分为三个特征峰，分别对应于 C ═C、C—O 和 C ═O 键[41]。根据两个样品中 C ═O 键含量的相对值，判断 PVP 在 MnHCC-PVP 样品中是否存在。MnHCC-PVP 中 C ═O 键含量为 6.3%，高于 MnHCC 样品中的含量

(5.0%)，高出的 1.3%来源于 MnHCC-PVP 样品中 PVP 酰胺单元的 C═O 键。

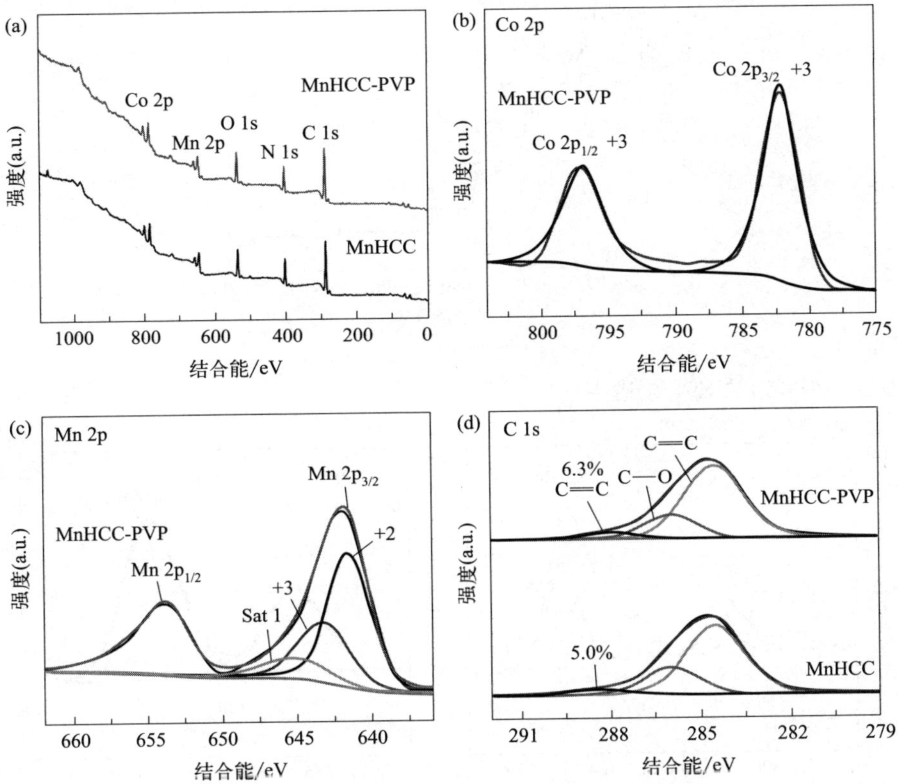

图 3.47

MnHCC 和 MnHCC-PVP 的 XPS 光谱

(a) MnHCC 和 MnHCC-PVP 的全谱；(b) MnHCC-PVP 的 Co 2p 分谱；(c) MnHCC-PVP 的 Mn 2p 分谱；(d) MnHCC 和 MnHCC-PVP 的 C 1s XPS 分谱

图 3.48 为 MCMO-PVP-450 样品的 XPS 全谱，包含 Co、Mn、K、O、C 元素，与 TEM 元素面分布图结果相吻合。图 3.49(a) 为 MCMO-PVP-450 样品的高分辨 Co 2p 分谱图，能级分裂 15.2eV 的位于 780.6eV 和 795.8eV 处的两个峰分别为 Co $2p_{3/2}$ 和 Co $2p_{1/2}$ 轨道，将 Co $2p_{3/2}$ 轨道分为三个峰，分别为卫星峰、Co^{3+} 和 Co^{2+} 的特征峰[42]。图 3.49(b) 为 MCMO-PVP-450 样品的高分辨 Mn 2p 分谱图，在结合能 642.2eV 和 653.2eV 处具有能级分裂为 11.0eV 的两个峰，分别对应于 Mn $2p_{3/2}$ 和 Mn $2p_{1/2}$ 轨道[43]，证明了 MCMO-PVP-450 样品中 Mn 以+3 价的形式存在。对于图 3.49(c) 中的 O 1s 谱，分为位于结合能

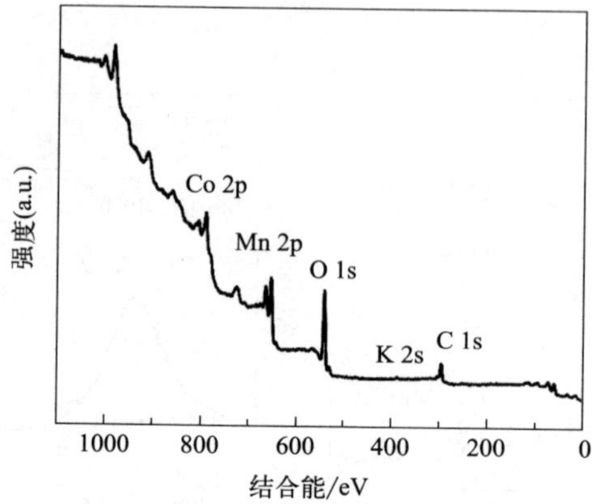

图 3.48

MCMO-PVP-450 的 XPS 全谱

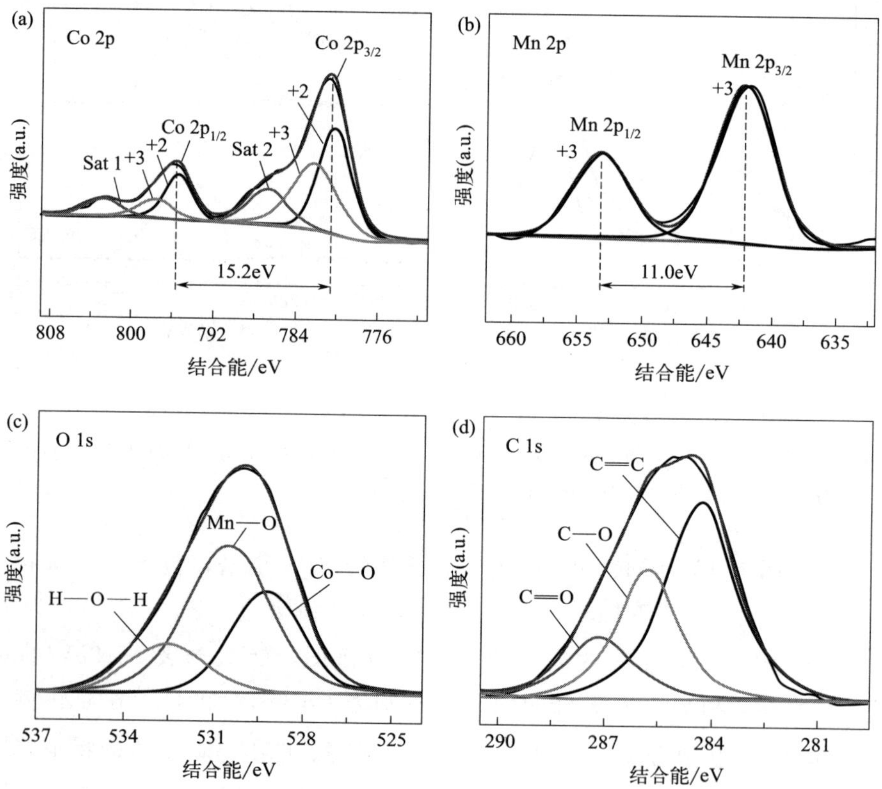

图 3.49

MCMO-PVP-450 的 XPS 分谱图

(a) Co 2p 分谱；(b) Mn 2p 分谱；(c) O 1s 分谱；(d) C 1s 分谱

529.2eV、530.5eV 和 532.5eV 处三个峰，分别对应于 Co_3O_4、Mn_2O_3 和吸附水中的氧信号[4,44,45]。此外，对于图 3.49(d) 中的 C 1s 谱，峰值位于 284.5eV、286.1eV 和 287.3eV，分别对应于 C=C、C—O 和 C=O 键[4,12]。

3.3.2.5 MOFs 衍生中空金属氧化物异质结

用 XPS 测定和研究了 CuO/Co_3O_4、NiO/Co_3O_4 和 $CuO/NiO/Co_3O_4$ 样品中 Co、Cu、Ni 和 O 的价态。图 3.50(a) 是三个样品中 Co 2p 的高分辨 XPS 光谱。在 $CuO/NiO/Co_3O_4$ 样品中，779.19eV 和 794.35eV 的两个峰分别属于 Co $2p_{3/2}$ 和 Co $2p_{1/2}$ 轨道，分裂能为 15.16eV，说明样品中 Co 的主要形态为 Co^{3+} 和 Co^{2+}[46]。与 $CuO/NiO/Co_3O_4$ 相比，CuO/Co_3O_4 和 NiO/Co_3O_4 中 Co^{3+} 的特征峰位置略

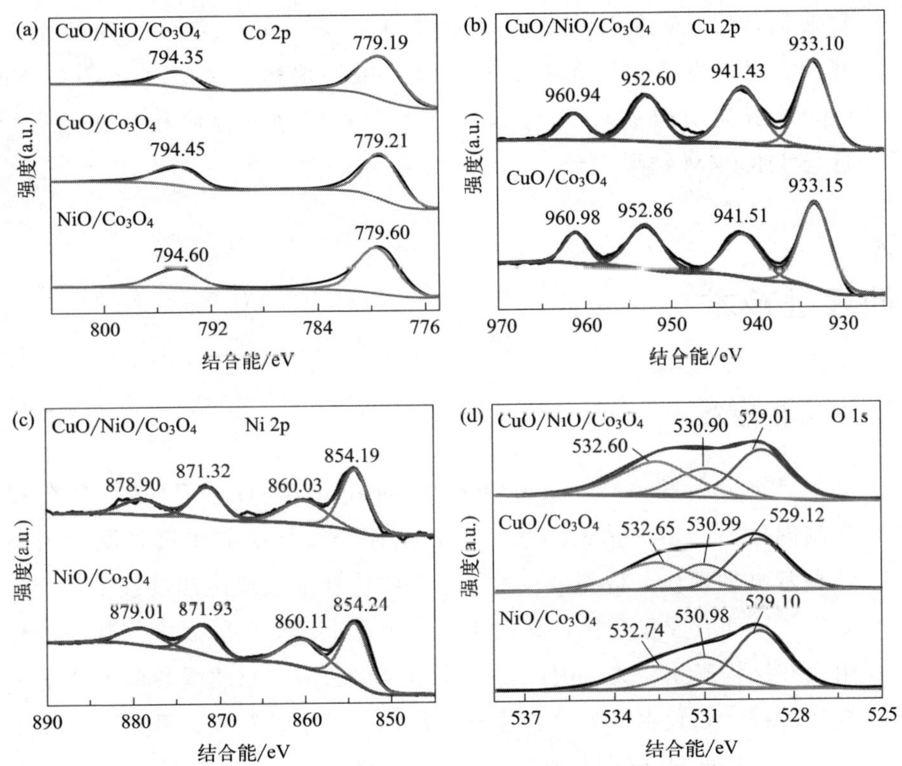

图 3.50

CuO/Co_3O_4、NiO/Co_3O_4 和 $CuO/NiO/Co_3O_4$ 的 XPS 谱图

(a) CuO/Co_3O_4、NiO/Co_3O_4 和 $CuO/NiO/Co_3O_4$ 的 Co 2p 谱；(b) CuO/Co_3O_4 和 $CuO/NiO/Co_3O_4$ 的 Cu 2p 谱；(c) NiO/Co_3O_4 和 $CuO/NiO/Co_3O_4$ 的 Ni 2p 谱；(d) CuO/Co_3O_4、NiO/Co_3O_4 和 $CuO/NiO/Co_3O_4$ 的 O 1s 谱

有移位。图 3.50(b) 是 CuO/Co_3O_4 和 $CuO/NiO/Co_3O_4$ 样品中 Cu 2p 的高分辨率 XPS 谱图。$CuO/NiO/Co_3O_4$ 在 933.10eV、941.43eV、952.60eV 和 960.94eV 处的峰以及 CuO/Co_3O_4 在 933.15eV、941.51eV、952.86eV 和 960.98eV 处的峰，均与 Cu^{2+} 的 Cu $2p_{3/2}$、Cu $2p_{3/2}$ 卫星峰、Cu $2p_{1/2}$、Cu $2p_{1/2}$ 卫星峰一致[47,48]。图 3.50(c) 是 NiO/Co_3O_4 和 $CuO/NiO/Co_3O_4$ 样品中 Ni 2p 的高分辨 XPS 谱图。854.19eV、860.03eV、871.32eV 和 878.90eV 处的峰分别属于 Ni $2p_{3/2}$、Ni $2p_{3/2}$ 卫星峰、Ni $2p_{1/2}$ 和 Ni $2p_{1/2}$ 卫星峰[49,50]。它证实了 Ni 是+2 价[50]。与 $CuO/NiO/Co_3O_4$ 相比，Ni^{2+} 在 NiO/Co_3O_4 中的特征峰位置略有移位。O 1s 光谱［图 3.50(d)］可分成三个峰，每个样品中 529eV 附近的单峰是金属—氧键（Co—O、Cu—O 和 Ni—O），531eV 左右的峰为氧缺陷，533eV 左右的峰为吸附的 H_2O[51]。进一步分析四种元素的峰位，可以发现相同元素的峰位有轻微的偏移。这是由于 $CuO/NiO/Co_3O_4$ 异质结构中 CuO 与 NiO 之间存在紧密的界面相互作用[52-54]，这与 HRTEM 结果一致。

3.4 其他表征技术

3.4.1 热分析技术

热重分析法（thermogravimetry analysis，TG 或 TGA）是在程序控制温度下，借助精密的热天平，从而获得物质的质量与温度关系的一种常见的现代分析测试技术。许多物质在加热或冷却过程中会产生热效应，还伴有质量变化，其变化的大小及出现变化的温度与物质的化学组成和结构密切相关。因此，可采用热重法研究物质受热时发生的质量变化过程，如脱水、吸湿、分解、化合、吸附、解吸、升华等。本书利用 TGA 测试 MOFs 材料的热稳定性及材料中组分的含量。

3.4.1.1 高晶态 MOFs

图 3.51(a)～(d) 分别为 MnHCF-C、MnHCF-H、MnHCF-E、MnHCF 在空气气氛下的 TGA 曲线。MnHCF-C 样品从室温到 120℃区间的质量损失，以及 MnHCF-H、MnHCF-E、MnHCF 从室温到 140℃

区间的质量损失，均为样品表面吸附水的脱除过程。第二阶段失重表示去除了样品开放框架中容纳的间隙水[55]，MnHCF-C、MnHCF-H、MnHCF-E、MnHCF 样品失重分别为 8.27%、9.07%、8.71%、6.55%，所以 MnHCF 框架内间隙水含量最少。间隙水（即沸石水和配位水）通常存在于 PBAs 的 3D 网络中，其中沸石水占据结构单元的八面体中心，配位水则因 $[Fe(CN)_6]$ 空位的存在而位于晶胞中心，与 Mn^{2+} 八面体配位以保持电中性[56]。因此，可以证明 MnHCF 中的空位少，具有更好的结晶度[20,57]。当温度超过 230℃时，样品骨架开始分解。基于以前的文献研究可知，较小尺寸且高结晶的 PBAs 颗粒能够实现更快的离子扩散和更大的扩散深度[58]。根据上述粒径分布统计和 TGA 分析可知，MnHCF 样品具有颗粒尺寸小且结晶度高的特点，因此有利于电化学性能的提升[58]。

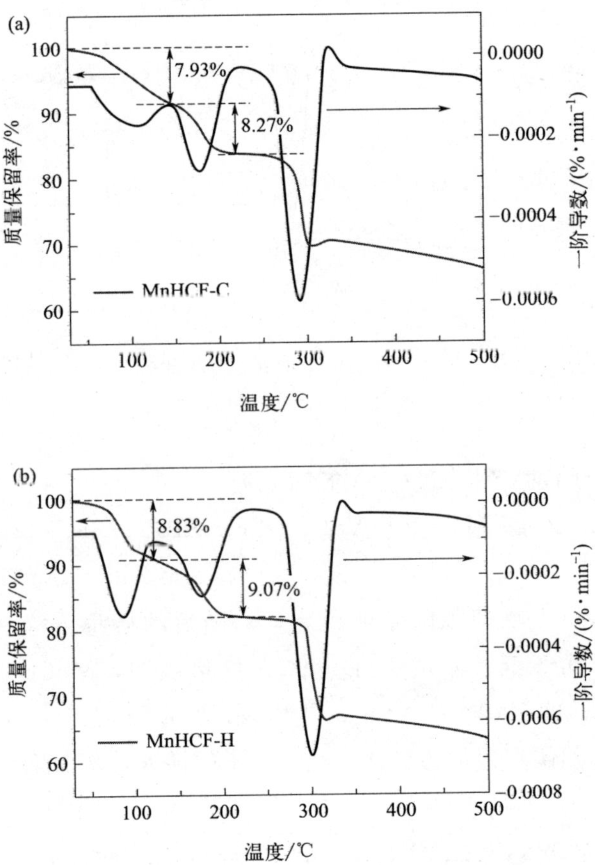

图 3.51

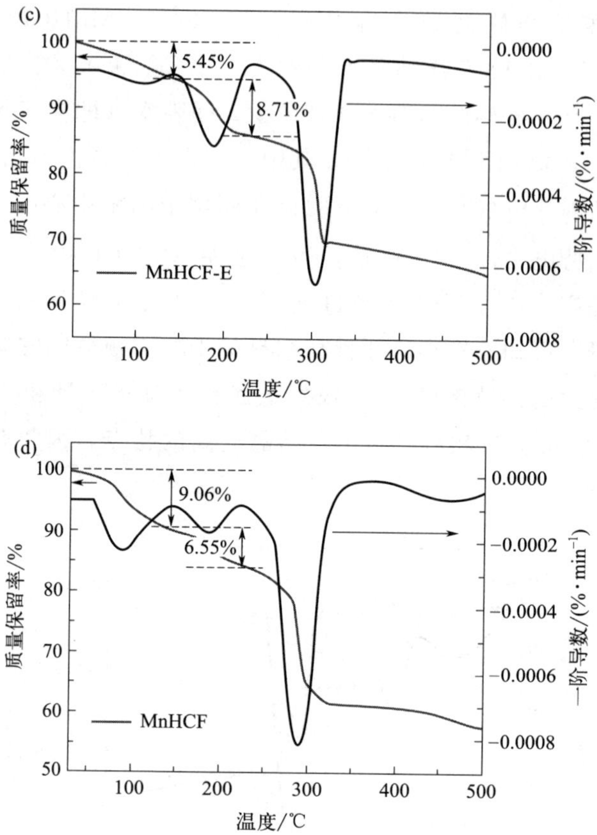

图 3.51

MnHCF-C、MnHCF-H、MnHCF-E 与 MnHCF 的 TGA 曲线

(a) MnHCF-C；(b) MnHCF-H；(c) MnHCF-E；(d) MnHCF

3.4.1.2 蛋黄壳结构 Co-Mn MOFs 微球

图 3.52 是 Mn-PBA YSS、MnCo-PBA YSS 和 Co-PBA YSS 的 TGA 曲线，是在 N_2 环境下记录的。在 200℃以下观察到的初始质量损失通常是由于物理吸附水的脱除，而随后的质量下降（200～380℃之间）则是由于配位水的去除。TGA 结果表明，MnCo-PBA YSS、Mn-PBA YSS 和 Co-PBA YSS 的配位水含量分别为 1.64%、1.44% 和 3.02%。配位水含量的降低有利于离子的插入，从而增强了 Na^+ 的储存能力[59,60]。

3.4.1.3 MOFs 衍生部分中空八面体结构 Co_3O_4/Fe_2O_3

图 3.53 为 CoHCF-PVP-2 样品的 TGA 曲线。第一步发生在 30～

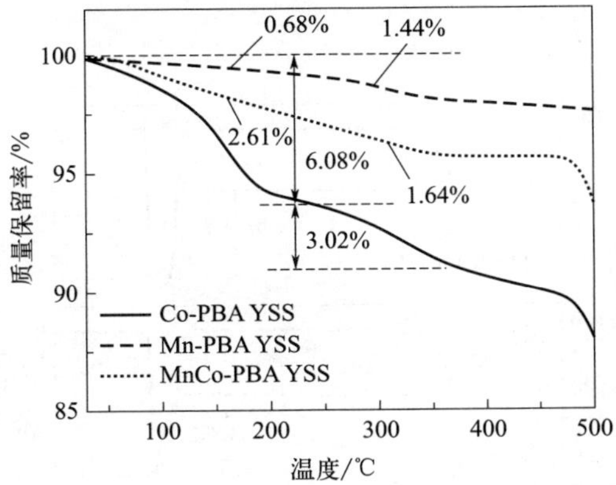

图 3.52
Mn-PBA YSS、MnCo-PBA YSS 和 Co-PBA YSS 的 TGA 曲线

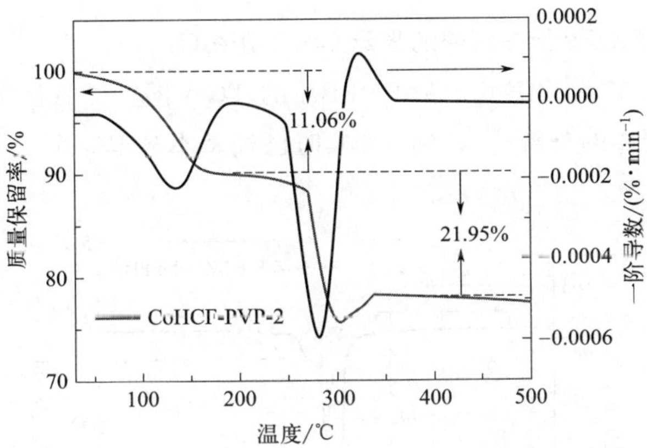

图 3.53
CoHCF-PVP-2 的 TGA 曲线

200℃范围内，失重率为 11.06%，对应的是表面吸附水和内部结晶水的脱除。第二步发生在 200～400℃范围内，失重率为 21.95%，对应的是 CoHCF-PVP-2 骨架的分解和有机配体的碳化[61]。

3.4.1.4 MOFs 衍生低晶态金属氧化物

如图 3.54 所示，当温度升至 150℃时，质量损失为 MnHCC 和 MnHCC-PVP 样品中间隙水和吸附水的含量[62]。当温度超过 300℃时，样品骨架开始分解。MnHCC-PVP 样品在第二阶段的质量损失为 26.2%，比 MnHCC（23.8%）高 2.4%，说明 MnHCC-PVP 样品中存在 2.4% 的 PVP。

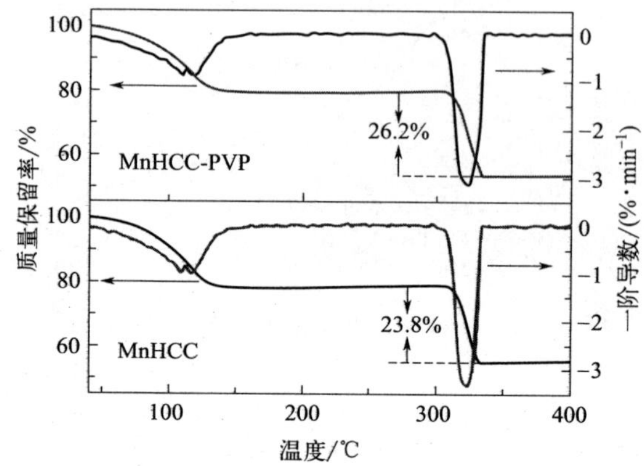

图 3.54

MnHCC 和 MnHCC-PVP 的 TGA 曲线

3.4.1.5 MOFs 衍生双壳纳米笼 Co_3O_4/Fe_2O_3

图 3.55 为 ZIF-67/Co-Fe PBA 的 TGA 图，样品从 200℃开始失重，可能是配体的分解[63]，到 300℃时已经基本分解完全。

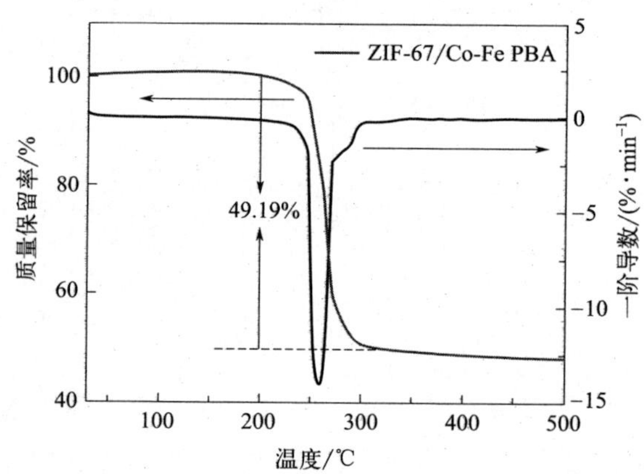

图 3.55

ZIF-67/Co-Fe PBA 的 TGA 图

3.4.2 红外光谱分析

傅里叶变换红外光谱（Fourier transform infrared spectroscopy,

FTIR）可对材料的化学结构和成分进行分析，本书的扫描波数范围为 $4000 \sim 400cm^{-1}$。

3.4.2.1 高晶态 MOFs

图 3.56 为 MnHCF-C、MnHCF-H、MnHCF-E、MnHCF 样品的 FTIR 图。从图中可以看出，在 $3341 \sim 3578cm^{-1}$ 范围和 $1617cm^{-1}$ 处的峰分别归属于水分子的 O—H 伸缩振动和 H—O—H 弯曲振动，表明在骨架结构内部存在水分子[64]。在 $2069cm^{-1}$ 和 $594cm^{-1}$ 附近的尖峰可归结于 C≡N 和 Fe—C 的存在[65,66]。

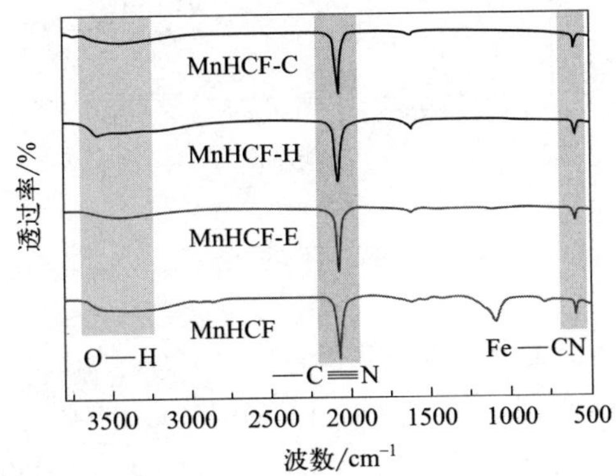

图 3.56

MnHCF-C、MnHCF-H、MnHCF-E、MnHCF 的 FTIR 图

3.4.2.2 蛋黄壳结构 Co-Mn MOFs 微球

图 3.57 是 MnCo-PBA YSS 结构转变的 FTIR 光谱，在 $2055cm^{-1}$ 处显示了一个突出的峰，该峰归因于 C≡N 键的伸缩振动峰，$591cm^{-1}$ 处的峰归因于 Fe—CN 键的伸缩振动峰[6,68]。此外，$1621cm^{-1}$ 处的弱峰和 $3444cm^{-1}$ 处的宽峰分别对应于 H_2O 的 H—O—H 弯曲振动峰和 O—H 伸缩振动峰[69]。与 MnCo-glycerol SS 的 FTIR 光谱进行比较后发现，MnCo-glycerol SS 的特征峰在 MnCo-PBA YSS 的光谱中检测不到，这证实了 MnCo-glycerol SS 完全转化成了 MnCo-PBA YSS。通过对上述结果的分析，利用柯肯德尔效应阐明其形成机理：将 MnCo-glycerol SS 浸入 $Na_4[Fe(CN)_6]$ 水溶液中，H_2O 会腐蚀 MnCo-glycerol SS，导致 MnCo-glycerol SS 螯合链的分解，释放出的 Co 离子和 Mn 离子与 MnCo-glycerol SS 表面的 $[Fe(CN)_6]^{4-}$ 离子相互作用，这种致密

的外壳阻碍甚至完全阻止了水的渗入，导致 MnCo-glycerol SS 水解不完全。因此，最终形成蛋黄壳结构的 MnCo-PBA YSS[70,71]。

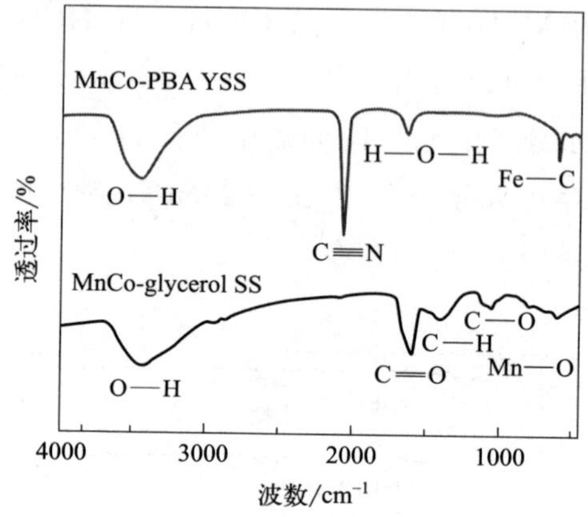

图 3.57

MnCo-glycerol SS 和 MnCo-PBA YSS 的 FTIR 图谱

3.4.2.3 MOFs 衍生低晶态金属氧化物

如图 3.58 所示，MnHCC 和 MnHCC-PVP 样品的 FTIR 光谱在 $2162cm^{-1}$ 处均出现一个由 C≡N 伸缩振动引起的尖峰[19,72]，在 $3417cm^{-1}$ 附近的宽峰可归结为 O—H 伸缩振动峰，在 $1613cm^{-1}$ 附近的尖峰可归结为水的 H—O—H 弯曲振动峰[62,72-75]。从 MnHCC-PVP 样品的局部放大图可以看出，在 $1648cm^{-1}$ 处存在一个特征峰，这属于 PVP 酰胺单元的 C═O 键的伸缩振动峰，表明样品中 PVP 的存在[19]。

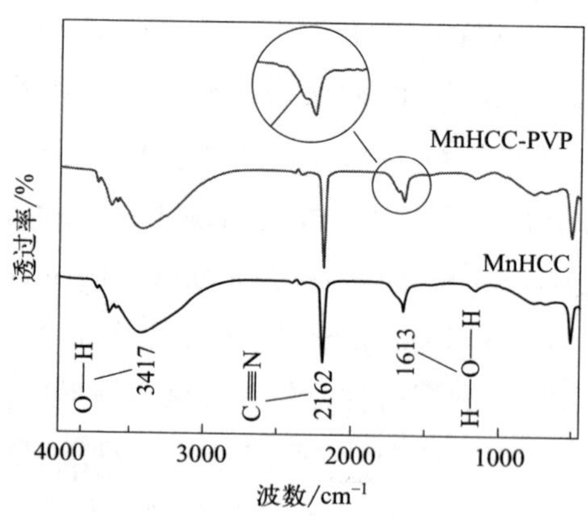

图 3.58

MnHCC 和 MnHCC-PVP 的 FTIR 图谱

3.4.2.4 MOFs衍生双壳纳米笼 Co_3O_4/Fe_2O_3

在 FTIR 光谱中（图 3.59），2-甲基咪唑配体在 $600\sim1400cm^{-1}$ 范围内呈现突出的峰，这可以归因于咪唑官能团的伸缩振动和弯曲振动。$1420cm^{-1}$、$2085cm^{-1}$ 和 $594cm^{-1}$ 处的峰分别属于 C ═N、C≡N 和 Fe—CN 键的伸缩振动[76-78]，证明了 ZIF-67/Co-Fe PBA 中存在 ZIF-67 和 Co-Fe PBA。Co_3O_4/Fe_2O_3 DSNCs 的特征峰出现在 $664cm^{-1}$ 和 $580cm^{-1}$ 处，对应于金属—氧键（M—O，分别代表 Co—O 和 Fe—O）。$1385cm^{-1}$ 处的峰是由 C ═O 键的伸缩振动引起的，而 $3416cm^{-1}$ 处的峰是由自由或吸附水分子的伸缩模式引起的[67,77]。FTIR 分析结果表明，ZIF-67/Co-Fe PBA 经煅烧后成功转化为 Co_3O_4/Fe_2O_3 DSNCs。

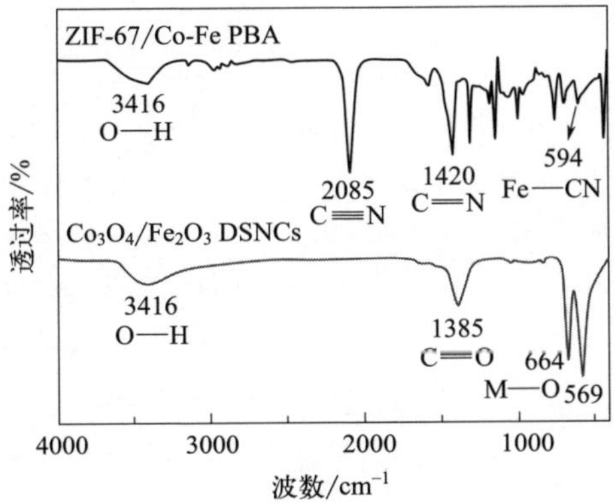

图 3.59

ZIF-67/Co-Fe PBA 和 Co_3O_4/Fe_2O_3 DSNCs 的 FTIR 图

参 考 文 献

[1] Shen Z L, Sun Y P, Xie J, et al. Manganese hexacyanoferrate/graphene cathodes for sodium-ion batteries with superior rate capability and ultralong cycle life [J]. Inorganic Chemistry Frontiers, 2018, 5 (11): 2914-2920.

[2] Lucero M, Armitage D B, Yang X, et al. Ball milling-enabled $Fe^{2.4+}$ to Fe^{3+} redox reaction in Prussian blue materials for long-life aqueous sodium-ion batteries [J]. ACS Applied Materials & Interfaces, 2023, 15 (30): 36366-36372.

[3] Zeng Y X, Lu X F, Zhang S L, et al. Construction of Co-Mn Prussian blue analog hollow spheres for efficient aqueous Zn-ion batteries [J]. Angewandte Chemie International Edition, 2021, 60 (41): 22189-22194.

[4] Wei X J, Li Y H, Peng H R, et al. A novel functional material of Co_3O_4/Fe_2O_3 nanocubes derived

from a MOF precursor for high-performance electrochemical energy storage and conversion application [J]. Chemical Engineering Journal, 2019, 355: 336-340.

[5] Yuan H Y, Aljneibi S A A A, Yuan J R, et al. ZnO nanosheets abundant in oxygen vacancies derived from metal-organic frameworks for ppb-level gas sensing [J]. Advanced Materials, 2019, 31 (11): e1807161.

[6] Shen Y, Guo S G, Du F, et al. Prussian blue analogue-derived Ni and Co bimetallic oxide nanoplate arrays block-built from porous and hollow nanocubes for the efficient oxygen evolution reaction [J]. Nanoscale, 2019, 11 (24): 11765-11773.

[7] Li S W, Liu Y, Zhou J W, et al. Monodispersed MnO nanoparticles in graphene-an interconnected N-doped 3D carbon framework as a highly efficient gas cathode in Li-CO_2 batteries [J]. Energy & Environmental Science, 2019, 12 (3): 1046-1054.

[8] Wang X, Yu L, Guan B Y, et al. Metal-organic framework hybrid-assisted formation of Co_3O_4/Co-Fe oxide double-shelled nanoboxes for enhanced oxygen evolution [J]. Advanced Materials, 2018, 30 (29): 1801211.

[9] Wang X F, Ma W, Jiang F, et al. Prussian blue analogue derived porous $NiFe_2O_4$ nanocubes for low-concentration acetone sensing at low working temperature [J]. Chemical Engineering Journal, 2018, 338: 504-512.

[10] Chen H C, Qin Y L, Cao H J, et al. Synthesis of amorphous nickel-cobalt-manganese hydroxides for supercapacitor-battery hybrid energy storage system [J]. Energy Storage Materials, 2019, 17: 194-203.

[11] Wang Q H, Gao F, Xu B Y, et al. ZIF-67 derived amorphous $CoNi_2S_4$ nanocages with nanosheet arrays on the shell for a high-performance asymmetric supercapacitor [J]. Chemical Engineering Journal, 2017, 327: 387-396.

[12] Chen N N, Zhou J H, Kang Q, et al. Amorphous vanadyl phosphate/graphene composites for high performance supercapacitor electrode [J]. Journal of Power Sources, 2017, 344: 185-194.

[13] Li H B, Gao Y Q, Wang C X, et al. A simple electrochemical route to access amorphous mixed-metal hydroxides for supercapacitor electrode materials [J]. Advanced Energy Materials, 2015, 5 (6): 1401767.

[14] Zhang D P, Yang Z X, Zhang J S, et al. Truncated cobalt hexacyanoferrate nanocubes threaded by carbon nanotubes as a high-capacity and high-rate cathode material for dual-ion rechargable aqueous batteries [J]. Journal of Power Sources, 2018, 399: 1-7.

[15] Jiang X L, Liu H J, Song J, et al. Hierarchical mesoporous octahedral $K_2Mn_{1-x}Co_xFe(CN)_6$ as a superior cathode material for sodium-ion batteries [J]. Journal of Materials Chemistry A, 2016, 4 (41): 16205-16212.

[16] Zhang L Y, Chen L, Zhou X F, et al. Morphology-dependent electrochemical performance of zinc hexacyanoferrate cathode for zinc-ion battery [J]. Scientific Reports, 2015, 5: 18263.

[17] Nai J W, Zhang J T, Lou X W. Construction of single-crystalline Prussian blue analog hollow nanostructures with tailorable topologies [J]. Chem, 2018, 4 (8): 1967-1982.

[18] Nai J W, Guan B Y, Yu L, et al. Oriented assembly of anisotropic nanoparticles into frame-like superstructures [J]. Science Advances, 2017, 3 (8): e1700732.

[19] Hu L, Zhang P, Chen Q W, et al. Prussian blue analogue $Mn_3[Co(CN)_6]_2 \cdot nH_2O$ porous nanocubes: Large-scale synthesis and their CO_2 storage properties [J]. Dalton Transactions, 2011, 40 (20): 5557-5562.

[20] He G, Nazar L F. Crystallite size control of Prussian white analogues for nonaqueous potassium-ion batteries [J]. ACS Energy Letters, 2017, 2 (5): 1122-1127.

[21] Zhang W Q, Li Y, Zhou L X, et al. Ultrathin amorphous CoFeP nanosheets derived from CoFe LDHs by partial phosphating as excellent bifunctional catalysts for overall water splitting [J]. Electrochimica Acta, 2019, 323: 134595.

[22] Wang J G, Zhang Z Y, Zhang X Y, et al. Cation exchange formation of Prussian blue analogue submicroboxes for high-performance Na-ion hybrid supercapacitors [J]. Nano Energy, 2017, 39: 647-653.

[23] Zhang C Y, Zhang L, Liu Q, et al. Enhanced interfacial electron transfer by constructing NiCo-LDH hollow nanocages decorated N-doped graphene quantum dots heterojunction for high-performance supercapacitors [J]. Applied Surface Science, 2022, 602: 154352.

[24] Tang J, Salunkhe R R, Liu J, et al. Thermal conversion of core-shell metal-organic frameworks: A new method for selectively functionalized nanoporous hybrid carbon [J]. Journal of the American Chemical Society, 2015, 137 (4): 1572-1580.

[25] Huang G, Zhang L L, Zhang F F, et al. Metal-organic framework derived $Fe_2O_3@NiCo_2O_4$ porous nanocages as anode materials for Li-ion batteries [J]. Nanoscale, 2014, 6 (10): 5509-5515.

[26] Kitchamsetti N. A review on recent advances in Prussian blue, its analogues, and their derived materials as electrodes for high performance supercapacitors [J]. Journal of Energy Storage, 2023, 73: 108958.

[27] Lin J, Zeng C, Lin X, et al. Metal-organic framework-derived hierarchical MnO/Co with oxygen vacancies toward elevated-temperature Li-ion battery [J]. ACS Nano, 2021, 15 (3): 4594-4607.

[28] Sing K S W. Reporting physisorption data for gas/solid systems with special reference to the determination of surface area and porosity (Provisional) [J]. Pure and Applied Chemistry, 1982, 54 (11): 2201-2218.

[29] Fu S S, Fang Q, Li A F, et al. Accurate characterization of full pore size distribution of tight sandstones by low-temperature nitrogen gas adsorption and high-pressure mercury intrusion combination method [J]. Energy Science & Engineering, 2021, 9 (1): 80-100.

[30] Li J Q, Zhou F C, Sun Y H, et al. $FeMnO_3$ porous nanocubes/Mn_2O_3 nanotubes hybrids derived from $Mn_3[Fe(CN)_6]_2 \cdot nH_2O$ Prussian Blue Analogues as an anode material for lithium-ion batteries [J]. Journal of Alloys and Compounds, 2018, 740: 346-354.

[31] Jiang M W, Ren L B, Hou Z D, et al. A superior sodium-ion battery based on tubular Prussian blue cathode and its derived phosphide anode [J]. Journal of Power Sources, 2023, 554: 232334.

[32] Li Q, Ma K X, Yang G Z, et al. High-voltage non-aqueous $Zn/K_{1.6}Mn_{1.2}Fe(CN)_6$ batteries with

zero capacity loss in extremely long working duration [J]. Energy Storage Materials, 2020, 29: 246-253.

[33] Choi H W, Kim J, Bang H S, et al. Tracking accelerated oxygen evolution reaction enabled by explosive reconstruction of active species based on Co_xN@NC [J]. Journal of Materials Chemistry A, 2024, 12 (12): 7067-7079.

[34] Ju H, Liu X D, Tao C Y, et al. A novel edge-rich structure of CuO/Co_3O_4 derived from Prussian blue analogue as a high-rate and ultra-stable electrode for efficient capacitive storage [J]. Electrochimica Acta, 2021, 366: 137410.

[35] Zhang C, Xiao J, Lv X L, et al. Hierarchically porous Co_3O_4/C nanowire arrays derived from a metal-organic framework for high performance supercapacitors and the oxygen evolution reaction [J]. Journal of Materials Chemistry A, 2016, 4 (42): 16516-16523.

[36] Wei X J, Peng H R, Li Y H, et al. In situ growth of zeolitic imidazolate framework-67-derived nanoporous Carbon@$K_{0.5}Mn_2O_4$ for high-performance 2.4V aqueous asymmetric supercapacitors [J]. ChemSusChem, 2018, 11 (18): 3167-3174.

[37] Jia H N, Cai Y F, Zheng X H, et al. Mesostructured carbon nanotube-on-MnO_2 nanosheet composite for high-performance supercapacitors [J]. ACS Applied Materials & Interfaces, 2018, 10 (45): 38963-38969.

[38] Perera S D, Ding X Y, Bhargava A, et al. Enhanced supercapacitor performance for equal Co-Mn stoichiometry in colloidal $Co_{3-x}Mn_xO_4$ Nanoparticles, in additive-free electrodes [J]. Chemistry of Materials, 2015, 27 (23): 7861-7873.

[39] Zheng F C, Zhu D Q, Shi X H, et al. Metal-organic framework-derived porous $Mn_{1.8}Fe_{1.2}O_4$ nanocubes with an interconnected channel structure as high-performance anodes for lithium ion batteries [J]. Journal of Materials Chemistry A, 2015, 3 (6): 2815-2824.

[40] Pei Y Y, Liu C F, Han Z X, et al. Revealing the impacts of metastable structure on the electrochemical properties: The case of MnS [J]. Journal of Power Sources, 2019, 431: 75-83.

[41] Deng X Y, Li J J, Zhu S, et al. Metal-organic frameworks-derived honeycomb-like Co_3O_4/three-dimensional graphene networks/Ni foam hybrid as a binder-free electrode for supercapacitors [J]. Journal of Alloys and Compounds, 2017, 693: 16-24.

[42] Cheng M, Duan S B, Fan H S, et al. Core@shell CoO@Co_3O_4 nanocrystals assembling mesoporous microspheres for high performance asymmetric supercapacitors [J]. Chemical Engineering Journal, 2017, 327: 100-108.

[43] Yan L J, Liu Y Y, Zha K W, et al. Scale-activity relationship of MnO_x-FeO_y nanocage catalysts derived from Prussian blue analogues for low-temperature NO reduction: Experimental and DFT studies [J]. ACS Applied Materials & Interfaces, 2017, 9 (3): 2581-2593.

[44] Li Q, Yin L W, Li Z Q, et al. Copper doped hollow structured manganese oxide mesocrystals with controlled phase structure and morphology as anode materials for lithium ion battery with improved electrochemical performance [J]. ACS Applied Materials & Interfaces, 2013, 5 (21): 10975-10984.

[45] Sekhar B C, Kalaiselvi N. Pristine hollow microspheres of Mn_2O_3 as a potential anode for lithium-ion batteries [J]. CrystEngComm, 2015, 17 (27): 5038-5045.

[46] Gwag J S, Sohn Y K. Interfacial natures and controlling morphology of co oxide nanocrystal structures by adding spectator Ni ions [J]. Bulletin of the Korean Chemical Society, 2012, 33 (2): 505-510.

[47] Song D, Bae J, Ji H, et al. Coordinative reduction of metal nodes enhances the hydrolytic stability of a paddlewheel metal-organic framework [J]. Journal of the American Chemical Society, 2019, 141 (19): 7853-7864.

[48] Huan T N, Rousse G, Zanna S, et al. A dendritic nanostructured copper oxide electrocatalyst for the oxygen evolution reaction [J]. Angewandte Chemie (International Ed), 2017, 56 (17): 4792-4796.

[49] Ouyang Y, Huang R J, Xia X F, et al. Hierarchical structure electrodes of NiO ultrathin nanosheets anchored to $NiCo_2O_4$ on carbon cloth with excellent cycle stability for asymmetric supercapacitors [J]. Chemical Engineering Journal, 2019, 355: 416-427.

[50] Liu X Y, Wang J X, Yang G W. Amorphous nickel oxide and crystalline manganese oxide nanocomposite electrode for transparent and flexible supercapacitor [J]. Chemical Engineering Journal, 2018, 347: 101-110.

[51] Lei S, Li Q H, Kang Y, et al. Epitaxial growth of oriented Prussian blue analogue derived well-aligned $CoFe_2O_4$ thin film for efficient oxygen evolution reaction [J]. Applied Catalysis B: Environmental, 2019, 245: 1-9.

[52] Zhao S H, Li C H, Ren K K, et al. Ternary Ni-Co-Fe oxides based on Prussian blue analog for efficient photothermal catalytic CO_2 reduction to CO and CH_4 [J]. Applied Catalysis A: General, 2023, 655: 119109.

[53] Bhagya T C, Elias L, Manoj S V, et al. Efficient photocatalytic charge separation at anatase-hematite heterojunctions with a tuned three-dimensional cocatalytic NiO support [J]. Industrial & Engineering Chemistry Research, 2022, 61 (34): 12415-12426.

[54] Xiao F X, Hung S F, Miao J W, et al. Metal-cluster-decorated TiO_2 nanotube arrays: A composite heterostructure toward versatile photocatalytic and photoelectrochemical applications [J]. Small, 2015, 11 (5): 554-567.

[55] Peng J, Gao Y, Zhang H, et al. Ball milling solid-state synthesis of highly crystalline Prussian blue analogue $Na_{2-x}MnFe(CN)_6$ cathodes for all-climate sodium-ion batteries [J]. Angewandte Chemie (International Ed), 2022, 61 (32): e202205867.

[56] Zhang C L, Xu Y, Zhou M, et al. Potassium Prussian blue nanoparticles: A low-cost cathode material for potassium-ion batteries [J]. Advanced Functional Materials, 2017, 27 (4): 1604307.

[57] You Y, Wu X L, Yin Y X, et al. High-quality Prussian blue crystals as superior cathode materials for room-temperature sodium-ion batteries [J]. Energy & Environmental Science, 2014, 7 (5): 1643-1647.

[58] Zhang C, Xu Y, Zhou M, et al. Potassium Prussian blue nanoparticles: A low-cost cathode mate-

rial for potassium-ion batteries [J]. Advanced Functional Materials, 2017, 27 (4): 1604307.

[59] Jiang M W, Hou Z D, Wang J J, et al. Balanced coordination enables low-defect Prussian blue for superfast and ultrastable sodium energy storage [J]. Nano Energy, 2022, 102: 107708.

[60] Ge L N, Song Y J, Niu P C, et al. Elaborating the crystal water of Prussian blue for outstanding performance of sodium ion batteries [J]. ACS Nano, 2024, 18 (4): 3542-3552.

[61] Xiong P X, Zeng G J, Zeng L X, et al. Prussian blue analogues $Mn[Fe(CN)_6]_{0.6667} \cdot nH_2O$ cubes as an anode material for lithium-ion batteries [J]. Dalton Transactions, 2015, 44 (38): 16746-16751.

[62] Huang Y X, Xie M, Zhang J T, et al. A novel border-rich Prussian blue synthetized by inhibitor control as cathode for sodium ion batteries [J]. Nano Energy, 2017, 39: 273-283.

[63] Lin K A, Hsu F K, Lee W D. Magnetic cobalt-graphene nanocomposite derived from self-assembly of MOFs with graphene oxide as an activator for peroxymonosulfate [J]. Journal of Materials Chemistry A, 2015, 3 (18): 9480-9490.

[64] Xu C M, Peng J, Liu X H, et al. $Na_{1.51}Fe[Fe(CN)_6]_{0.87} \cdot 1.83H_2O$ hollow nanospheres *via* non-aqueous ball-milling route to achieve high initial coulombic efficiency and high rate capability in sodium-ion batteries [J]. Small Methods, 2022, 6 (8): 2200404.

[65] Su D W, McDonagh A, Qiao S Z, et al. High-capacity aqueous potassium-ion batteries for large-scale energy storage [J]. Advanced Materials, 2017, 29 (1): 1604007.

[66] Li J R, Zhuang Z X, Guo Z, et al. Framework-derived Fe_2O_3/Mn_3O_4 nanocubes as electrochemical catalyst for simultaneous analysis of Cu(Ⅱ) and Hg(Ⅱ) [J]. Electrochimica Acta, 2021, 399: 139412.

[67] Zapata B, Bosch P, Valenzuela M A, et al. Thermal stability of monometallic Co-hydrotalcite [J]. Materials Letters, 2002, 57 (3): 679-683.

[68] Shi J H, Yang Z X, Nie J H, et al. Regioselective super-assembly of Prussian blue analogue [J]. Journal of Colloid and Interface Science, 2024, 667: 44-53.

[69] Ju H, Yang J X, Guo X Y, et al. Prussian blue analogue-derived Co_3O_4/Fe_2O_3 with a partially hollow and octahedral structure for high-performance supercapacitors [J]. Dalton Transactions, 2024, 53 (6): 2626-2634.

[70] Chen Y X, Yuan Y F, Mo C L, et al. Yolk-shell Co-glycerate@Fe-Co Prussian blue analogue spheres for high-performance lithium-ion batteries [J]. Materials Letters, 2022, 320: 132358.

[71] Lu X F, Zhang S L, Shangguan E B, et al. Nitrogen-doped cobalt pyrite yolk-shell hollow spheres for long-life rechargeable Zn-air batteries [J]. Advanced Science, 2020, 7 (22): 2001178.

[72] Pang H, Zhang Y Z, Cheng T, et al. Uniform manganese hexacyanoferrate hydrate nanocubes featuring superior performance for low-cost supercapacitors and nonenzymatic electrochemical sensors [J]. Nanoscale, 2015, 7 (38): 16012-16019.

[73] Wang Y, Zhong H, Hu L, et al. Manganese hexacyanoferrate/MnO_2 composite nanostructures as a cathode material for supercapacitors [J]. Journal of Materials Chemistry A, 2013, 1 (7): 2621-2630.

[74] Ju H, Lang H L, Yi T F, et al. Formation of yolk-shell Co-Mn Prussian blue analog spheres with enhanced electrochemical performance for supercapacitors [J]. Journal of Alloys and Compounds, 2025, 1010: 177897.

[75] Ju H, Lang H L, Yi T F, et al. Solid-state synthesis of diminutively granular and highly crystalline manganese hexacyanoferrate for a supercapacitor electrode [J]. CrystEngComm, 2024, 26 (8): 1133-1140.

[76] Gupta N, Murthy Z V P. Synthesis and application of ZIF-67 on the performance of polysulfone blend membranes [J]. Materials Today Chemistry, 2022, 23: 100685.

[77] Lin S N, Zhang T A. Active Co/Fe composite oxide nanoparticles for efficient photocatalytic hydrogen production [J]. Journal of Materials Science: Materials in Electronics, 2022, 33 (16): 13444-13453.

第 4 章

MOFs材料的电化学性能测试

4.1
超级电容器测试体系

4.1.1 三电极体系

在大多数电化学实验中广泛采用三电极体系，三电极分别为工作电极、参比电极和辅助电极（对电极）。在实验中，当测试体系的溶液电阻压降 iR_L（i 为电流，R_L 为溶液电阻）较大时（例如，采用大尺寸的电解池或原电池，或实验中涉及低电导率的非水溶剂），推荐采用三电极体系进行测试（见图 4.1）。在此体系中，电流在工作电极和辅助电极之间流动。辅助电极可以是任何一种电极，因为它的电化学性质并不影响工作电极的行为。通常选择电解时不产生可到达工作电极表面并影响界面反应的物质的电极作为辅助电极。经常将它与工作电极放置在用烧结的玻璃片或其他分离器分开的独立腔室中。工作电极的电势由一个分开的参比电极控制，参比电极尖端放置在工作电极附近。测量工作电极和参比电极之间电势差的装置输入阻抗很高，因此通过参比电极的电流可忽略不计。所以，它的电势将保持不变，等于其开路电势值[1]。

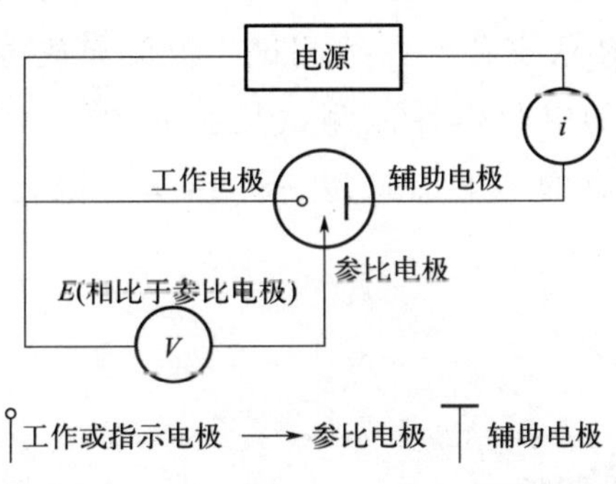

图 4.1
三电极体系和不同电极的命名

本书中在 KOH 电解液中用到的参比电极是 Hg/HgO 电极，在 Na_2SO_4 电解液中是 Ag/AgCl 电极，对电极是 2cm×2cm 的 Pt 片电极，工作电极为自制的电极片。在 KOH 电解液中，以 1cm×2cm 泡沫镍作为集流体，在 Na_2SO_4 电解液中，以 1cm×2cm 碳布作为集流体。以 8∶1∶1 的质量比将制备得到的电极材料、导电碳、聚偏二氟乙烯（PVDF）加入到适量的 *N*-甲基吡咯烷酮（NMP）中，进行研磨，将浆料均匀涂抹在泡沫镍或碳布上，涂覆面积为 1cm×1cm，每片活性材料质量为 1～2mg。

4.1.2 两电极体系

两电极体系是一种简化的测试模型，主要用于模拟实际超级电容器的工作原理，评估电极材料在器件层面的综合性能。其核心特点是仅使用两个电极构建测试回路，无需独立的参比电极，因此更贴近商业化器件的实际工作场景。

本文以所制备的 MOFs 及其衍生金属氧化物作为正极，商业化的碳材料或自制的氮掺杂石墨烯水凝胶（NDGH）作为负极，组成混合型超级电容器。

4.2 电化学测试技术

电极材料的本征性质不仅决定了超级电容器的电容量，也反映了其存储电荷的能力。电极材料的电化学性能参数一般包括比容量、功率密度、能量密度、倍率性能、循环性能和内阻等，涉及的主要电化学测试包括循环伏安特性曲线测试、恒流充放电测试和电化学阻抗谱测试[2]。本文的电化学性能测试是在如图 4.2 所示的 CHI660E 电化学工作站下完成的。下面将逐一介绍这些电化学性能的测试方法和原理。

图 4.2
CHI660E 电化学工作站

4.2.1 循环伏安法

循环伏安法（cyclic voltammetry，CV）是获得电化学反应定性信息最广泛使用的方法，主要作用在于能够快速提供电化学反应的大量热力学信息、电极过程的动力学信息。循环伏安法是电化学和电分析化学研究中最常使用的方法。该方法能够快速确定电活性物质的氧化还原电位，方便评估介质对电极反应的影响。

循环伏安法中工作电极电位的变化方式呈等腰三角形。它是在线性扫描伏安法的基础上，将电位扫描到终止电位后，再以相同的速率反向扫描至起始电位，并以该过程中得到的 i-E 曲线为基础进行定性、定量分析的一种伏安法。在循环伏安法中，工作电极电位的变化如图 4.3 所示。

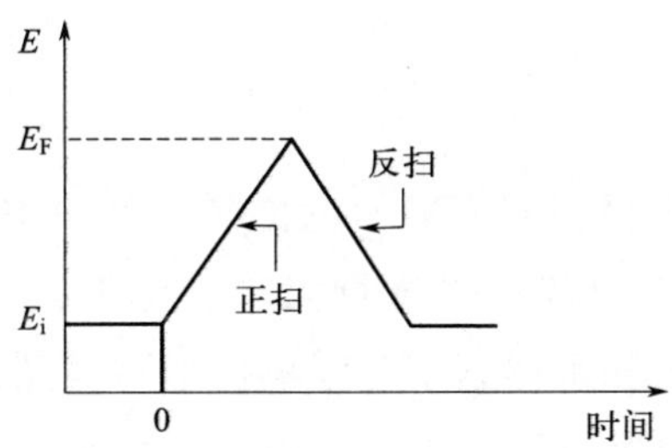

图 4.3

循环伏安法测试极化电位示意图

从形状上看，电位变化曲线呈等腰三角形，故有时又称为三角波电位。扫描方式是从起始电位 E_i 线性扫描到终止电位 E_F，再以相同的扫描速率反向扫描到起始电位 E_i。下面以氧化态电活性物质 O 的循环伏安为例，解释循环伏安图的形状。假设溶液中起始时只存在 O，正向扫描时，工作电极电位线性负移，达到 O 的还原电位时，O 就在电极表面发生还原反应生成产物 R。

$$O + ne^- \longrightarrow R$$

当电位扫描到线性扫描伏安法的峰电位以后合适的电位时，反向扫描至起始电位。在反扫过程中，当电位达到 R 的氧化电位时，则正扫时于电极表面附近生成的反应产物 R 又重新被氧化生成 O。

$$R - ne^- \longrightarrow O$$

一个三角波电位完成了一个氧化过程和还原过程的循环，故称为循环伏安法。记录到的 i-E 曲线称为循环伏安图，如图 4.4 所示。该 i-E 曲线分为上下两部分，上半部分称为阴极支或还原支，下半部分称为阳极支或氧化支，分别对应正扫、反扫时的电极反应。由于正扫、反扫时电位均是线性变化，故每半支的 i-E 曲线均呈峰形。

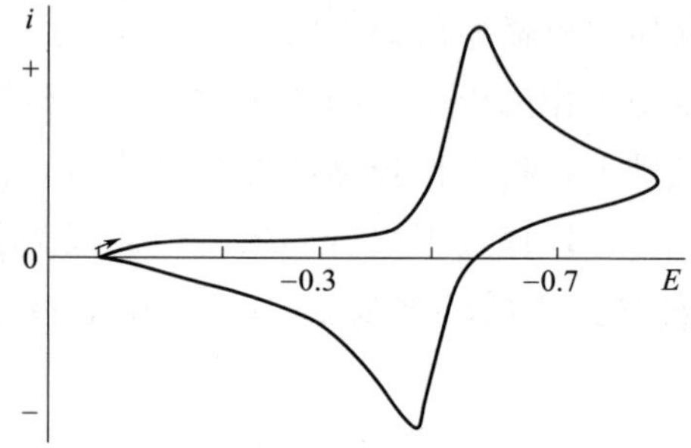

图 4.4
可逆体系循环伏安图

在本文中，负极材料 CV 的电位测试范围均为－1.0～0V，而正极材料则在电位为正的范围内进行测试。对于其他参数设置，如扫描速率、扫描循环次数和采样频率等则根据不同样品需求进行设置即可。根据循环伏安曲线的形状可以判断电极反应的可逆程度、反应中间体的生成、界面吸附行为、新相形成的可能性及相关的化学反应等。除此之外，超级电容器的比容量也可以通过 CV 曲线得到，计算公式见式(4.1)[3]：

$$C=\frac{\int I\,\mathrm{d}V}{2vm\Delta V} \tag{4.1}$$

式中，C 为比容量，$\mathrm{F\cdot g^{-1}}$；$\int I\,\mathrm{d}V$ 为 CV 曲线的积分面积；v 为 CV 曲线测试时的扫描速率，$\mathrm{V\cdot s^{-1}}$；m 为活性材料的质量，g；ΔV 为电压窗口，V。

4.2.2 恒流充放电测试

恒流充放电（galvanostatic charge and discharge，GCD）测试是检测电极材料或电池电化学性能最直接、最重要的一种方法。恒流充放电是通过预先设定好的充放电步骤，在电极材料或电池工作区间内给电池恒定的电流进行充电和放电。通过该测试可以得到电极材料或电池的充放电曲线，并得到电极材料或电池的放电平台、内阻、比容量、循环性能、倍率性能等信息。恒流充放电测试一般通过电池测试系统或电化学工作站来进行，需要控制的参数主要包括充放电电压范围和电流密度。

在一定的电压窗口和电流密度下，对电极材料或电池进行恒流充放电测试，可以获得电极材料或电池性能的相关信息。从得到的充放电曲线中，利用式(4.2) 可以获得电极材料或电池的放电比容量，放电比容量的高低是评价电极材料或电池性能好坏最直接的一个参数。

$$C=\frac{2I\int V\mathrm{d}t}{m\Delta V^2} \tag{4.2}$$

式中，$\int V\mathrm{d}t$ 为 GCD 放电曲线的积分面积。

此外，恒流充放电的测试结果还受环境的影响。其中，环境温度对电极材料或电池的充放电性能影响最大。这是因为在电极/电解液界面上的电化学反应与环境温度有关。因此保持恒定的环境温度是获得稳定的电极材料或电池充放电测试数据的保证。

4.2.3 电化学阻抗谱

对于储能元件而言，内阻是一个重要的性能指标。超级电容器的电极材料表面能够发生快速且可逆的氧化还原反应，因此其内阻通常低于电池的内阻。尽管如此，较小的内阻在提升超级电容器的功率密度方面仍然具有显著的优势[9]。在本文中获得内阻的方法是交流阻抗(electrochemical impedance spectroscopy，EIS) 测试，即以小振幅的正弦波电势（或电流）为扰动信号，使电极系统产生近似线性关系的响应，测量电极系统在很宽频率范围的阻抗谱，以此来研究电极系统[1]。

电化学极化和浓差极化同时存在时，电极的电化学阻抗谱等效电路如图 4.5 所示，扩散阻抗 Z_W 也可称为浓差极化阻抗或 Warburg 阻抗。一般认为 Z_W 由电阻部分 R_W 和电容部分 C_W 串联组成，R_P 为极化电阻。

关于虚部 Z''、实部 Z' 的详细推导过程可参考有关专著，本书直接列出推导结果如式(4.3) 和式(4.4) 所示：

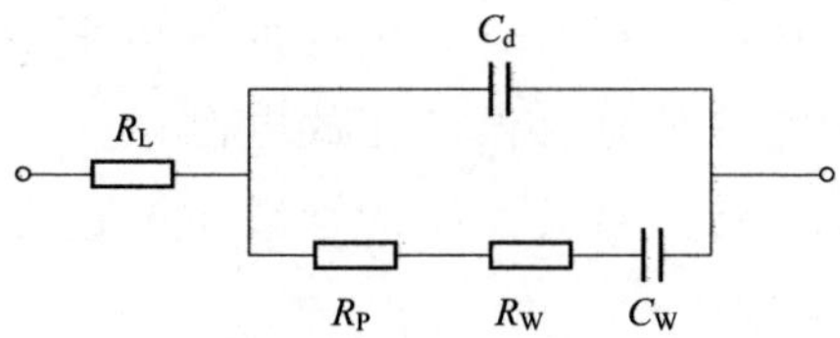

图 4.5

电化学极化和浓差极化同时存在时电解池的等效电路

$$Z'=R_L+\frac{\frac{\sigma}{\sqrt{\omega}}+R_P}{(1+\sigma\sqrt{\omega}C_d)^2+\omega^2C_d^2\left(\frac{\sigma}{\sqrt{\omega}}+R_P\right)^2} \tag{4.3}$$

$$Z''=\frac{\frac{\sigma}{\sqrt{\omega}}(1+\sigma\sqrt{\omega}C_d)^2+\omega C_d\left(\frac{\sigma}{\sqrt{\omega}}+R_P\right)^2}{(1+\sigma\sqrt{\omega}C_d)^2+\omega^2C_d^2\left(\frac{\sigma}{\sqrt{\omega}}+R_P\right)^2} \tag{4.4}$$

式中，σ 为 Warburg 系数；C_d 为双电层电容；ω 为角频率；R_L 为溶液电阻。在极限条件下，当 $\omega\rightarrow 0$ 时，在低频区，可求得 Z''、Z'的结果如式(4.5)、式(4.6) 所示：

$$Z'=R_L+\frac{\sigma}{\sqrt{\omega}}+R_P \tag{4.5}$$

$$Z''=\frac{\sigma}{\sqrt{\omega}}+2\sigma^2C_d \tag{4.6}$$

由式(4.5) 和式(4.6) 得式(4.7)：

$$Z'=Z''+R_L+R_P-2\sigma^2C_d \tag{4.7}$$

式(4.7) 表明，在低频区，当相位角 $\phi=\frac{\pi}{4}$ 时，电极的 Nyquist（奈奎斯特）图是一条斜率为 1 的直线，直线在 Z''轴上的截距为 $R_L+R_P-2\sigma^2C_d$，如图 4.6 所示。在低频区，Nyquist 图上出现实分量和虚分量的线性相关，这是电极过程受扩散控制最鲜明的阻抗特征。

当 $\omega\rightarrow\infty$时，在高频区，可求得

$$Z'=R_L+\frac{R_P}{1+\omega^2C_d^2+R_P^2} \tag{4.8}$$

$$Z''=\frac{\omega C_d^2R_P^2}{1+\omega^2C_d^2R_P^2} \tag{4.9}$$

从两式中消去 ω 后得到

$$\left(Z'-R_{\mathrm{L}}-\frac{R_{\mathrm{P}}}{2}\right)^{2}+Z''^{2}=\left(\frac{R_{\mathrm{P}}}{2}\right)^{2} \tag{4.10}$$

式(4.10)表示，高频区的阻抗曲线是一个半圆，圆心在 Z' 轴上 $R_{\mathrm{L}}+\frac{R_{\mathrm{P}}}{2}$ 处，半径等于 $\frac{R_{\mathrm{P}}}{2}$，如图 4.6 所示。

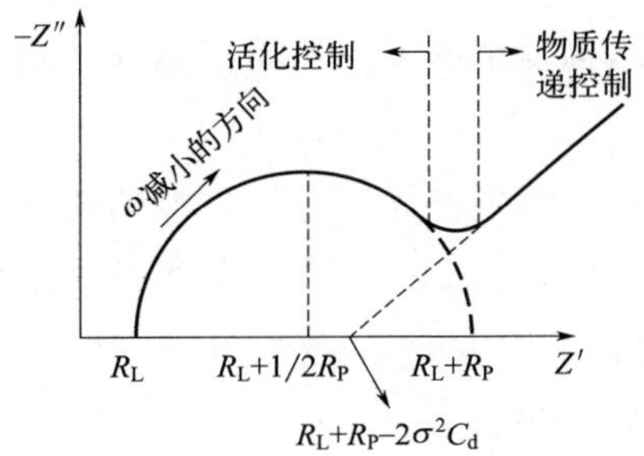

图 4.6

电化学极化和浓差极化同时存在时电极阻抗的 Nyquist 图

在本文中，扰动的电势信号幅度是 5mV，测试的频率范围为 0.1～10^5 Hz。

4.3 性能表征指标

(1) 循环寿命测试

超级电容器的一个重要优点是具有超长的循环寿命，循环次数可达 10^5 以上，所以循环性能是衡量超级电容器性能的一个重要参数。根据不同电极材料的储能机理，超级电容器的循环稳定性可分为三类[4]。

第一类是电极材料经过长循环后，电容保持率仍为 100%。具有双电层电容行为的碳基材料大多属于此类。这是由于电极材料在充电和放电过程中没有发生化学电荷转移反应和相变。通过电极/电解质界面上离子的可逆吸附和解吸的物理过程来实现电荷存储。因此，电容在长周期内几乎不会衰减。

第二类是在循环稳定性测试的前期，由于材料的自激活作用，比容量较初始值有明显增加，保持率高于 100%；在自激活阶段之后，电容保持率逐渐下降到 100%，甚至小于 100%。自激活是材料自身从一种平衡态变为另一种新的平衡态的过程，在这个过程中，受激发材料的活性增强。电池型和赝电容型电极材料（如金属氮化物、金属氧化物/氢氧化物和金属碳化物等）的循环稳定性主要属于第二类，这是由于与之相关的电极材料的电荷存储机理受控于表面法拉第氧化还原反应。

第三类是电容保持率小于 100%。导电聚合物的循环稳定性主要属于第三类，这是由于在充电和放电过程中导电聚合物体积发生膨胀/收缩，电极材料的结构发生崩塌，从而使循环稳定性下降，电容保持率小于 100%。

因为循环伏安法既可以计算电极材料的比容量，也可以清楚地分析不同循环次数下的动态反应过程[2]。故本文中超级电容器电极材料的循环稳定性测试利用此方法，在三电极体系下，设置高扫描速率（$100mV \cdot s^{-1}$）进行测试。

（2）离子扩散系数

为探究电解液离子在电极材料中的扩散情况，通过电极材料的 CV 曲线，获取峰值电流 i_p 和对应的扫描速率 v，计算电解液离子在电极材料中的扩散系数，见式(4.11)，评估其在充放电过程中的扩散速率[5-7]：

$$i_p = 2.72 \times 10^5 n^{3/2} A D^{1/2} C' v^{1/2} \tag{4.11}$$

式中，i_p 为峰值电流，A；n 为电荷转移数；A 为电极面积，cm^2；D 为扩散系数，$cm^2 \cdot s^{-1}$；C'为 Na^+ 的浓度，$mol \cdot cm^{-3}$。

（3）比容量

本文中的比容量是指质量比容量，即超级电容器单位质量下的电容值，单位是 $F \cdot g^{-1}$，常采用循环伏安法和恒流充放电法进行测试[2]。

（4）倍率性能

倍率性能是指在不同电流密度下电极材料表现出来的比容量、保持率和恢复反应的能力，主要与电极材料表面发生反应的可逆性有关，可逆性又与电极材料的稳定性有关。超级电容器充放电的可逆性在一定程度上反映了储存电荷的能力，因此可逆性、倍率性能是重要的性能指标[2]。

（5）能量密度

超级电容器的能量密度（energy density，E）直接反映其储存电荷的能力，作为储能器件，能量密度越高，越有利于在实际应用中实现小型化和轻型化[2]。在本文中，采用自制的电极片为正极，碳材料为负极，组成两电极体系，进行电化学性能的评估。在组成两电极体系时，正极的电荷（q_+，C）需与负极的电荷（q_-，C）平衡，见公式(4.12)、式(4.13)：

$$q_+ = q_- \tag{4.12}$$

$$q = mC\Delta V \tag{4.13}$$

根据 GCD 放电曲线，利用公式(4.14) 计算能量密度 E(Wh·kg^{-1})[8]：

$$E = \frac{I}{3.6m}\int V\mathrm{d}t \tag{4.14}$$

(6) 功率密度

超级电容器的功率密度（power density，P）是其最为突出的特点之一。功率密度是指单位质量器件在单位时间内的最大能量输出速率。超级电容器的功率密度可达每千克几千瓦，甚至高达每千克数十千瓦。这意味着超级电容器可以在极短的时间内释放出大量能量，因此在需要高功率输出的场合有着广泛的应用[4]。

根据 GCD 放电曲线，利用公式(4.15) 计算功率密度 P(W·kg^{-1})[8]：

$$P = \frac{3600E}{\Delta t} \tag{4.15}$$

4.4 典型材料的电化学性能案例分析

4.4.1 高晶态 MOFs

为了研究 MnHCF-E、MnHCF-H、MnHCF-C 和 MnHCF 的电化学性能，进行了 CV、GCD 和 EIS 测试。MnHCF-E、MnHCF-H、MnHCF-C 和 MnHCF 在 0.1～100kHz 频率范围内的 Nyquist 图，如图 4.7(a) 所示。曲线在高频区呈半圆形，在低频区呈倾斜直线。高频区域的半圆直径表示电极材料与电解液之间的电荷转移电阻（R_{ct}）[10]；低频区直线的斜率表示电极材料中电解质和质子的扩散阻力（R_w），这是由离子或质子向电极表面扩散引起的[11]。与 MnHCF-E、MnHCF-H 和 MnHCF-C 相比，MnHCF 具有更小的半圆，表明 MnHCF 具有更优越的电荷转移性能。在低频区，MnHCF 比 MnHCF-E、MnHCF-H 和 MnHCF-C 有更大的斜率，说明电解质离子扩散到电极表面的阻力更小。

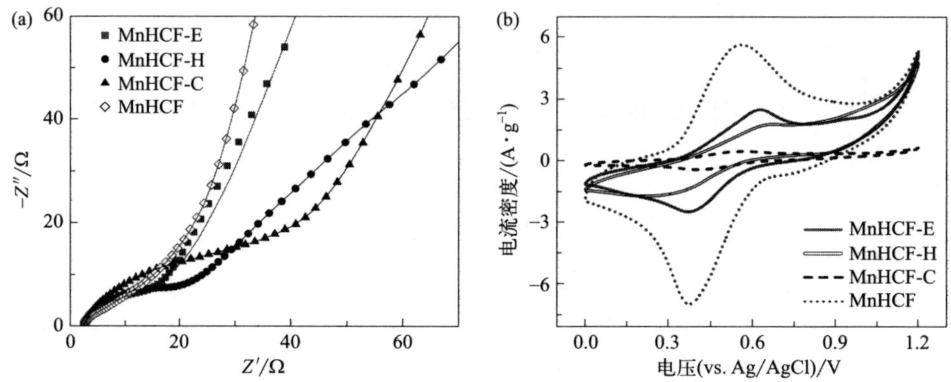

图 4.7

MnHCF-E、MnHCF-H、MnHCF-C 和 MnHCF 电极的 Nyquist 阻抗图和 CV 曲线

(a) MnHCF-E、MnHCF-H、MnHCF-C、MnHCF 电极的 Nyquist 阻抗图；(b) $10mV \cdot s^{-1}$ 扫描速率下 MnHCF-E、MnHCF-H、MnHCF-C、MnHCF 电极的 CV 曲线

图 4.7(b) 为 $10mV \cdot s^{-1}$ 扫描速率下 MnHCF-E、MnHCF-H、MnHCF-C、MnHCF 的 CV 曲线图，四个样品在 0～1.2V 电位范围内，CV 曲线均具有一对氧化还原峰，对应的是晶格中与碳相连的 Fe^{2+} 的氧化还原反应，表现出 PCs 特征[12]。通常材料的比容量与 CV 曲线围成的积分面积成正比，MnHCF-C 的 CV 曲线积分面积最小，而 MnHCF 的最大，表明 MnHCF 具有最大的比容量[5,13]。图 4.8(a)～(d)为不同扫描速率 10～$100mV \cdot s^{-1}$ 下 MnHCF-E、MnHCF-H、MnHCF-C、MnHCF 样品的 CV 曲线，在高扫描速率下曲线形状未发生变形，表明电极反应具有良好的可逆性。

为了进一步探究电解液中 Na^+ 在四种电极材料 MnHCF-E、MnHCF-H、MnHCF-C、MnHCF 中的嵌入/脱出速率，利用式(4.2) 计算扩散系数。根据图 4.8(a)～(d)，得到不同样品、不同扫描速率下的 i_p。基于图 4.9 中 i_p-$v^{1/2}$ 曲线的斜率，计算得扩散系数 D，见表 4.1。MnHCF 的氧化扩散系数和还原扩散系数 D 均大于其他三个样品，结果表明 MnHCF 具有更好的 Na^+ 嵌入/脱出的可逆性[14]。低含水量、少量空位的 MnHCF 电荷转移电阻低，加速了电荷的迁移，降低了 Na^+ 向电极材

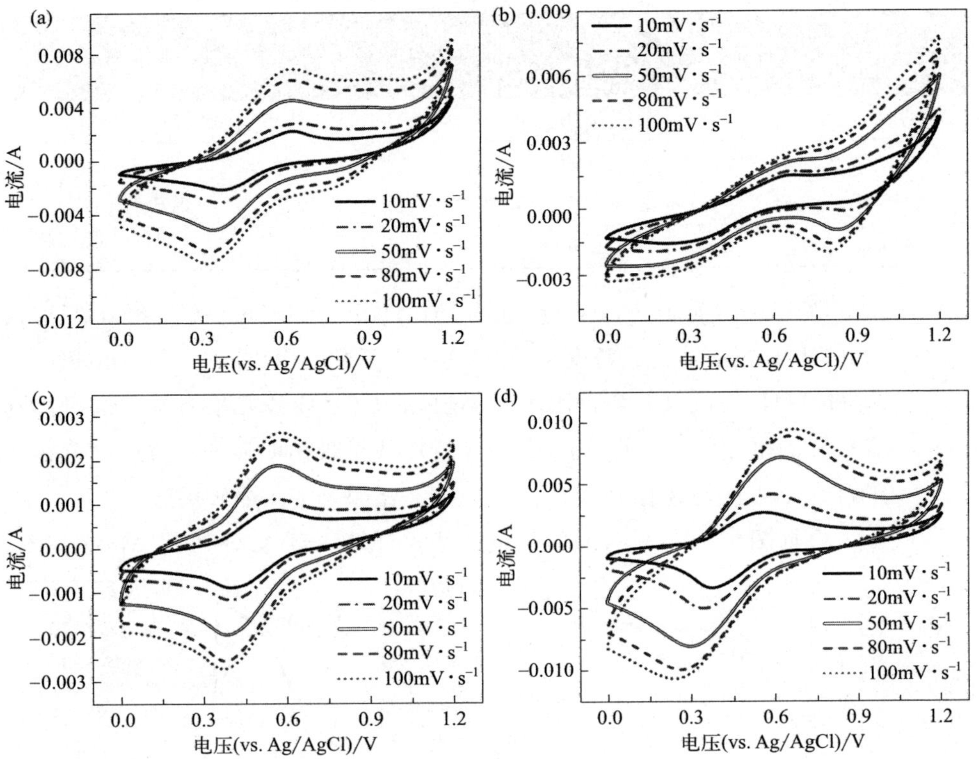

图 4.8

不同扫描速率下 MnHCF-E、MnHCF-H、MnHCF-C 和 MnHCF 的 CV 曲线

（a）MnHCF-E；（b）MnHCF-H；（c）MnHCF-C；（d）MnHCF

料的扩散阻力，证明其具有更快的反应动力学，因此表现出优异的电化学反应性能[5,15]。

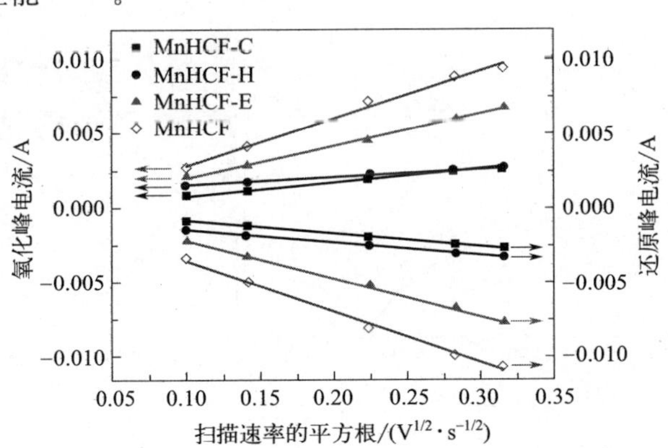

图 4.9

氧化还原峰值电流（i_p）随扫描速率平方根变化的函数

表 4.1 MnHCF-C、MnHCF-H、MnHCF-E、MnHCF 的 Na^+ 扩散系数

样品	Na^+ 的扩散系数 $D/(\times 10^{-9}cm^2 \cdot s^{-1})$	
	阳极	阴极
MnHCF-C	0.25	0.27
MnHCF-H	0.09	0.21
MnHCF-E	1.58	2.18
MnHCF	3.40	3.94

图 4.10（a）～（d）分别为 MnHCF、MnHCF-C、MnHCF-H、MnHCF-E 在不同电流密度 1～10A·g^{-1} 下的 GCD 曲线。与 MnHCF-C、MnHCF-H、MnHCF-E 相比，MnHCF 的 GCD 曲线几乎对称，说明其具有较好的电化学可逆性。此外，GCD 曲线呈现出明显的法拉第电荷转移平台，说明材料具有 PCs 特性[7]，这一结果与 CV 曲线一致。

根据图 4.10(a)～(d)的放电曲线，计算得到 MnHCF、MnHCF-C、

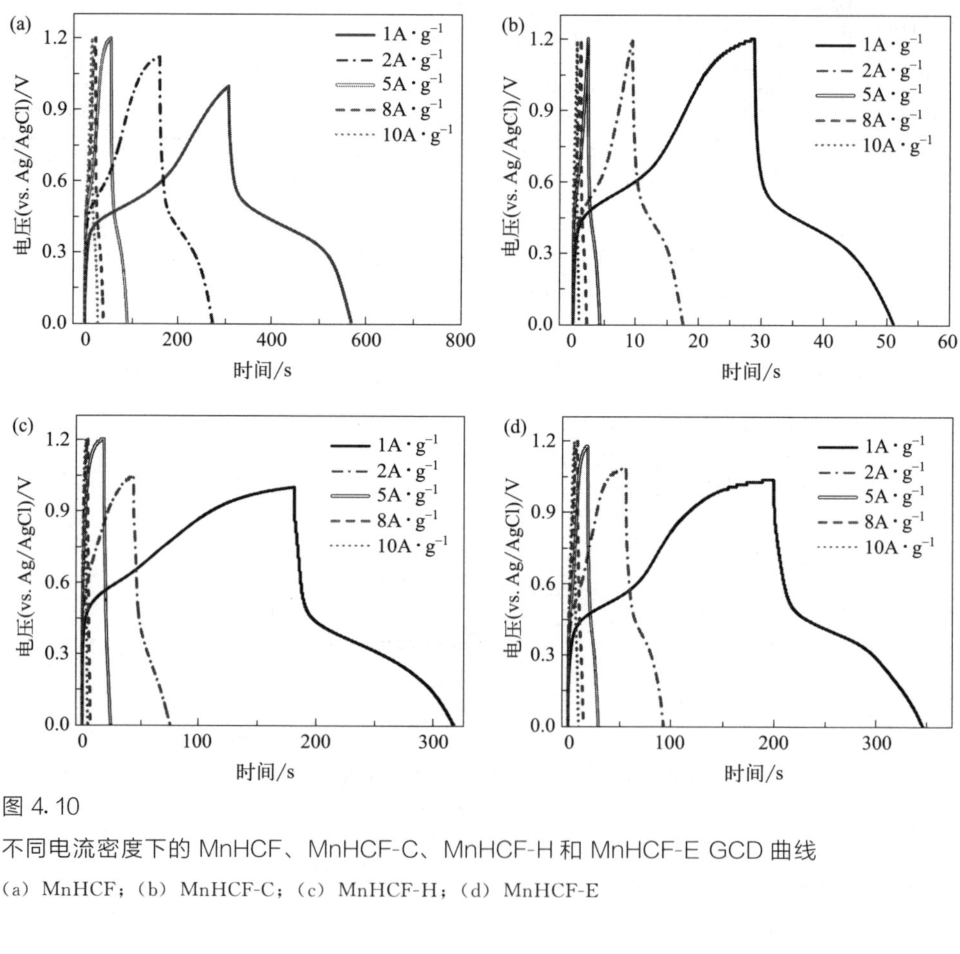

图 4.10

不同电流密度下的 MnHCF、MnHCF-C、MnHCF-H 和 MnHCF-E GCD 曲线

(a) MnHCF；(b) MnHCF-C；(c) MnHCF-H；(d) MnHCF-E

MnHCF-H、MnHCF-E 的比容量，如图 4.11(a) 所示。与 MnHCF-E (1A·g^{-1} 比容量为 96.80F·g^{-1}，10A·g^{-1} 比容量为 25.88F·g^{-1}，倍率性能 26.74%)、MnHCF-H (1A·g^{-1} 比容量为 84.20F·g^{-1}，10A·g^{-1} 比容量为 9.38F·g^{-1}，倍率性能 11.14%) 和 MnHCF-C (1A·g^{-1} 比容量为 11.37F·g^{-1}，10A·g^{-1} 比容量为 1.83F·g^{-1}，倍率性能 16.09%) 相比，MnHCF 具有更高的比容量 (1A·g^{-1} 比容量为 202.80F·g^{-1}，10A·g^{-1} 比容量为 60.98F·g^{-1}) 和较好的倍率性能 (30.07%)。在四个样品中，使用共沉淀法制备的 MnHCF-C 具有最低的比容量，但 MnHCF-C 的 D 值却高于 MnHCF-H[16]，可能是由于电极的电化学行为偏离了理想的扩散控制过程，因此 MnHCF-H 具有较高的赝电容[17]。

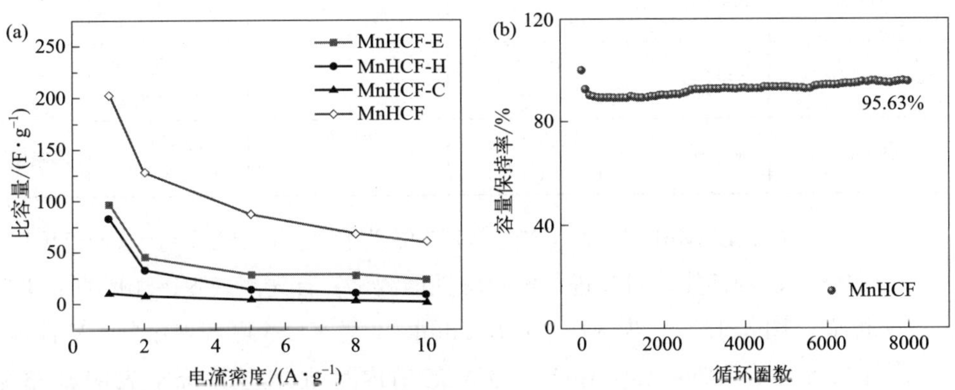

图 4.11

MnHCF-E、MnHCF-H、MnHCF-C、MnHCF 的比容量 (a) 与 MnHCF 的循环稳定性 (b)

对于超级电容器电极材料而言，在大电流密度下的倍率性能和循环稳定性是衡量其性能的重要指标。图 4.11(b) 为 100mV·s^{-1} 扫描速率下 MnHCF 的循环稳定性测试，显示了容量保持率与循环次数之间的关系。MnHCF 的比容量在初始循环中持续下降，循环至 500 次后开始不断增大，经 8000 次循环后，比容量保持率达 95.63%。这一变化与活性材料的状态密切相关：初始阶段，活性材料因粉碎及润湿性不足[18,19]，需通过充放电过程逐步完成内部润湿以实现活化[20]，此时电化学反应仅局限于电极表面，导致比容量降低[21]；而随着充放电的反复进行，大量可接触的活性位点参与反应，使得比容量逐渐回升[22]。在表 4.2 中已列出其他文献报道的 MOFs 材料作为 SCs 电极的电化学性能，对比可知，MnHCF 电极的性能具有显著竞争力。

表 4.2　MOFs 材料作为 SCs 电极的电化学性能

样品	电解液	比容量/($F \cdot g^{-1}$)	倍率性能	循环稳定性	文献
PB/rGO	Na_2SO_4	286 ($0.3A \cdot g^{-1}$)	61.2% ($0.3\sim25A \cdot g^{-1}$)	92.6% (1000 圈)	[23]
CoHCF 微米管	Na_2SO_4	281.8 ($1A \cdot g^{-1}$)	—	93% (5000 圈)	[24]
PB/MnO_2	Na_2SO_4	315.3 ($1A \cdot g^{-1}$)	—	—	[25]
PB/rGO	KNO_3	195.6 ($1A \cdot g^{-1}$)	63.1% ($1\sim9A \cdot g^{-1}$)	92% (1000 圈)	[26]
MnHCF/GO	Na_2SO_4	279.3 ($0.3A \cdot g^{-1}$)	—	65.3% (2000 圈)	[27]
NiHCF	Na_2SO_4	184 ($1A \cdot g^{-1}$)	—	—	[28]
Ni-CoHCF/rGO	Na_2SO_4	466 ($0.2A \cdot g^{-1}$)	—	90% (1000 圈)	[29]
MnHCF	Na_2SO_4	202.8 ($1A \cdot g^{-1}$)	30.1% ($1\sim10A \cdot g^{-1}$)	95.63% (8000 圈)	本实验

为探究以 MnHCF 为正极、YP-50F 为负极的 HSC 装置（MnHCF//YP-50F）的性能，对其进行电化学性能测试。首先测试 YP-50F 的电化学性能，图 4.12(a) 为 YP-50F 在 $2mol \cdot L^{-1}$ KOH 电解液中的 CV 曲线，在 $-1\sim0V$（vs. Ag/AgCl）电位范围内呈现矩形特征，表明其遵循 EDLCs 储能机理，且离子传输在短时间内受阻较小。图 4.12(b) 为 YP-50F 的 GCD 曲线，根据 GCD 曲线，计算出比容量，如图 4.12(c)

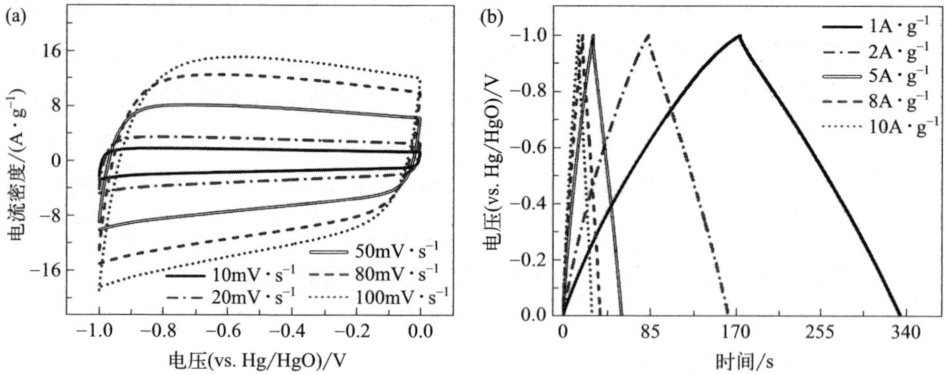

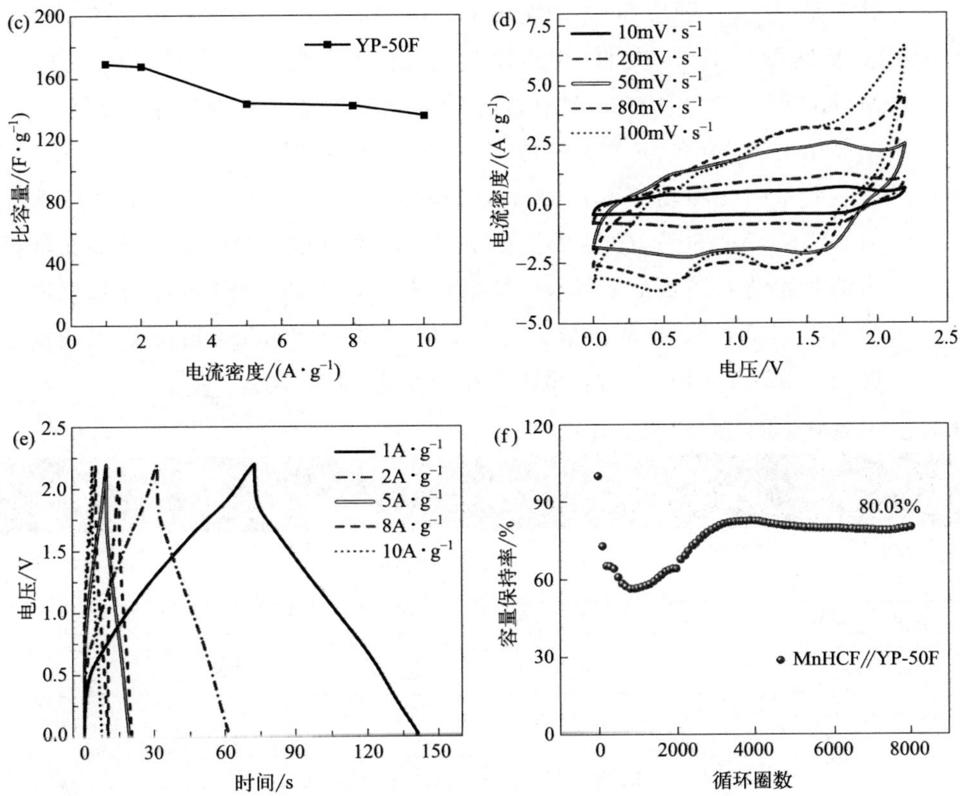

图 4.12

YP-50F 与 MnHCF//YP-50F 的电化学性能测试

YP-50F：(a) CV 曲线，(b) GCD 曲线，(c) 比容量，MnHCF//YP-50F，(d) 不同扫描速率下的 CV 曲线，(e) 不同电流密度下的 GCD 曲线，(f) 循环稳定性

所示，在 $1A \cdot g^{-1}$、$2A \cdot g^{-1}$、$5A \cdot g^{-1}$、$8A \cdot g^{-1}$、$10A \cdot g^{-1}$ 电流密度下分别为 $169.4F \cdot g^{-1}$、$167.0F \cdot g^{-1}$、$143.7F \cdot g^{-1}$、$142.1F \cdot g^{-1}$、$135.2F \cdot g^{-1}$。

图 4.12(d) 为 MnHCF//YP-50F 在 $10 \sim 100mV \cdot s^{-1}$ 扫描速率下的 CV 曲线，不同扫描速率下出现了一对较对称的氧化还原峰，且高扫描速率时曲线形状未发生变形，表明电极反应具有良好的可逆性。图 4.12(e) 为 MnHCF//YP-50F 的 GCD 曲线，在 $1 \sim 10A \cdot g^{-1}$ 电流密度下呈较对称的三角形，表明 MnHCF//YP-50F 具有良好的可逆性能。图 4.12(f) 为 MnHCF//YP-50F 在 $100mV \cdot s^{-1}$ 扫描速率下的循环寿命图，经过 8000 次循环后，容量保持率为 80.03%。在前 1000 次

循环中，比容量的衰减主要归因于 MnHCF 和 YP-50F 的粉末化和润湿性不足[18,19]。随后 3000 次循环中，更多活性位点参与反应，使比容量缓慢恢复。4000 次循环后比容量趋于稳定[21]。基于以上分析，MnHCF//YP-50F HSC 具有优异的电化学性能，可能源于小颗粒、高结晶结构的 MnHCF 和高性能 YP-50F 的协同作用。

能量密度和功率密度是评价 HSCs 性能的关键参数。本书计算了 MnHCF//YP-50F HSCs 的能量密度和功率密度，其性能与其他文献报道的对比结果如表 4.3 所示。结果表明，MnHCF//YP-50F 在功率密度为 981.25W・kg^{-1} 时，最大能量密度可达 18.89Wh・kg^{-1}。当能量密度为 7.52Wh・kg^{-1} 时，最大功率密度为 7184.73W・kg^{-1}。

表 4.3 与其他文献报道的 HSCs 比较

样品	比容量/(F・g^{-1})	能量密度/(Wh・kg^{-1})	功率密度/(W・kg^{-1})	文献
介孔 Zn、Ni、Co 三元金属氧化物//活性炭	—	35.6	187.6	[30]
石墨烯@PB//活性炭	44.61(0.5A・g^{-1})	20.1	450	[31]
$NiCo_2S_4$//C	—	22.8	160	[32]
CoS_x/C//多孔碳纳米纤维	39.05(0.5A・g^{-1})	15.0	413	[33]
$NiCo_2S_4$ 纳米片//活性炭	—	25.5	334	[34]
Ni-Co MOF//活性炭	—	25.92	375	[35]
MnHCF//YP-50F	28.1(1A・g^{-1})	18.89	981.25	本实验

4.4.2 蛋黄壳结构 Co-Mn MOFs 微球

图 4.13(a) 为 10mV・s^{-1} 扫描速率下 Mn-PBA YSS、Co-PBA YSS 和 MnCo-PBA YSS 的 CV 曲线。在 Mn 基 PBAs 中加入 Co 后，MnCo-PBA YSS 的 CV 曲线与 Mn-PBA YSS 相似，均呈现明显氧化还原峰。且其曲线积分面积（6.06）大于 Mn-PBA YSS（2.84）和 Co-PBA YSS（3.99），表明 Co 的引入增强了电化学响应，其中 Mn∶Co 的摩尔比为 5∶1 时性能最优（图 4.13、图 4.14、图 4.15）。为阐明材料储钠动力学行为，分析了 MnCo-PBA YSS、Mn-PBA 和 Co-PBA YSS 在不同扫描速率（10～100mV・s^{-1}）下的 CV 曲线，如图 4.13(b)、图 4.13(c) 和图 4.13(d) 所示。值得注意的是，Mn-PBA YSS 和 MnCo-PBA YSS 在不同扫描速率下的 CV 曲线都表现出一对氧化还原

峰，显示出赝电容特性。MnCo-PBA YSS 的 CV 曲线除因极化效应导致峰值位置轻微偏移外，无明显变形[36]。

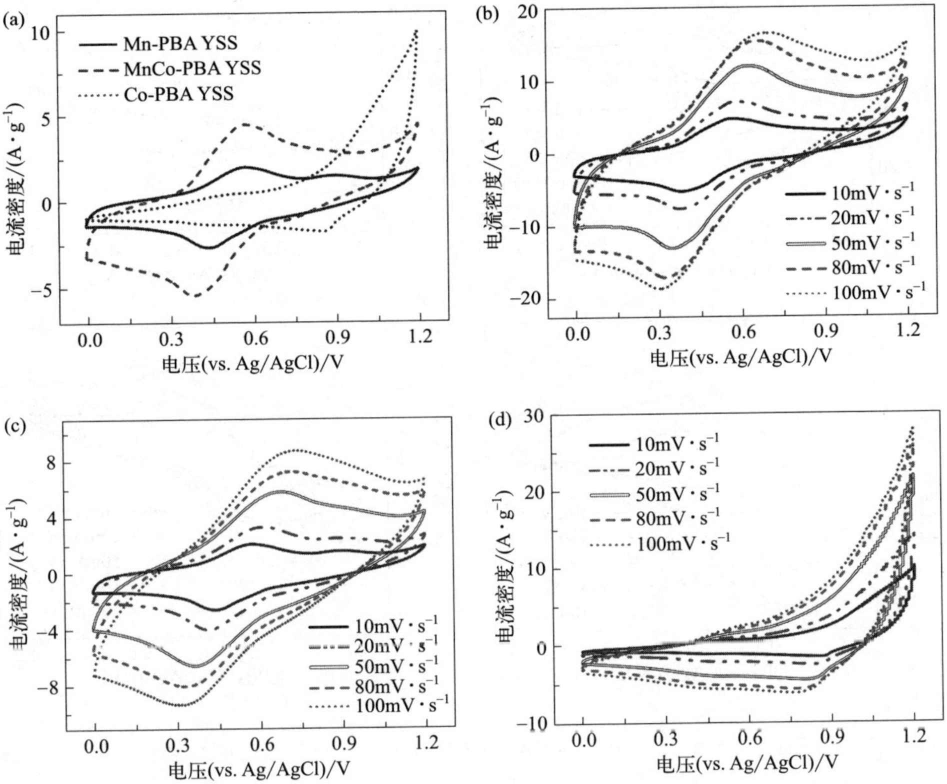

图 4.13

MnCo-PBA YSS、Mn-PBA YSS、Co-PBA YSS 在不同扫描速率下的 CV 曲线

(a) MnCo-PBA YSS、Mn-PBA YSS、Co-PBA YSS 在 $10mV \cdot s^{-1}$ 扫描速率下的 CV 曲线；(b) MnCo-PBA YSS；(c) Mn-PBA YSS；(d) Co-PBA YSS

充放电性能是评估超级电容器电极材料性能的另一个关键参数。如图 4.16(a)、图 4.16(b) 和图 4.16(c) 所示，随着电流密度的增大，MnCo-PBA YSS 的 GCD 曲线形状保持稳定，表明其具有优异的可逆性和倍率性能。引入 Co 后样品比容量显著变化，其中 Mn∶Co 比例为 5∶1 (MnCo-PBA YSS) 时，在 $1A \cdot g^{-1}$、$2A \cdot g^{-1}$、$5A \cdot g^{-1}$、$8A \cdot g^{-1}$ 和 $10A \cdot g^{-1}$ 时比容量分别为 $280.0F \cdot g^{-1}$、$173.9F \cdot g^{-1}$、$86.4F \cdot g^{-1}$、$54.3F \cdot g^{-1}$ 和 $42.9F \cdot g^{-1}$，图 4.18 由图 4.17 计算得到，结合图 4.16(d) 和图 4.18，MnCo-PBA YSS 在系列样品中比容量最高。

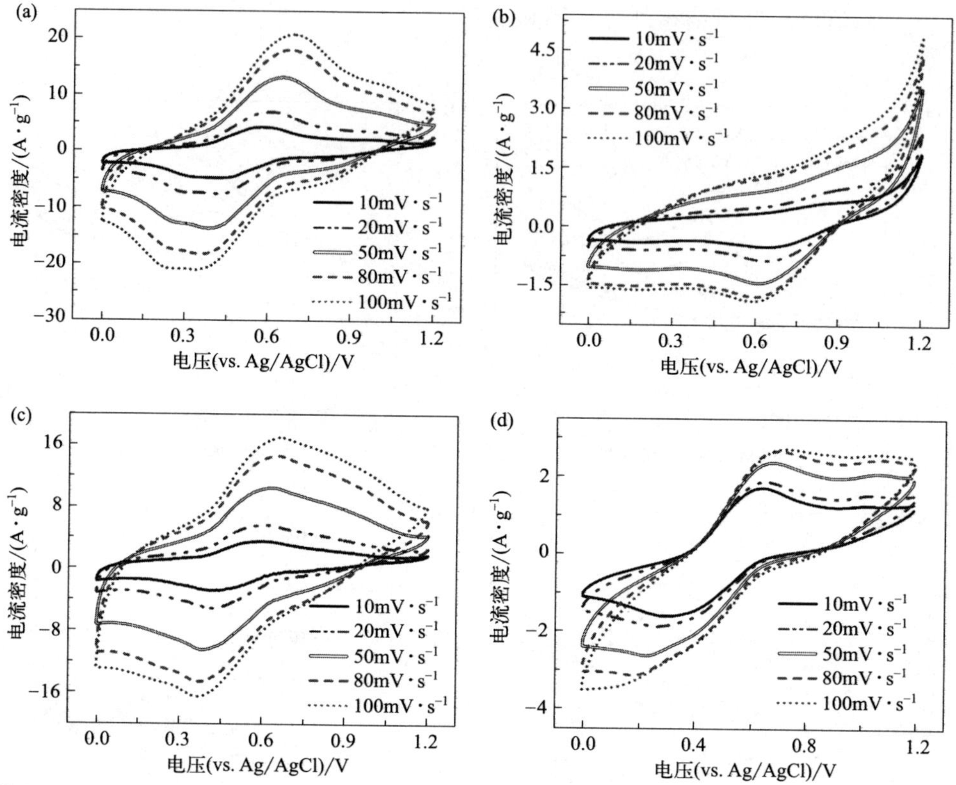

图 4.14

MnCo-PBA YSS（3：1）、MnCo-PBA YSS（4：1）、MnCo-PBA YSS（6：1）与 MnCo-PBA NC 的 CV 曲线

(a) MnCo-PBA YSS（3：1）；(b) MnCo-PBA YSS（4：1）；(c) MnCo-PBA YSS（6：1）；(d) MnCo-PBA NC

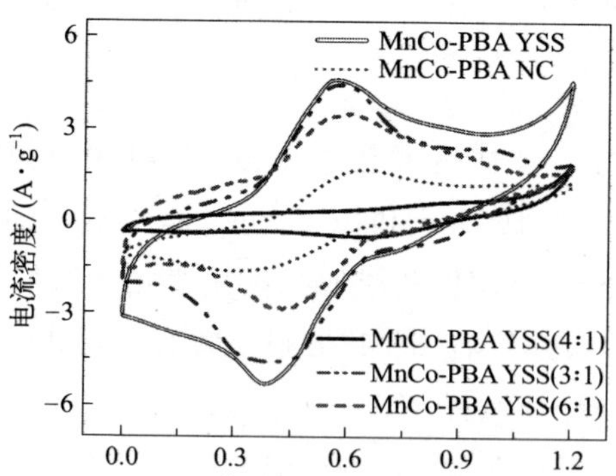

图 4.15

不同 Mn、Co 比例的 MnCo-PBA YSS 在 10mV · s^{-1} 下的 CV 曲线

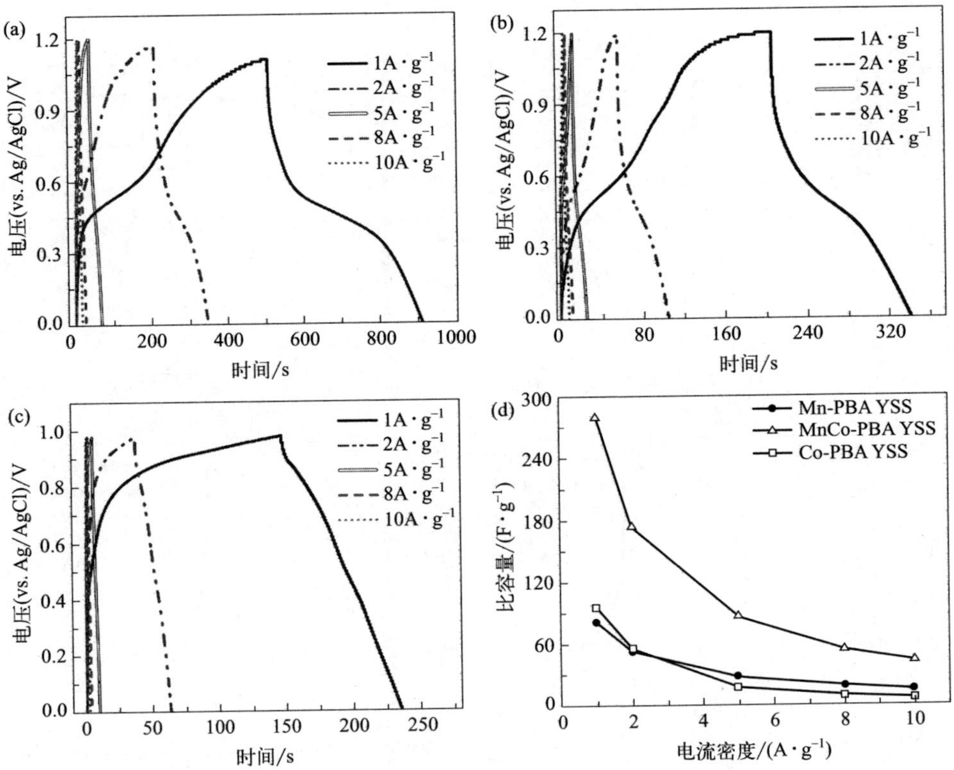

图 4.16

MnCo-PBA YSS、Mn-PBA YSS、Co-PBA YSS 的 GCD 曲线和比容量

（a）MnCo-PBA YSS 的 GCD 曲线；（b）Mn-PBA YSS 的 GCD 曲线；（c）Co-PBA YSS 的 GCD 曲线；（d）MnCo-PBA YSS、Mn-PBA YSS、Co-PBA YSS 的比容量

图 4.19(a) 为 Mn-PBA YSS、Co-PBA YSS 和 MnCo-PBA YSS 的 EIS 曲线和等效电路图。所有曲线都由高频区的半圆和低频区的直线组成，其中半圆表示与电极的法拉第反应相关的 R_{ct}，半圆直径越小，电荷转移电阻越低[37,38]。MnCo-PBA YSS 的 R_{ct}（1.014Ω）低于 Mn-PBA YSS（2.744Ω）和 Co-PBA YSS（1.614Ω），表明 MnCo-PBA YSS 的电荷转移电阻更低，有利于电解液离子的传输。此外，经 5500 次循环后，MnCo-PBA YSS 容量保持率达 70.1%[图 4.19(b)]。插图是 MnCo-PBA YSS 经充放电循环后的 TEM 图，与循环前的 MnCo-PBA YSS 相比，循环后的 MnCo-PBA YSS 的形貌虽略有变形，但蛋黄壳结构仍保持完整，这表明其具有良好的结构稳定性，可缓解充放电循环过程中的体积变化。与文献中报道的其他 MOFs 材料相比，该材料的性能

具有明显优势，如表 4.4 所示。

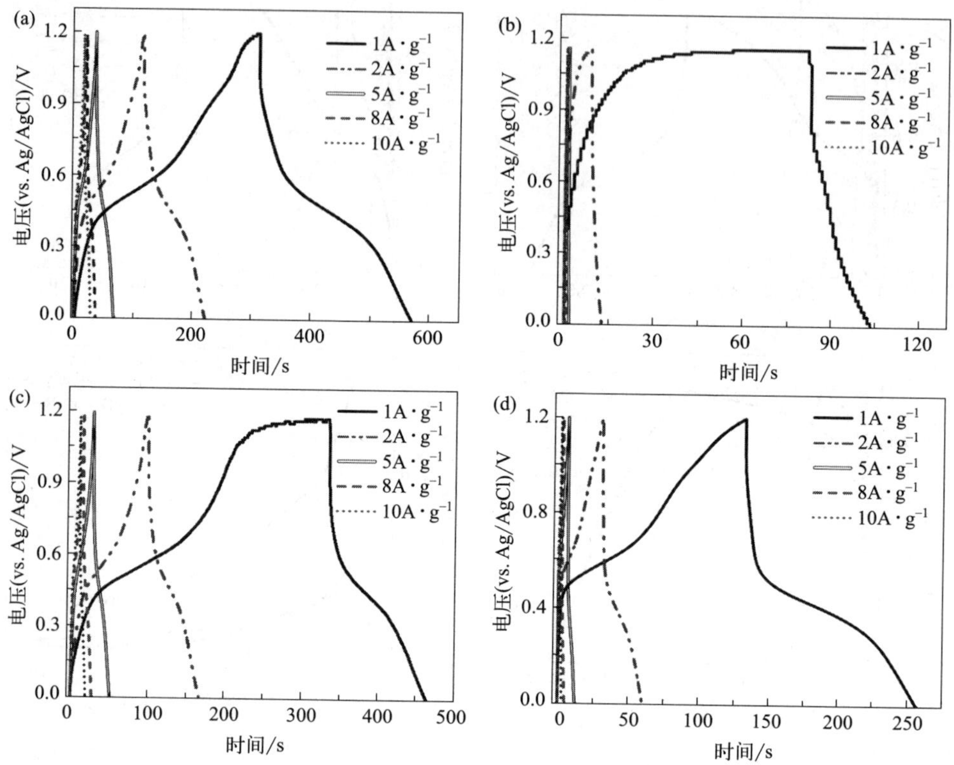

图 4.17

MnCo-PBA YSS（3∶1）、MnCo-PBA YSS（4∶1）、MnCo-PBA YSS（6∶1）和 MnCo-PBA NC 的 GCD 曲线

（a）MnCo-PBA YSS（3∶1）；（b）MnCo-PBA YSS（4∶1）；（c）MnCo-PBA YSS（6∶1）；（d）MnCo-PBA NC

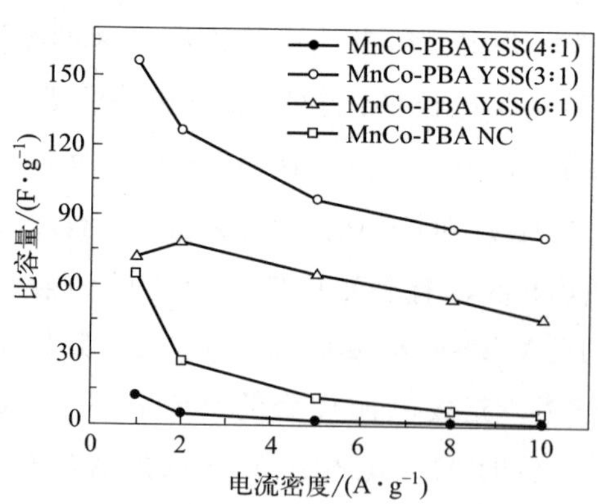

图 4.18

不同 Mn、Co 比例的 MnCo-PBA YSS 的比容量图

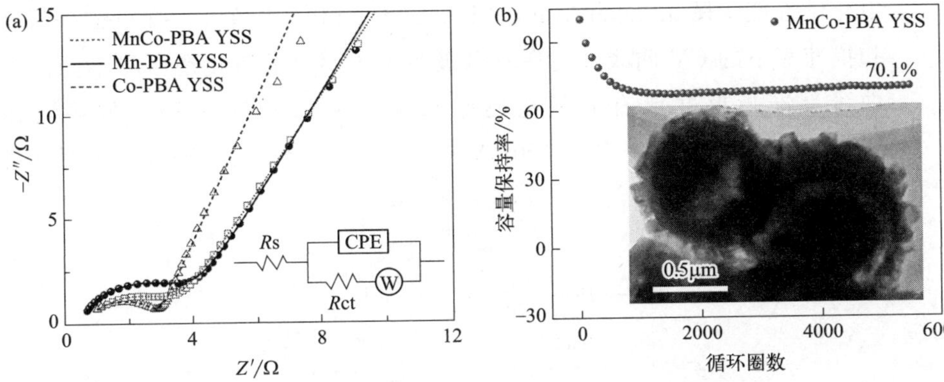

图 4.19

Mn-PBA YSS、Co-PBA YSS 和 MnCo-PBA YSS 的 EIS 图（a）与 MnCo-PBA YSS 寿命曲线（b）（插图：充放电循环后对应的 TEM 图）

表 4.4 MOFs 材料与其他文献的比较

样品	比容量/（$F \cdot g^{-1}$）	倍率性能	循环稳定性	文献
2D 导电 $Cu_3(HHTP)_2$	221.7（0.2$A \cdot g^{-1}$）	75%（0.2~4$A \cdot g^{-1}$）	—	[39]
Cu-BTC-MI MOF	260（0.8$A \cdot g^{-1}$）	22%（0.8~2$A \cdot g^{-1}$）	—	[40]
2D 导电 Ni-TTC	249（0.2$A \cdot g^{-1}$）	65%（0.2~5$A \cdot g^{-1}$）	80%（1800 循环）	[41]
Ti_3C_2TX/ZIF-67/CoV_2O_6	285.5（1$A \cdot g^{-1}$）	88.9%（1~5$A \cdot g^{-1}$）	94.4%（4000 循环）	[42]
rGO/Ni-MOF@PANI	204.08（0.5$A \cdot g^{-1}$）	79.4%（0.5~5$A \cdot g^{-1}$）	—	[43]
PB/rGO	286（0.3$A \cdot g^{-1}$）	61.2%（0.3~25$A \cdot g^{-1}$）	92.6%（1000 循环）	[23]
MnHCF/GO	279.3（0.3$A \cdot g^{-1}$）	—	65.3%（2000 循环）	[27]
MnHCF	202.8（1$A \cdot g^{-1}$）	30.1%（1~10$A \cdot g^{-1}$）	95.63%（8000 循环）	[37]
MnCo-PBA YSS	280（1$A \cdot g^{-1}$）	15.3%（1~10$A \cdot g^{-1}$）	70.1%（5500 循环）	本工作

近年来，HSCs 受到广泛关注，正负极的精准匹配是其高性能的关键。本书构建了 MnCo-PBA YSS//YP-50F HSCs，以 MnCo-PBA YSS

为正极，商用 YP-50F 为负极。在 1mol·L^{-1} Na_2SO_4 电解液中测试其电化学性能。图 4.20 为 MnCo-PBA YSS//YP-50F 在 10～100mV·s^{-1} 扫描速率下的 CV 曲线。与在三电极系统中明显的氧化还原峰不同，其曲线呈准矩形并伴有弱氧化还原峰，体现 EDLCs 和 PCs 的协同作用[44]。即使扫描速率升至 100mV·s^{-1}，曲线仍无明显畸变，表明其具有优异的倍率性能[36]。

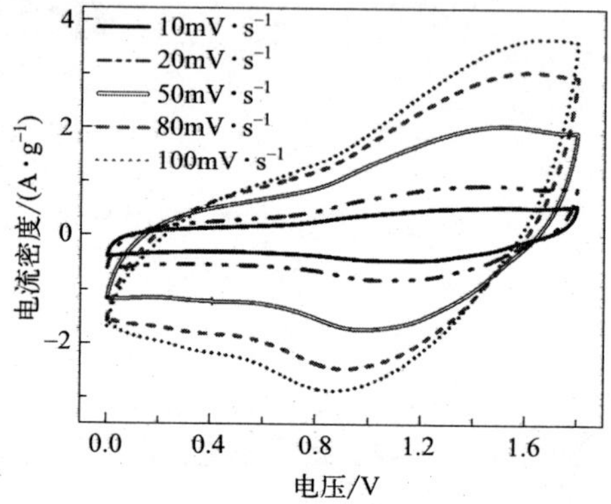

图 4.20

MnCo-PBA YSS//YP-50F 的 CV 曲线

为进一步分析 MnCo-PBA YSS//YP-50F 的电容行为，测试了其 GCD 曲线［图 4.21(a)］。充放电曲线呈不对称三角形并带有小平台，与 CV 结果一致。根据 MnCo-PBA YSS//YP-50F 的 GCD 曲线，计算了不同电流密度下的比容量，如图 4.21(b) 所示。在电流密度为 0.5A·g^{-1}、0.8A·g^{-1}、1A·g^{-1}、2A·g^{-1}、5A·g^{-1} 时，比容量分别为 28.3F·g^{-1}、25.0F·g^{-1}、23.1F·g^{-1}、18.2F·g^{-1}、10F·g^{-1}。低电流密度下，较小的浓度极化使充电更充分，且电极/电解液界面离子浓度充足，利于氧化还原反应进行，故比容量更高[45]。上述结果表明，MnCo-PBA YSS 是高性能超级电容器的理想电极材料，本研究为纳米结构的合理设计及制备提供了创新思路，同时证实其在 HSCs 器件中的巨大应用潜力。

综上，蛋黄壳结构 MnCo-PBA YSS 的优异电化学性能源于：①颗粒内部空隙及纳米颗粒组成的外壳可缓解充放电过程中的体积应变；②高比表面积与低配位水含量增大了电极/电解液接触面积，为 Na^+ 嵌入/脱出提供更多通道，加速电荷转移动力学；③低电荷转移电阻促进

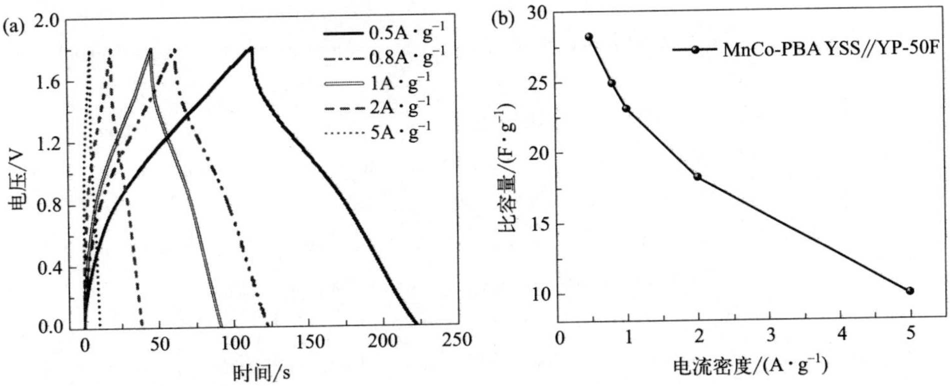

图 4.21
MnCo-PBA YSS//YP-50F 的 GCD 曲线（a）与比容量（b）

电解液离子传输。材料内部电子和电解液离子转移示意图见图 4.22。

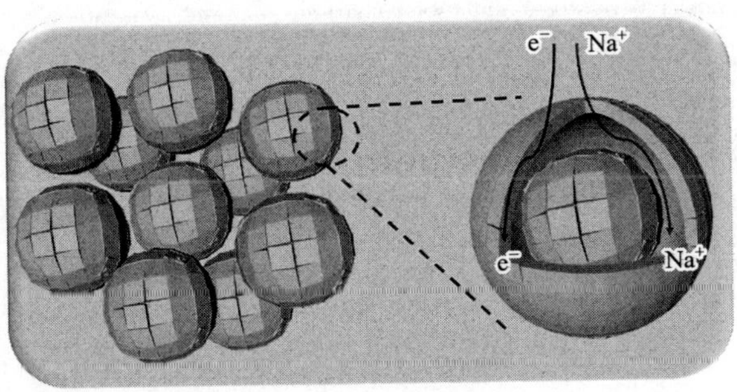

图 4.22
材料内部电子和电解液离子转移示意图

参 考 文 献

［1］ 胡会利，李宁．电化学测量［M］．北京：国防工业出版社，2007.

［2］ Scanlon D O，Morgan B J，Watson G W. Modeling the polaronic nature of p-type defects in Cu_2O：The failure of GGA and GGA＋U［J］. Journal of Chemical Physics，2009，131 (12)：124703.

［3］ Harichandran G，Radha S，Divya P，et al. Facile morphology-controlled synthesis of nano-structured $MnMoO_4$ nanorods as an advance electrode material for supercapacitor application ［J］. Journal of Materials Science：Materials in Electronics，2020，31（2）：1646-1653.

［4］ Yashima M，Suzuki R O. Electronic structure and magnetic properties of monoclinic β-$Cu_2V_2O_7$：A GGA＋U study［J］. Physical Review B-Condensed Matter and Materials Physics，2009，

79: 125201.

[5] Huang Y X, Yan C, Shi X, et al. $Ni_{0.85}Co_{0.15}WO_4$ nanosheet electrodes for supercapacitors with excellent electrical conductivity and capacitive performance [J]. Nano Energy, 2018, 48: 430-440.

[6] Li Y W, Yao J H, Liu C J, et al. Effect of interlayer anions on the electrochemical performance of Al-substituted α-type nickel hydroxide electrodes [J]. International Journal of Hydrogen Energy, 2010, 35 (6): 2539-2545.

[7] Wang T, Chen H C, Yu F, et al. Boosting the cycling stability of transition metal compounds-based supercapacitors [J]. Energy Storage Materials, 2019, 16: 545-573.

[8] Liu S D, Yin Y, Ni D X, et al. New insight into the effect of fluorine doping and oxygen vacancies on electrochemical performance of Co_2MnO_4 for flexible quasi-solid-state asymmetric supercapacitors [J]. Energy Storage Materials, 2019, 22: 384-396.

[9] Boota M, Hatzell K B, Beidaghi M, et al. Activated carbon spheres as a flowable electrode in electrochemical flow capacitors [J]. Journal of the Electrochemical Society, 2014, 161 (6): A1078-A1083.

[10] Wei X J, Hu W P, Peng H R, et al. High energy capacitors based on all metal-organic frameworks derivatives and solar-charging station application [J]. Small, 2019, 15 (30): 1902280.

[11] Song W L, Zhang Y, Varyambath A, et al. Guided assembly of well-defined hierarchical nanoporous polymers by lewis acid-base interactions [J]. ACS Nano, 2019, 13 (10): 11753-11769.

[12] Yu D B, Ge L, Wei X L, et al. A general route to the synthesis of layer-by-layer structured metal organic framework/graphene oxide hybrid films for high-performance supercapacitor electrodes [J]. Journal of Materials Chemistry A, 2017, 5 (32): 16865-16872.

[13] Duan F, Huang Y J, Han T, et al. Enhanced oxygen evolution reaction performance on NiS_x@Co_3O_4/nickel foam electrocatalysts with their photothermal property [J]. Inorganic Chemistry, 2023, 62 (30): 12119-12129.

[14] Wang J G, Zhang Z Y, Zhang X Y, et al. Cation exchange formation of Prussian blue analogue submicroboxes for high-performance Na-ion hybrid supercapacitors [J]. Nano Energy, 2017, 39: 647-653.

[15] Shinde P A, Lokhande V C, Chodankar N R, et al. Enhanced electrochemical performance of monoclinic WO_3 thin film with redox additive aqueous electrolyte [J]. Journal of Colloid and Interface Science, 2016, 483: 261-267.

[16] Lai F L, Huang Y P, Miao Y E, et al. Controllable preparation of multi-dimensional hybrid materials of nickel-cobalt layered double hydroxide nanorods/nanosheets on electrospun carbon nanofibers for high-performance supercapacitors [J]. Electrochimica Acta, 2015, 174: 456-463.

[17] Kumar R, Bag M. Quantifying capacitive and diffusion-controlled charge storage from 3D

bulk to 2D layered halide perovskite-based porous electrodes for efficient supercapacitor applications [J]. The Journal of Physical Chemistry C, 2021, 125 (31): 16946-16954.

[18] Shao J X, Feng J H, Zhou H, et al. Graphene aerogel encapsulated Fe-Co oxide nanocubes derived from Prussian blue analogue as integrated anode with enhanced Li-ion storage properties [J]. Applied Surface Science, 2019, 471: 745-752.

[19] Xu L, Xi Y K, Li W B, et al. 3D frame-like architecture of N-C-incorporated mixed metal phosphide boosting ultrahigh energy density pouch-type supercapacitors [J]. Nano Energy, 2022, 91: 106630.

[20] Li Q P, Deng R S, Chen Y X, et al. Homologous heterostructured NiS/NiS_2@C hollow ultrathin microspheres with interfacial electron redistribution for high-performance sodium storage [J]. Small, 2023, 19 (42): e2303642.

[21] Shinde P A, Seo Y, Ray C, et al. Direct growth of WO_3 nanostructures on multi-walled carbon nanotubes for high-performance flexible all-solid-state asymmetric supercapacitor [J]. Electrochimica Acta, 2019, 308: 231-242.

[22] Jin L N, Liu P, Jin C, et al. Porous WO_3/graphene/polyester textile electrode materials with enhanced electrochemical performance for flexible solid-state supercapacitors [J]. Journal of Colloid and Interface Science, 2018, 510: 1-11.

[23] Wang J G, Ren L B, Hou Z D, et al. Flexible reduced graphene oxide/Prussian blue films for hybrid supercapacitors [J]. Chemical Engineering Journal, 2020, 397: 125521.

[24] Yin X, Li H, Yuan R, et al. General formation of Prussian blue analogue microtubes for high-performance Na-ion hybrid supercapacitors [J]. Science China Materials, 2020, 63 (5): 739-747.

[25] Zhang G W, Yao H, Zhang F, et al. A high over-potential binder-free electrode constructed of Prussian blue and MnO_2 for high performance aqueous supercapacitors [J]. Nano Research, 2019, 12 (5): 1061-1069.

[26] Luo M, Dou Y Y, Kang H, et al. A novel interlocked Prussian blue/reduced graphene oxide nanocomposites as high-performance supercapacitor electrodes [J]. Journal of Solid State Electrochemistry, 2015, 19 (6): 1621-1631.

[27] Yang T T, Gao J, Zhou L H, et al. Tailored manganese hexacyanoferrate/graphene oxide nanocomposites: One-pot facile synthesis and favorable capacitance behavior for supercapacitors [J]. Journal of Materials Science: Materials in Electronics, 2020, 31 (3): 2720-2728.

[28] Liang Q H, Ye L, Huang Z H, et al. A honeycomb-like porous carbon derived from pomelo peel for use in high-performance supercapacitors [J]. Nanoscale, 2014, 6 (22): 13831-13837.

[29] Qiu X M, Liu Y C, Wang L N, et al. Reverse microemulsion synthesis of nickel-cobalt hexacyanoferrate/reduced graphene oxide nanocomposites for high-performance supercapacitors and sodium ion batteries [J]. Applied Surface Science, 2018, 434: 1285-1292.

[30] Wu C, Cai J J, Zhang Q B, et al. Hierarchical mesoporous zinc-nickel-cobalt ternary oxide nanowire arrays on nickel foam as high-performance electrodes for supercapacitors [J]. ACS Applied Materials & Interfaces, 2015, 7 (48): 26512-26521.

[31] Wang S C, Gu M, Pan L, et al. The interlocked in situ fabrication of graphene@Prussian blue nanocomposite as high-performance supercapacitor [J]. Dalton Transactions, 2018, 47 (37): 13126-13134.

[32] Guo Z H, Zhang D, Wei S Y, et al. Effects of iron oxide nanoparticles on polyvinyl alcohol: Interfacial layer and bulk nanocomposites thin film [J]. Journal of Nanoparticle Research, 2010, 12 (7): 2415-2426.

[33] Liu Y, Zhou J Y, Fu W B, et al. *In situ* synthesis of CoS_x@carbon core-shell nanospheres decorated in carbon nanofibers for capacitor electrodes with superior rate and cycling performances [J]. Carbon, 2017, 114: 187-197.

[34] Wu Z B, Pu X L, Ji X B, et al. High energy density asymmetric supercapacitors from mesoporous $NiCo_2S_4$ nanosheets [J]. Electrochimica Acta, 2015, 174: 238-245.

[35] Wang J, Zhong Q, Xiong Y H, et al. Fabrication of 3D Co-doped Ni-based MOF hierarchical micro-flowers as a high-performance electrode material for supercapacitors [J]. Applied Surface Science, 2019, 483: 1158-1165.

[36] Hsieh M C, Chen B H, Hong Z Y, et al. Fabrication of 5 V high-performance solid-state asymmetric supercapacitor device based on MnO_2/graphene/Ni electrodes [J]. Catalysts, 2022, 12 (5): 572.

[37] Ju H, Lang H L, Yi T F, et al. Solid-state synthesis of diminutively granular and highly crystalline manganese hexacyanoferrate for a supercapacitor electrode [J]. CrystEngComm, 2024, 26 (8): 1133-1140.

[38] Ju H, Yang J X, Guo X Y, et al. Prussian blue analogue-derived Co_3O_4/Fe_2O_3 with a partially hollow and octahedral structure for high-performance supercapacitors [J]. Dalton Transactions, 2024, 53 (6): 2626-2634.

[39] Iqbal M Z, Shaheen M, Khan M W, et al. The rise of 2D conductive metal-organic framework: $Cu_3(HHTP)_2$ d-π MOF for integrated battery-supercapacitor hybrids [J]. Materials Today Sustainability, 2023, 22: 100331.

[40] Zahir Iqbal M, Khan M W, Shaheen M, et al. 1,2,4,5-benzene-tetra-carboxylic acid and 2-methylimidazole bi-linker intercalated redox active copper organic framework for advanced battery-supercapacitor hybrids [J]. Journal of Electroanalytical Chemistry, 2023, 941: 117505.

[41] Chang Z X, Zhu M S, Sun Y, et al. A conductive 2D conjugated tetrathia [8] circulene-based nickel metal-organic framework for energy storage [J]. Advanced Functional Materials, 2023, 33 (32): 2301513.

[42] Chettiannan B, Dhandapani E, Arumugam G, et al. Metal-organic frameworks: A comprehensive review on common approaches to enhance the energy storage capacity in super-

capacitor [J]. Coordination Chemistry Reviews, 2024, 518: 216048.

[43] Khuyen N Q, Kiefer R, Le Q B. rGO/Ni-MOF composite modified with PANI applied as electrode materials for supercapacitor [J]. Chemistry Letters, 2023, 52 (1): 17-21.

[44] Choi J, Lee J, Lim J, et al. PEDOT/Cobalt hexacyanoferrate free-standing films for high-performance quasi-solid-state asymmetric supercapacitor [J]. Journal of Alloys and Compounds, 2022, 914: 165365.

[45] Shokry A, Elshaer A M, El Nady J, et al. High energy density and specific capacity for supercapacitor based on electrochemical synthesized polyindole [J]. Electrochimica Acta, 2022, 423: 140614.

第5章

MOFs衍生金属氧化物的电化学性能测试

5.1 电荷存储动力学

5.1.1 b 值分析法

根据 Dunn 的方法计算和分析样品的反应动力学过程，对电极材料进行不同扫描速率的 CV 测试，提取曲线中的电流 i 和对应的扫描速率 v，二者遵循幂律方程，见式(5.1)，据此可定性地分析电极的扩散控制过程和表面控制过程（包括双电层和赝电容过程）[1]。

$$i = av^b \tag{5.1}$$

式中，a 和 b 是常数。

对式(5.1) 两边同时取对数，得式(5.2)：

$$\lg i = \lg a + b\lg v \tag{5.2}$$

以 $\lg v$ 为横坐标，$\lg i$ 为纵坐标，绘制 $\lg v$-$\lg i$ 的曲线，得到 a 和 b。当 $b=0.5$ 时，电极材料的储能仅为扩散控制，即为电池型，电流响应服从电解离子嵌入/脱出的扩散限制机制，根据 Randles-Sevcik 方程见式(5.3)[2,3]：

$$i_p = 0.45nFAC'\left(\frac{nFvD}{RT}\right)^{0.5} \tag{5.3}$$

式中，n 为电荷转移数；F 为法拉第常数；A 为电极的活性面积；C'为活性电极的表面浓度；D 为离子扩散系数；R 为摩尔气体常数；T 为温度。

当 $b=1$ 时，电极材料的储能过程仅受电容控制，即为双电层或电容型，电流响应与扫描速率接近线性关系，遵循非扩散控制的表面控制过程（包括双电层电容和表面赝电容），见式(5.4)[2,4]：

$$i_p = vAC \tag{5.4}$$

式中，C 为容量。

而当 b 在 0.5～1 之间时，说明电极材料的储能过程既包括电容型，又包括电池型。

5.1.2 电容占比分析法

为了进一步区分并量化表面电容对整体电流响应的贡献，根据 CV

曲线，给定电位（V）下的电流大小随氧化还原反应控制机制而波动。扩散控制电流随扫描速率的平方根 $v^{1/2}$ 变化，表面控制电流随扫描速率 v 变化。因此，在特定电位下，表面控制贡献的比例可由式(5.5) 定量计算：

$$i(V)=k_1 v+k_2 v^{1/2} \tag{5.5}$$

式中，$i(V)$ 为给定电位下的电流；$k_1 v$ 和 $k_2 v^{1/2}$ 分别对应于表面控制和扩散控制的贡献。

式(5.5) 可以改写成式(5.6)：

$$i(V)/v^{1/2}=k_1 v^{1/2}+k_2 \tag{5.6}$$

对应的电流值 $i(V)$ 由 CV 曲线得到，k_1 和 k_2 值分别由 $v^{1/2}$-$i(V)/v^{1/2}$ 作图的斜率和截距求得。利用式(5.6) 可分析表面控制过程（电流 i 与 v 成比例）和扩散控制过程（电流 i 与 $v^{1/2}$ 成比例），进而计算特定电位下不同扫描速率时表面控制过程的贡献 $k_1 v$。对所有选定电压进行分析后，可得到不同扫描速率下表面控制过程的贡献及其与总电容的比值。需要指出的是，对于类似电池的扩散控制电极材料而言，扫描速率不宜过大，一般不超过 $5\text{mV} \cdot \text{s}^{-1}$，否则过大的极化会导致拟合误差增大[5]。

5.2 MOFs 衍生部分中空八面体结构 Co_3O_4/Fe_2O_3

为研究材料在氧化还原反应过程中的电化学行为，采用电化学工作站测试材料的 CV、EIS、GCD 等性能。图 5.1(a)～(e) 分别为 CFMO-PVP-2、CFMO-0、CFMO-SC-1、CFMO-SC-2 和 CFMO-PVP-1 在不同扫描速率下的 CV 曲线，均呈现一对氧化还原峰，表现出赝电容特征。随着扫描速率的增加，曲线形状基本保持不变，这证实电极材料具有优异的电化学性能及良好的倍率性能[6]。

为探讨 OH^- 在 CFMO-0、CFMO-SC-1、CFMO-SC-2、CFMO-PVP-1 和 CFMO-PVP-2 氧化还原反应中的扩散动力学特性，通过计算其扩散系数对材料的扩散行为进行评价，见式(4.2)[7]。根据不同样品在不同扫描速率下的 CV 曲线[图 5.1(a)～(e)]，得到 i_p 并拟合[图 5.1(f)]。根据 i_p 与 $v^{1/2}$ 的线性关系，计算得到阳极和阴极的扩散系数 D，见表 5.1。CFMO-PVP-2 的 D 值明显较高，表明其 OH^- 扩散动力学性能更优。

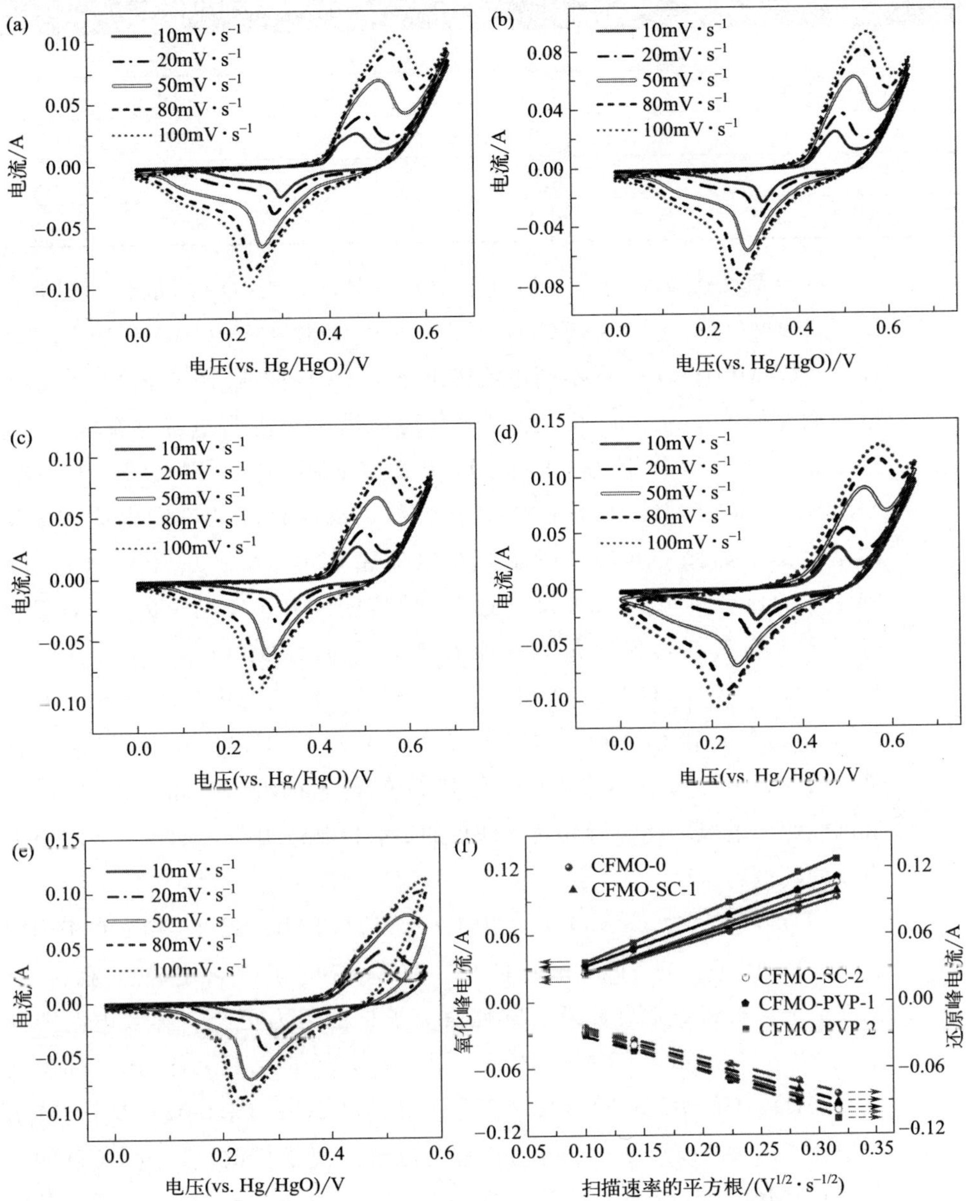

图 5.1

CFMO-PVP-2、CFMO-0、CFMO-SC-1、CFMO-SC-2、CFMO-PVP-1 的 CV 曲线以及扫描速率和峰值电流的关系

(a) CFMO-PVP-2 CV 曲线；(b) CFMO-0 CV 曲线；(c) CFMO-SC-1 CV 曲线；(d) CFMO-SC-2 CV 曲线；(e) CFMO-PVP-1 CV 曲线；(f) 扫描速率和峰值电流的关系

表 5.1 CFMO-0、CFMO-SC-1、CFMO-SC-2、CFMO-PVP-1、CFMO-PVP-2 的 OH^- 扩散系数

样品	OH^- 的扩散系数 $D/(\times 10^{-7}cm^2 \cdot s^{-1})$	
	阳极	阴极
CFMO-0	3.33	2.56
CFMO-SC-1	3.77	3.11
CFMO-SC-2	4.58	3.76
CFMO-PVP-1	4.54	3.15
CFMO-PVP-2	6.23	4.31

在电流密度 $5A \cdot g^{-1}$ 时，CFMO-PVP-2 的放电时间最长，比容量优于 CFMO-0、CFMO-SC-1、CFMO-SC-2 和 CFMO-PVP-1[图 5.2(a)]。CFMO-PVP-2 在不同电流密度下的 GCD 曲线[图 5.2(b)]显示了电池型充放电平台，证明其通过氧化还原反应产生赝电容储存能量[8]。图 5.2(b)～(f)分别为 CFMO-PVP-2、CFMO-0、CFMO-SC-1、CFMO-SC-2 和 CFMO-PVP-1 的 GCD 曲线，据此计算的不同电流密度下的比容量，如图 5.3(a) 所示，在电流密度 $0.5A \cdot g^{-1}$ 下，CFMO-PVP-2 的比容量可达 $659.7F \cdot g^{-1}$；电流密度升至 $10A \cdot g^{-1}$，容量保持率为 54.6%；其比容量和倍率性能均优于 CFMO-0（$467.9F \cdot g^{-1}$，42.8%）、CFMO-SC-1（$499.5F \cdot g^{-1}$，45.8%）、CFMO-SC-2（$636.8F \cdot g^{-1}$，43.8%）和 CFMO-PVP-1（$363.1F \cdot g^{-1}$，48.6%）。值得注意的是，CFMO-PVP-1 比容量最低，但其 D 值高于 CMFO-0 和 CMFO-SC-1，这可能源于电极电化学行为偏离理想的扩散控制过程[9]，而后二者则具有更高的赝电容贡献[2]。

图 5.3(b) 为 CFMO-0、CFMO-SC-1、CFMO-SC-2、CFMO-PVP-1 和 CFMO-PVP-2 的 EIS 图。在低频区域，CFMO-PVP-2 电极呈直线，且比其他电极材料更垂直，说明电解液离子扩散阻力更小。等效电路图如图 5.3(b) 所示，CFMO-PVP-2 的 R_{ct} 为 6.67Ω，低于 CFMO-0（12.35Ω）、CFMO-SC-1（10.05Ω）、CFMO-SC-2（9.09Ω）及 CFMO-PVP-1（13.89Ω），更利于电荷转移与电解液离子扩散。通过 GCD 测试评估 CFMO-PVP-2 的循环稳定性和库仑效率，如图 5.4(a) 所示，其电极库仑效率较低且电容衰减较明显。初始 600 次循环中，电容衰减约 30%，可能源于颗粒的粉碎和润湿不足[10]，1300 次循环后趋于稳定，6000 次循环后容量保持率仅为 63.7%。与 MOFs 衍生金属氧化物的电极材料相比，CFMO-PVP-2 在中性电解液中表现出一定优势，见表 5.2。

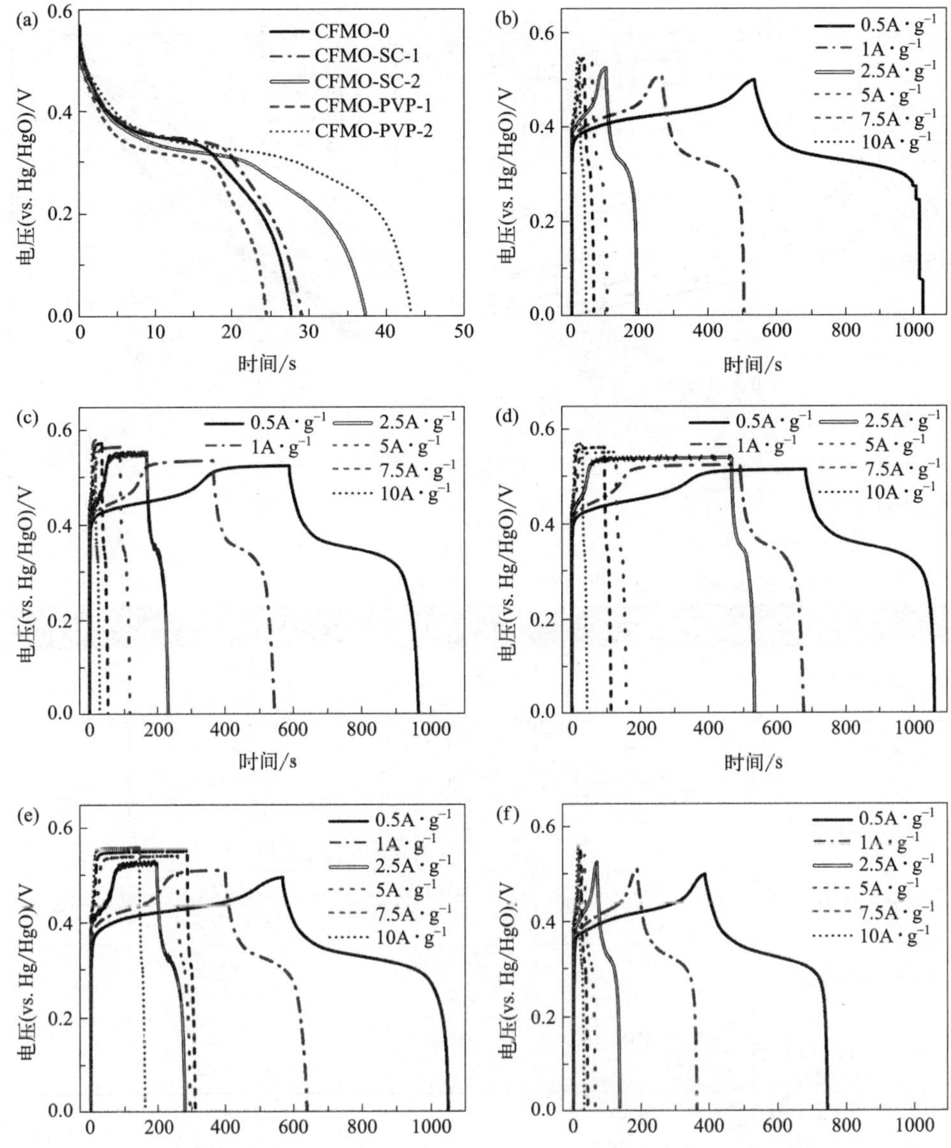

图 5.2

CFMO-0、CFMO-SC-1、CFMO-SC-2、CFMO-PVP-1 和 CFMO-PVP-2 的放电曲线与 GCD 曲线

(a) CFMO-0、CFMO-SC-1、CFMO-SC-2、CFMO-PVP-1 和 CFMO-PVP-2 在 $5A \cdot g^{-1}$ 时的放电曲线；(b) CFMO-PVP-2 GCD 曲线；(c) CFMO-0 GCD 曲线；(d) CFMO-SC-1 GCD 曲线；(e) CF-MO-SC-2 GCD 曲线；(f) CFMO-PVP-1 GCD 曲线

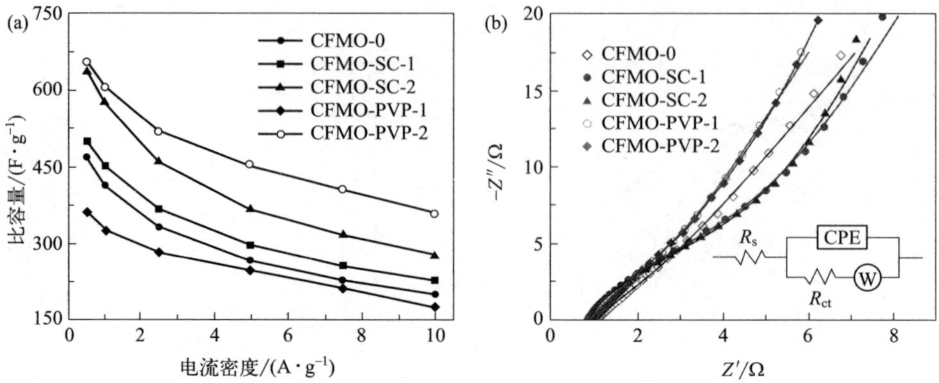

图 5.3

CFMO-0、CFMO-SC-1、CFMO-SC-2、CFMO-PVP-1、CFMO-PVP-2 的比容量（a）与 EIS 曲线（b）

表 5.2 MOFs 衍生金属氧化物电极材料的电化学性能

样品	比容量/（$F\cdot g^{-1}$）	倍率性能	循环稳定性	参考文献
MoO_3/NiO/C	548.41（$1A\cdot g^{-1}$）	—	99.67%（8000 循环）	[11]
三维多孔碳/Co_3O_4	423（$1A\cdot g^{-1}$）	85.7%（$10A\cdot g^{-1}$）	83%（2000 循环）	[12]
Mn_2O_3/Co_3O_4	478.7（$0.5A\cdot g^{-1}$）	60.8%（$10A\cdot g^{-1}$）	116.4%（2500 循环）	[13]
CuO/NiO/Co_3O_4	262.5（$1A\cdot g^{-1}$）	60.3%（$10A\cdot g^{-1}$）	107.9%（3000 循环）	[14]
叶子形 D-$NiCo_2O_4$	667（$5A\cdot g^{-1}$）	67.8%（$60A\cdot g^{-1}$）	95%（2000 循环）	[15]
NF/G/$NiCo_2O_4$	1410（$2A\cdot g^{-1}$）	94.2%（$4A\cdot g^{-1}$）	71.5%（1500 循环）	[16]
CeO_2@NiFe 层状双金属氢氧化物	516.5（$1A\cdot g^{-1}$）	—	83.4%（5000 循环）	[17]
NiO	473（$0.5A\cdot g^{-1}$）	—	94%（3000 循环）	[18]
CFMO-PVP-2	654.5（$0.5A\cdot g^{-1}$）	75%（$5A\cdot g^{-1}$）	67.4%（13000 循环）	本工作

为探究以 CFMO-PVP-2 为正极、YP-50F 为负极的 HSC（CFMO-PVP-2//YP-50F）的性能，对其进行电化学性能测试。图 5.4(b) 为 CFMO-PVP-2//YP-50F 在 10～100$mV\cdot s^{-1}$ 下的 CV 曲线。不同扫描

速率下均出现一对对称的氧化还原峰，高扫描速率时曲线无明显畸变，表明反应可逆性良好[6]。CFMO-PVP-2//YP-50F 的 GCD 曲线如图 5.4(c) 所示，在 0.5～10A·g^{-1} 范围内呈较对称的三角形，显示出良好的倍率性能[6]。

图 5.4(d) 为 CFMO-PVP-2//YP-50F 在 100mV·s^{-1} 下的循环稳定性曲线，初始循环中比容量有所下降，3000 次循环后保持率为 76.70%。CFMO-PVP-2//YP-50F 与金属氧化物或氢氧化物-碳材料组成的 HSCs 相比，具有一定优势，见表 5.3。此外，图 5.5 揭示了 CFMO-PVP-2 部分中空八面体结构的优势：八面体表面和内部的氧化物颗粒可促进电子传递，结构内部的开放空隙利于电解液离子扩散，结合低电阻（R_w 和 R_{ct}）和高 OH^- 扩散系数（D），确保更多区域参与反应，从而提升性能。

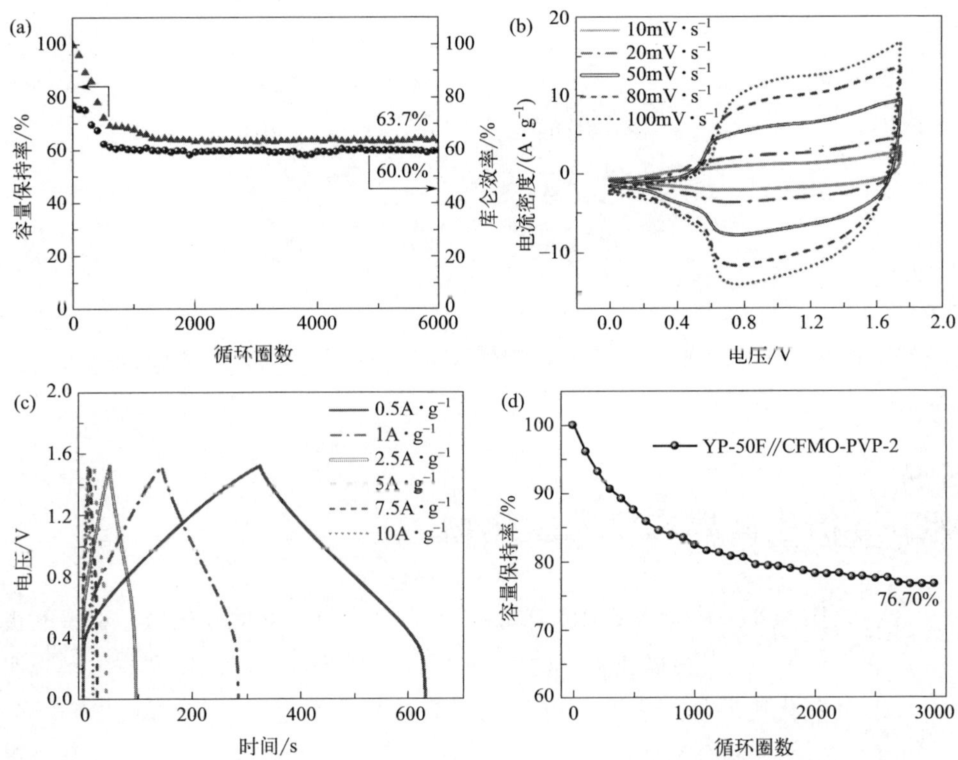

图 5.4

CFMO-PVP-2 的循环寿命和库仑效率以及 CFMO-PVP-2//YP-50F 的电化学性能测试

(a) CFMO-PVP-2 的循环寿命和库仑效率；CFMO-PVP-2//YP-50F：(b) CV 曲线，(c) GCD 曲线，(d) 循环寿命图

表 5.3 金属氧化物或氢氧化物与碳材料构成的电容器性能比较

样品	比容量/(F·g^{-1})	最大能量密度/(Wh·kg^{-1})	最大功率密度/(W·kg^{-1})	参考文献
$NiCo_2O_4$-NiO//活性炭	82.1(1A·g^{-1})	40.1	8750	[19]
Ni-Co 氢氧化物/石墨烯//活性炭	55(1A·g^{-1})	23.4	29841	[20]
双层 NiO 纳米球//活性炭	68.5(0.5A·g^{-1})	21.4	7500	[18]
Ni-Co 氢氧化物/石墨烯/泡沫镍//活性炭	108(1A·g^{-1})	33.75	7500	[16]
三维多孔碳/Co_3O_4//活性炭	60.7(1A·g^{-1})	21.1	790	[12]
$Ni(OH)_2$/超薄石墨泡沫//微波活化氧化石墨	119(1A·g^{-1})	13.4	8500	[21]
$NiCoO_4$@$Co_{0.33}Ni_{0.67}(OH)_2$//CMK-3	87.9(5mA·cm^{-2})	31.2	3960	[22]
CFMO-PVP-2//YP-50F	82.5(0.5A·g^{-1})	31.4	8421	本工作

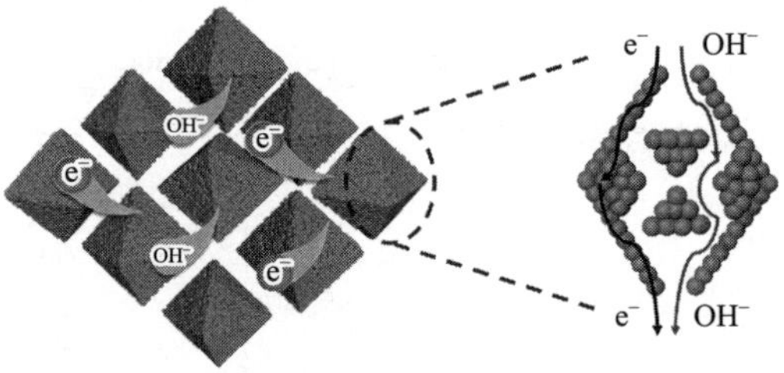

图 5.5

电子和电解液离子在 CFMO-PVP-2 内的转移示意图

5.3
MOFs 衍生低晶态金属氧化物

图 5.6(a) 为 MCMO-PVP-450、MCMO-450 和 MCMO-650 电极在 20mV·s^{-1} 扫描速率下的 CV 曲线，三个样品在 0.5V 左右均呈现明显的氧化还原峰，表明其储能机制为法拉第赝电容，MCMO-PVP-450 的 CV 曲线积分面积大于 MCMO-450 和 MCMO-650，说明其比容量更高。图 5.6(b) 为 MCMO-PVP-450 在 10～100mV·s^{-1} 扫描速率下的 CV 曲线，随着扫描速率增大，阳极峰正移，阴极峰负移，且阴阳极峰电位差逐渐增加，这主要归因于缓慢动力学引起的电化学极化[23]。

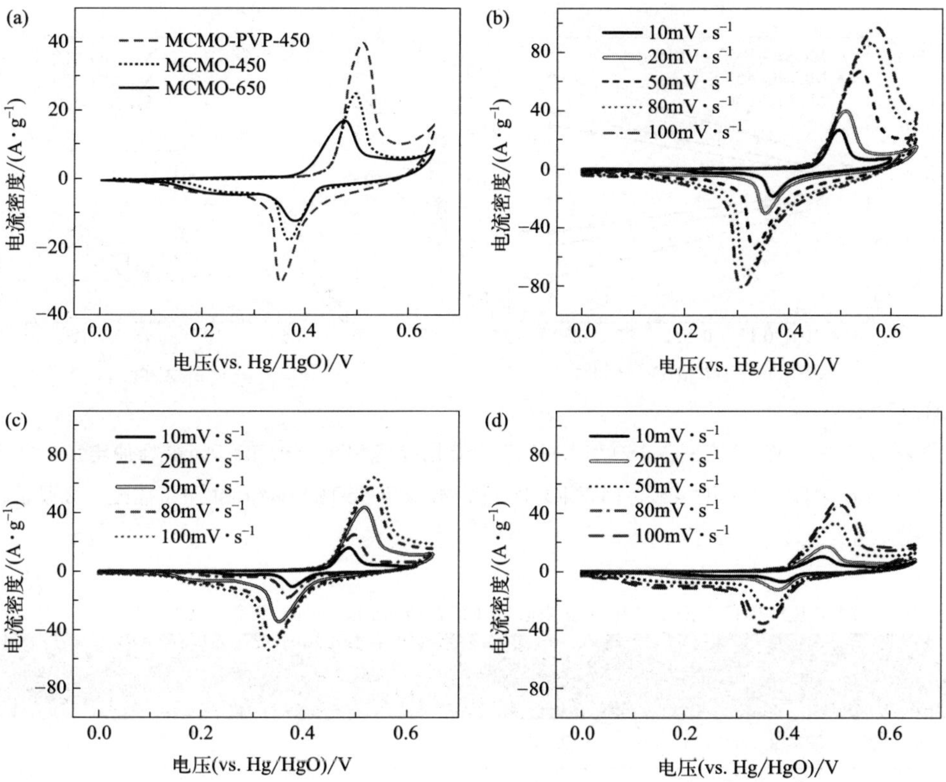

图 5.6

MCMO PVP 450、MCMO 450 和 MCMO-650 在 20mV · s^{-1} 扫描速率下的 CV 曲线，以及不同扫描速率下的 CV 曲线

(a) MCMO-PVP-450、MCMO-450 和 MCMO-650 在 20mV · s^{-1} 扫描速率下的 CV 曲线；不同扫描速率下的 CV 曲线：(b) MCMO-PVP-450，(c) MCMO-450，(d) MCMO-650

为了探究 MCMO-PVP-450、MCMO-450 和 MCMO-650 中发生氧化还原反应时 OH^- 的扩散行为，通过分析不同扫描速率下阳/阴极峰值电流的变化规律评估其扩散速率，并依据 Randles-Sevcik 公式(5.3) 计算 OH^- 扩散系数 D[24]。基于图 5.6(b)～(d)中不同扫描速率的 CV 曲线，得到阳/阴极峰值电流 i_p，根据图 5.7(a) 中 i_p 与 $v^{1/2}$ 的关系，计算得 D 如表 5.4 所示。MCMO-PVP-450 的阳/阴极扩散系数明显大于 MCMO-450 和 MCMO-650，表明其 OH^- 扩散速率更快，反应可逆性更好[23]。这源于 MCMO-PVP-450 的低晶态特征，可优化 OH^- 的嵌入/脱出动力学，促进电荷迁移[25]，故低晶态材料相较于高晶态金属氧化物，更利于提升 KOH 电解液中的离子扩散速率。

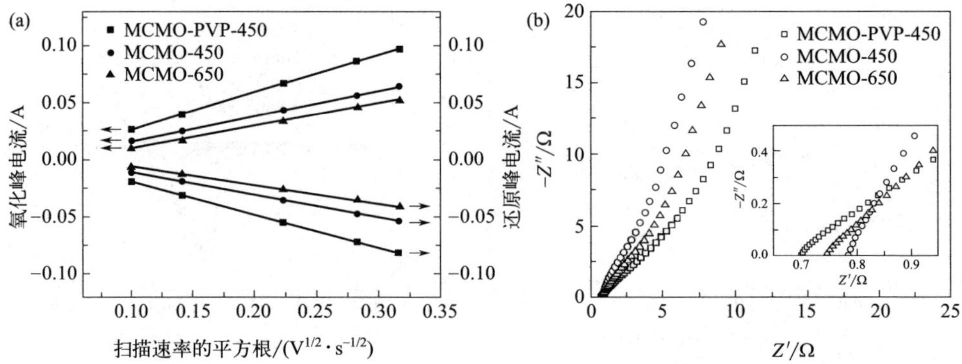

图 5.7

MCMO-PVP-450、MCMO-450 和 MCMO-650 扫描速率平方根和阳/阴极峰值电流的关系（a）以及 MCMO-PVP-450、MCMO-450 和 MCMO-650 的 Nyquist 图（插图：高频区域的放大图）（b）

表 5.4　MCMO-PVP-450、MCMO-450 和 MCMO-650 的 OH^- 扩散系数

样品	OH^- 的扩散系数 D/（$\times 10^{-7}cm^2 \cdot s^{-1}$）	
	阳极	阴极
MCMO-PVP-450	3.56	2.83
MCMO-450	1.68	1.37
MCMO-650	1.33	0.86

MCMO-PVP-450、MCMO-450 和 MCMO-650 电极的 Nyquist 图见图 5.7(b)。可以明显看到 MCMO-PVP-450 电极的 ESR 小于 MCMO-450 和 MCMO-650，说明 MCMO-PVP-450 电极具有较高的导电性，降低了 OH^- 在电极材料中的扩散阻力。但其低频区域 Warburg 阻抗略大于 MCMO-450 和 MCMO-650，可能与 MCMO-PVP-450 结构无序、缺陷及微观结构复杂性有关，这与文献报道的现象一致[26]。

图 5.8(a) 为 MCMO-PVP-450、MCMO-450 和 MCMO-650 在电流密度 $1A \cdot g^{-1}$ 时的放电曲线，均呈现明显的平台，表明其具有电池型电容存储特性，且 MCMO-PVP-450 的放电时间更长，表明其电荷存储能力更好，与 CV 曲线分析结果一致。图 5.8(b) 为 MCMO-PVP-450 在不同电流密度下的 GCD 曲线，充放电曲线对称性良好，证明其具有良好的可逆性和优异的倍率性能。基于图 5.8(b)～(d)中不同电流密度的放电曲线，计算得比容量如图 5.9(a) 所示。MCMO-PVP-450 在

1A·g^{-1}、2A·g^{-1}、3A·g^{-1}、5A·g^{-1} 和 10A·g^{-1} 下的比容量分别为478.7F·g^{-1}、430.4F·g^{-1}、400.9F·g^{-1}、357.6F·g^{-1} 和 291.0F·g^{-1}，电流密度从 1A·g^{-1} 升至 10A·g^{-1} 容量保持率为 60.8%，高于 MCMO-450 和 MCMO-650。基于以上分析，低晶态特性显著改善了 MCMO-PVP-450 的电导率和 OH^- 扩散动力学。此外结晶态氧化物中电解质离子扩散深度有限（约 20nm），而非晶态氧化物中扩散距离更深（约 50nm）[27]，故低晶态金属氧化物可通过增加亚表面反应活性位点，促进电极与电解质间充分且快速的氧化还原反应，从而提升比容量。

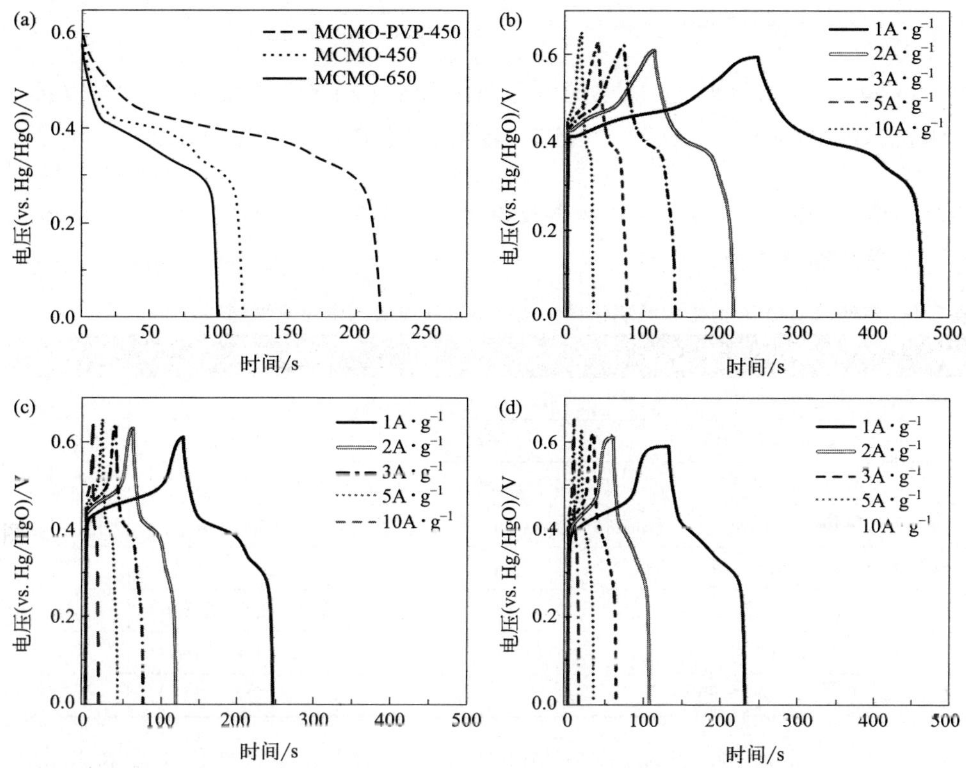

图 5.8

MCMO-PVP-450、MCMO-450 和 MCMO-650 的放电曲线和 GCD 曲线

(a) MCMO-PVP-450、MCMO-450 和 MCMO-650 在 1A·g^{-1} 电流密度下的放电曲线；(b) MCMO-PVP-450 GCD 曲线；(c) MCMO-450 GCD 曲线；(d) MCMO-650 GCD 曲线

在扫描速率 100mV·s^{-1} 下对 MCMO-PVP-450 进行 2500 次循环测试，如图 5.9(b) 所示，其容量保持率为 116.4%，循环稳定性良好，表明低晶态金属氧化物 MCMO-PVP-450 具有优异的结构稳定性。与其

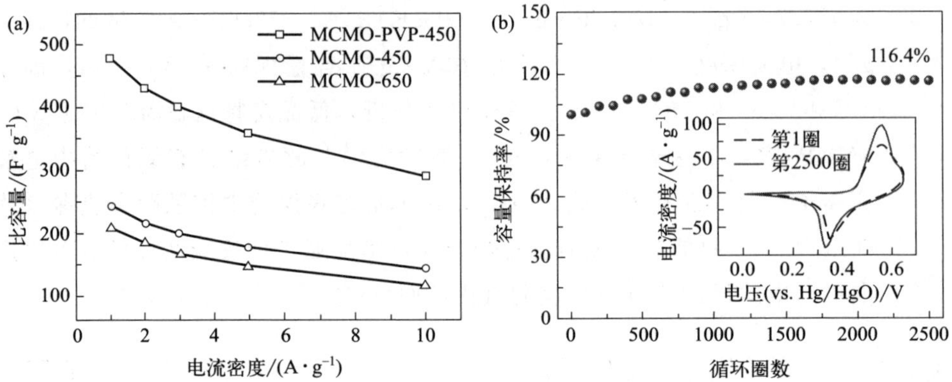

图 5.9

MCMO-PVP-450、MCMO-450 和 MCMO-650 的比容量（a）与 MCMO-PVP-450 的循环稳定性（插图：MCMO-PVP-450 第 1 次循环和第 2500 次循环的 CV 曲线）（b）

他 MOFs 衍生金属氧化物电极相比（表 5.5），MCMO-PVP-450 的电化学性能更优异。

表 5.5　其他以 MOFs 衍生金属氧化物为超级电容器电极的电化学性能

材料	比容量/（$F\cdot g^{-1}$）	循环稳定性	参考文献
Co_3O_4/Fe_2O_3 纳米立方体	312（$1A\cdot g^{-1}$）	—	[28]
多孔 Co_3O_4 中空球	342.1（$0.5A\cdot g^{-1}$）	90%（2000 循环）	[29]
Co_3O_4 微米花	240.2（$0.625A\cdot g^{-1}$）	96.3%（2000 循环）	[30]
多孔 WO_3/CuO	284（$1A\cdot g^{-1}$）	85.2%（1500 循环）	[31]
蜂窝状 Co_3O_4/三维石墨烯/泡沫镍	321（$1A\cdot g^{-1}$）	88%（2000 循环）	[32]
多孔 Co_3O_4	150（$1A\cdot g^{-1}$）	108%（3400 循环）	[33]
多孔 Fe_3O_4/碳	139（$0.5A\cdot g^{-1}$）	83.3%（4000 循环）	[34]
Mn_2O_3/Co_3O_4（MCMO－PVP-450）	478.7（$1A\cdot g^{-1}$）	116.4%（2500 循环）	本工作

综上所述，低晶态 MCMO-PVP-450 的电化学性能优于高晶态 MCMO-450 和 MCMO-650，主要因其存在大量缺陷与无序结构，增加了亚表面可逆活性位点数量及离子扩散距离，加速了离子扩散与反应进程[25]。

电极材料的电容通常分为两类：一种是电极内部电化学反应主导的扩散控制法拉第过程，属于电池型行为；另一种是电极表面离子吸脱附及近表面快速法拉第反应主导的表面控制电容过程[35]。为了探究低晶态金属氧化物的电荷储存机理，对 MCMO-PVP-450 进行动力学分析，以明确表面控制过程与扩散控制过程的贡献占比。图 5.10 为 MCMO-

PVP-450 在 1～8mV·s^{-1} 扫描速率下的 CV 曲线，扫描速率变化时曲线形状保持良好。根据第 5 章 5.1 节中电荷存储动力学分析部分，按式(5.5) 和式(5.6) 计算不同扫描速率下的表面控制过程贡献占比。如图 5.11(a) 所示，在扫描速率 1mV·s^{-1} 时，表面控制过程贡献占总容量的 57%。如图 5.11(b) 所示，随着扫描速率的逐渐增大，表面控制作用增强，8mV·s^{-1} 时达到 84%，表明扫描速率增大可加速电子与电解液离子的传输[36]。

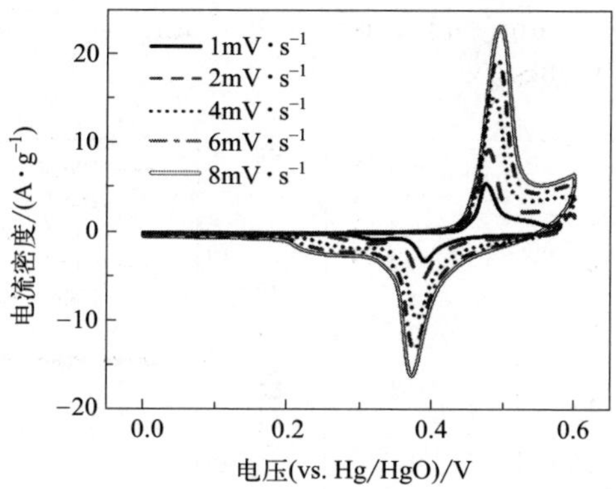

图 5.10

MCMO-PVP-450 在 1～8mV·s^{-1} 扫描速率下的 CV 曲线

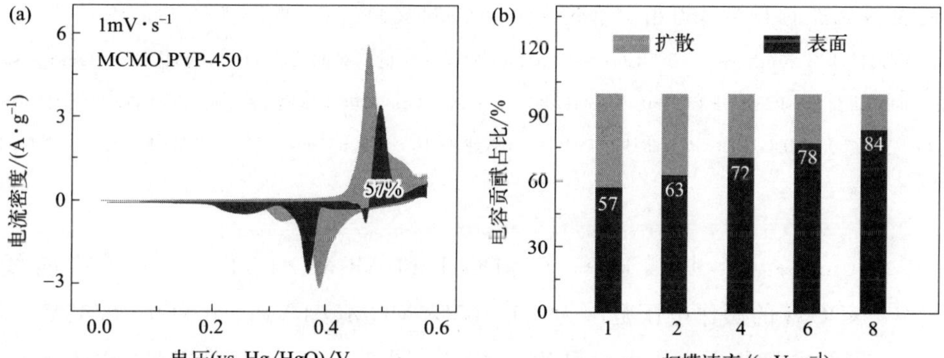

图 5.11

MCMO-PVP-450 在 1mV·s^{-1} 下电容贡献和扩散控制贡献（a）与不同扫描速率下电容贡献占比（b）

构建以 MCMO-PVP-450 为正极、NDGH 为负极的两电极体系（MCMO-PVP-450//NDGH）并测试其电化学性能。图 5.12(a) 为

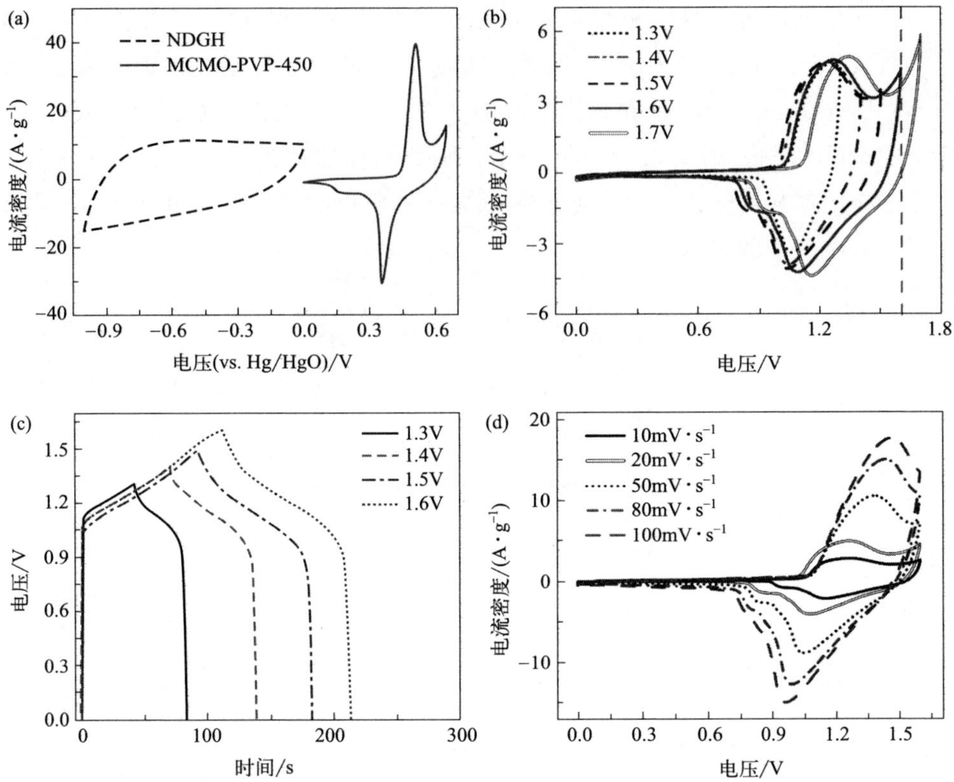

图 5.12

NDGH、MCMO-PVP-450 和 MCMO-PVP-450//NDGH 的 CV 曲线及 GCD 曲线

(a) 在扫描速率 20mV·s^{-1} 下 NDGH 和 MCMO-PVP-450 的 CV 曲线；(b) 在扫描速率 20mV·s^{-1} 下不同电压窗口 MCMO-PVP-450//NDGH 的 CV 曲线；(c) 在电流密度 1A·g^{-1} 下不同电压窗口 MCMO-PVP-450//NDGH 的 GCD 曲线；(d) 在扫描速率 10～100mV·s^{-1} 下 MCMO-PVP-450//NDGH 的 CV 曲线

20mV·s^{-1} 扫描速率下 NDGH 和 MCMO-PVP-450 的 CV 曲线，NDGH 的操作电压范围为−1～0V，MCMO-PVP-450 为 0～0.65V，推测两电极体系电压窗口可达 1.65V。图 5.12(b) 为 MCMO-PVP-450//NDGH 在 20mV·s^{-1} 下 1.3～1.7V 电压窗口的 CV 曲线。1.7V 时电极出现明显极化，归因于电解液的分解[37]。结合图 5.12(c) 中 1A·g^{-1} 下的 GCD 曲线，确定 0～1.6V 为最佳操作电压范围，后续实验均在此范围内进行。图 5.12(d) 为 10～100mV·s^{-1} 下的 CV 曲线，积分面积随扫描速率增大而增大，且形状保持良好，表明体系具有快速

充放电的能力[38]。图 5.13(a) 为 1～10A・g^{-1} 下的 GCD 曲线，对称性良好，且 1A・g^{-1} 时可稳定充电至 1.6V，表明其可逆性优异。根据 GCD 曲线，计算得不同电流密度下 MCMO-PVP-450//NDGH 的比容量，如图 5.13(b) 所示，在 1A・g^{-1} 时，比容量为 92.3F・g^{-1}，电流密度升至 10A・g^{-1} 时容量保持率为 56.9%。

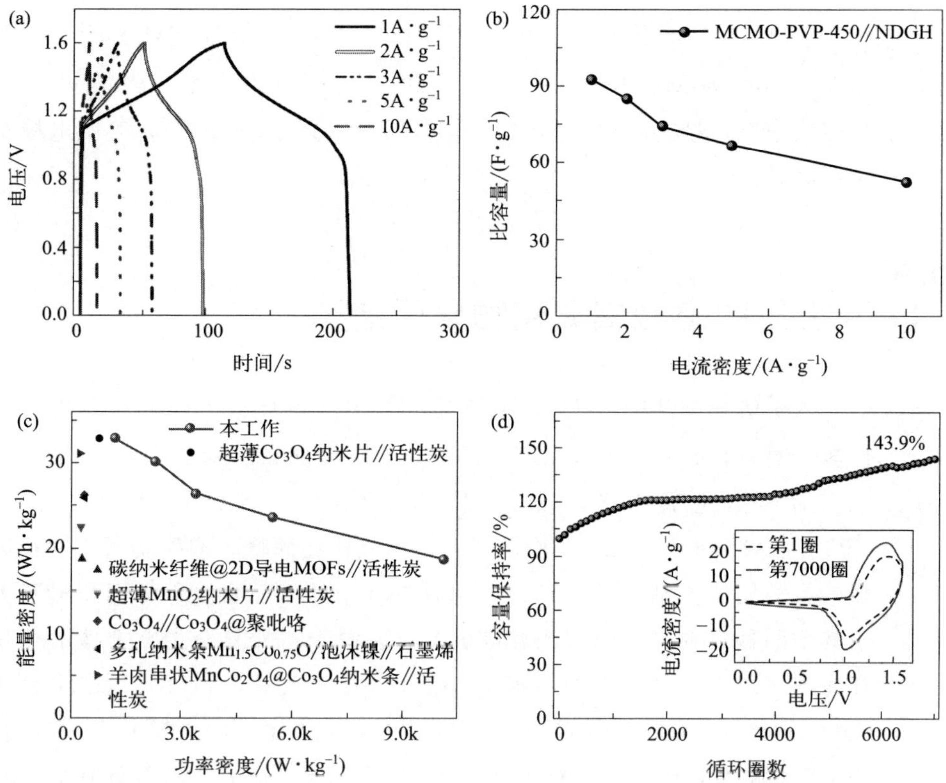

图 5.13

MCMO-PVP-450//NDGH 的 CV 曲线，GCD 曲线及循环稳定性和 Ragone 图

(a) 在 10～100mV・s^{-1} 扫描速率下 MCMO-PVP-450//NDGH 的 CV 曲线；(b) 在 1～10A・g^{-1} 电流密度下 MCMO-PVP-450//NDGH 的 GCD 曲线；(c) Ragone 图；(d) MCMO-PVP-450//NDGH 的循环稳定性（插图：第 1 次循环和第 7000 次循环的 CV 曲线）

根据公式(4.6) 和式(4.7)，计算 MCMO-PVP-450//NDGH 的能量密度 E 和功率密度 P，在 P 为 1190.1W・kg^{-1} 时 E 为 32.8Wh・kg^{-1}，即使在 P 为 10139.4W・kg^{-1} 时，E 也能达到 18.7Wh・kg^{-1}，性能优于多数已报道体系[图 5.13(c)]，例如超薄 Co_3O_4 纳米片//活性炭（P 为

752.0W·kg^{-1} 时能量密度为 32.8Wh·kg^{-1})[39]、碳纳米纤维@2D 导电 MOFs//活性炭（P 为 297.1W·kg^{-1} 时 E 为 18.7Wh·kg^{-1})[40]、超薄 MnO_2 纳米片//活性炭（P 为 245.5W·kg^{-1} 时 E 为 22.5Wh·kg^{-1})[41]、Co_3O_4//Co_3O_4@聚吡咯（P 为 350.0W·kg^{-1} 时 E 为 26.3Wh·kg^{-1})[42]、多孔纳米条 $Mn_{1.5}Co_{0.75}O$/泡沫镍//石墨烯（P 为 359.5W·kg^{-1} 时 E 为 25.9Wh·kg^{-1})[43]、羊肉串状 $MnCo_2O_4$@Co_3O_4 纳米条//活性炭（P 为 208.5W·kg^{-1} 时 E 为 31.0Wh·kg^{-1})[44]。图 5.13(d) 为 MCMO-PVP-450//NDGH 的循环寿命图，100mV·s^{-1} 扫描速率下，经 7000 次循环后，容量保持率高达 143.9%，表明电极稳定性优异。

5.4 MOFs 衍生中空金属氧化物异质结构

为了研究 CuO/Co_3O_4、NiO/Co_3O_4 和 $CuO/NiO/Co_3O_4$ 的电化学性能，对三种材料进行了 CV、GCD、EIS 等测试并对比分析。图 5.14(a) 为扫描速率 20mV·s^{-1} 下 CuO/Co_3O_4、NiO/Co_3O_4 和 $CuO/NiO/Co_3O_4$ 的 CV 曲线，均呈现明显的氧化还原峰，表明均属于法拉第赝电容的储能机制，其中 $CuO/NiO/Co_3O_4$ 的 CV 曲线积分面积显著大于其余两种材料，表明其比容量更高，这源于三元复合中空金属氧化物存在丰富的活性位点和组分间的协同作用[45]。图 5.14(b)～(d)分别为 $CuO/NiO/Co_3O_4$、CuO/Co_3O_4、NiO/Co_3O_4 在 10～100mV·s^{-1} 不同扫描速率下的 CV 曲线，积分面积随扫描速率的逐渐增大也在逐渐增大。

图 5.15(a)～(c) 分别为 $CuO/NiO/Co_3O_4$、CuO/Co_3O_4、NiO/Co_3O_4 在 1～10A·g^{-1} 电流密度下的 GCD 曲线，均具有较高对称性，表明材料可逆性良好。根据 GCD 曲线计算出比容量，如图 5.15(d) 所示，$CuO/NiO/Co_3O_4$ 的比容量高于其他两个样品，原因在于其异质结构中，三元金属氧化物具有高导电性、丰富的电化学活性中心及优异的结构稳定性[46,47]。同时，该异质结构可有效地调节电子结构，加快电子/离子迁移并降低扩散阻力，实现快速的反应动力学[48]。电流密度从 1A·g^{-1} 升到 10A·g^{-1}，CuO/Co_3O_4 的容量保持率 56.2%，NiO/Co_3O_4 为 60.5%，$CuO/NiO/Co_3O_4$ 为 60.3%。

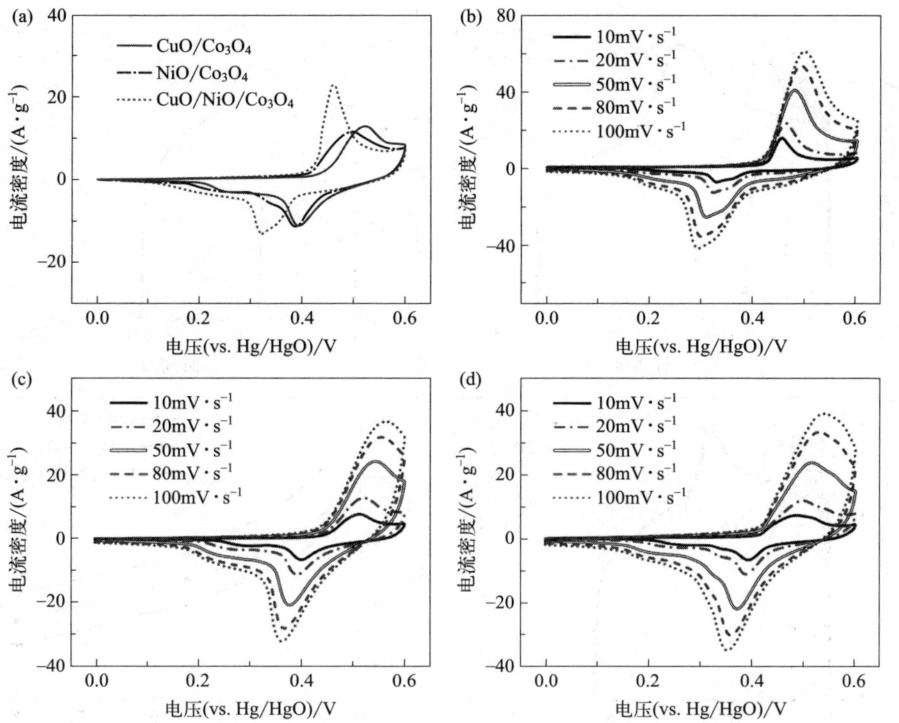

图 5.14

CuO/Co_3O_4、NiO/Co_3O_4 和 $CuO/NiO/Co_3O_4$ 的 CV 曲线

(a) CuO/Co_3O_4、NiO/Co_3O_4 和 $CuO/NiO/Co_3O_4$；(b) $CuO/NiO/Co_3O_4$；(c) CuO/Co_3O_4；(d) NiO/Co_3O_4

图 5.16(a) 为 CuO/Co_3O_4、NiO/Co_3O_4 和 $CuO/NiO/Co_3O_4$ 电极的 Nyquist 阻抗图。从图中可以看到，NiO/Co_3O_4 和 $CuO/NiO/Co_3O_4$ 电极的 ESR 相近且数值较小，表明两种材料与电解质接触良好，阻抗较低，表明三元中空异质结构具有良好的导电性[46,47]。在 $100mV \cdot s^{-1}$ 扫描速率下对 $CuO/NiO/Co_3O_4$ 进行循环稳定性测试[图 5.16(b)]，其比容量在初始循环中不断增大，归因于电极的活化过程[49]。在此过程中，电解液完全浸润电极表面，促进电解液离子嵌入/脱出及氧化还原反应的充分进行[49]。2000 次循环时达到最大值，为初始容量的 109.5%。3000 次循环后，仍保持 107.9%。这一方面得益于 CuO 的“柱支撑”作用增强循环稳定性[46]，另一方面中空结构可缓解充放电过程中的体积变化，减少结构应变[50]。而容量保持率的提升则与循环中电化学活化有关[51,52]。表 5.6 列出了文献中 MOFs 衍生金属氧化物电极的电化学性能，$CuO/NiO/Co_3O_4$ 具有明显的优势。

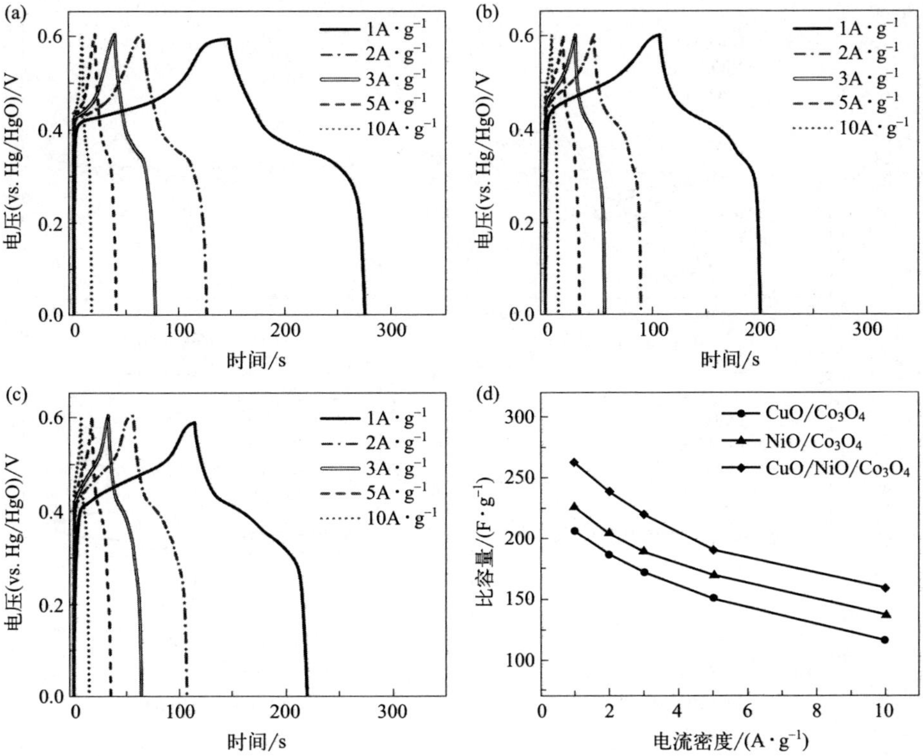

图 5.15

$CuO/NiO/Co_3O_4$（a）、CuO/Co_3O_4（b）、NiO/Co_3O_4（c）的 GCD 曲线以及 CuO/Co_3O_4、NiO/Co_3O_4 和 $CuO/NiO/Co_3O_4$ 的比容量（d）

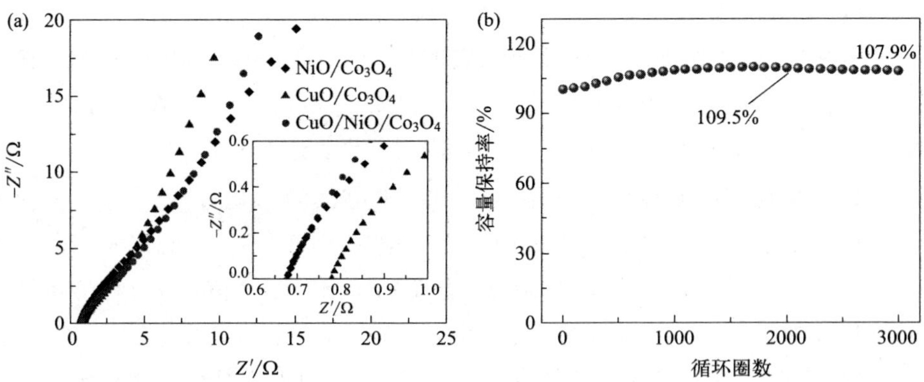

图 5.16

CuO/Co_3O_4、NiO/Co_3O_4 和 $CuO/NiO/Co_3O_4$ 电极的 Nyquist 阻抗图（插图：高频区域的放大图）（a）及 $CuO/NiO/Co_3O_4$ 的循环稳定性（b）

表 5.6　MOFs 衍生金属氧化物电极的电化学性能

样品	比容量/($F \cdot g^{-1}$)	倍率性能	循环稳定性	文献
MnO_x	75.6 ($0.1A \cdot g^{-1}$)	23.8% ($2A \cdot g^{-1}$)	426% (500 循环)	[53]
$g\text{-}C_3N_4/CeO_2/CoFe_2O_4$	255.5 ($1A \cdot g^{-1}$)	56.7% ($15A \cdot g^{-1}$)	—	[54]
$WO_3@CuO$	248.0 ($1A \cdot g^{-1}$)	58.8% ($10A \cdot g^{-1}$)	85.2% (1500 循环)	[31]
Co_3O_4	115.0 ($1A \cdot g^{-1}$)	65.2% ($10A \cdot g^{-1}$)	62.6% (10000 循环)	[55]
Co_3O_4 微米花	240.2 ($0.625A \cdot g^{-1}$)	84.1% ($6.25A \cdot g^{-1}$)	96.3% (5000 循环)	[56]
Cr_2O_3 纳米带状物	291 ($0.25A \cdot g^{-1}$)	35.4% ($2A \cdot g^{-1}$)	99.5% (3000 循环)	[57]
Co_3O_4 纳米笼	140.0 ($10A \cdot g^{-1}$)	49.5% ($15A \cdot g^{-1}$)	—	[58]
$CuO/NiO/Co_3O_4$	262.5 ($1A \cdot g^{-1}$)	60.3% ($10A \cdot g^{-1}$)	107.9% (3000 循环)	本工作

为了探究 $CuO/NiO/Co_3O_4$ 的储能机理，分析其扩散控制过程和表面控制过程的贡献比例[1]，其中表面控制过程更利于 OH^- 存储的快速动力学[59]。表面控制过程的贡献比例可由式(5.1) 定性计算。基于图 5.14(b)～(d)，由 $\lg v$-$\lg i$ 图的斜率得 b 值。如图 5.17(a) 所示，$CuO/NiO/Co_3O_4$ 的 b 值 (0.94) 高于 CuO/Co_3O_4 (0.70) 和 NiO/Co_3O_4 (0.69)，表明 $CuO/NiO/Co_3O_4$ 以表面控制过程为主。

根据第 5 章 5.1.2 小节电容占比分析法，计算 $CuO/NiO/Co_3O_4$ 在特定扫描速率下的表面控制贡献 ($k_1 v$) 的占比。图 5.17(b) 为 $CuO/NiO/Co_3O_4$ 在 1～8$mV \cdot s^{-1}$ 范围内的 CV 曲线，形状保持一致。在 $1mV \cdot s^{-1}$ 下，$CuO/NiO/Co_3O_4$ 的表面控制贡献占比为 65%[图 5.17(c)]。如图 5.17(d) 所示，随扫描速率从 $1mV \cdot s^{-1}$ 增至 $8mV \cdot s^{-1}$，扩散控制贡献减小而表面控制贡献增大，表明电子与电解质离子的传输速率加快[36]。与前期研究[60] 和其他文献[61] 相比，$CuO/NiO/Co_3O_4$ 的表面控制贡献占比更高。基于上述分析，$CuO/NiO/Co_3O_4$ 缩短离子扩散长度，加速电子/离子转移，具有更好的反应动力学[59,62]。

构建以 $CuO/NiO/Co_3O_4$ 为正极、NDGH 为负极的两电极体系

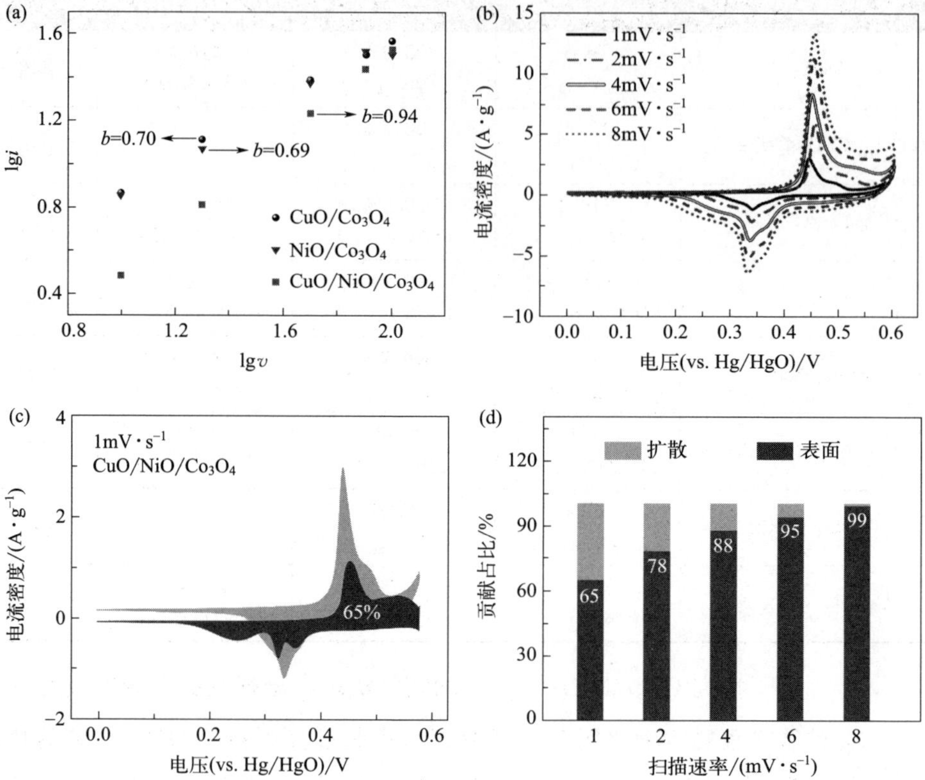

图 5.17

$CuO/NiO/Co_3O_4$ 的电化学性能测试

(a) lg$i$ 与 lg$v$ 的关系；(b) $CuO/NiO/Co_3O_4$ 1～8mV·s^{-1} 的 CV 曲线；(c) 1mV·s^{-1} 时的电容贡献和扩散贡献；(d) $CuO/NiO/Co_3O_4$ 在不同扫描速率下的电容贡献百分比

($CuO/NiO/Co_3O_4$//NDGH) 并测试其性能。根据电荷量匹配公式(4.4) 和式(4.5)，确定正负极质量比为 $CuO/NiO/Co_3O_4$ ∶NDGH＝1.24∶1，以此组装的体系可充分发挥二者储能优势。图 5.18(a) 为 20mV·s^{-1} 下不同电压范围（1.1～1.7V）的 CV 曲线。当电压范围为 0～1.7V 时，出现明显析氧现象，说明电解液分解。而当电压范围为 0～1.6V 时，可观察到完整的氧化还原峰。结合图 5.18(b) 中电流密度 1A·g^{-1} 下的 GCD 曲线，0～1.6V 时可完成充放电过程，确定该区间为最佳操作电压窗口，后续测试均在此范围内进行。

图 5.19(b) 为 $CuO/NiO/Co_3O_4$//NDGH 在 10～100mV·s^{-1} 下的 CV 曲线，形状随扫描速率增大无明显变化，表明其具有快速充放电

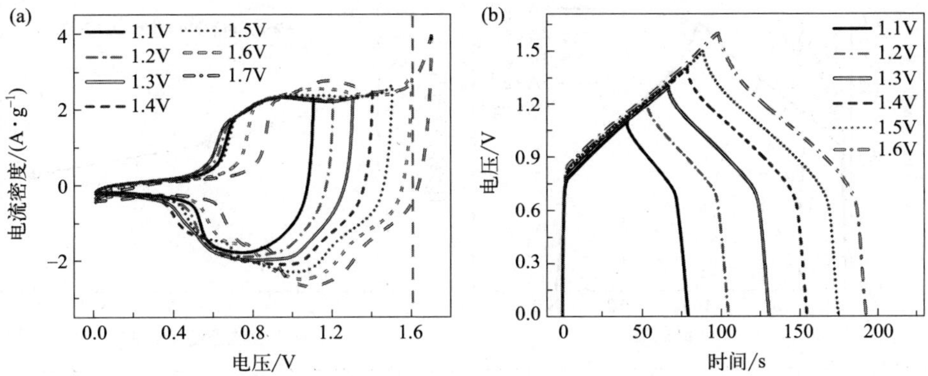

图 5.18

20mV · s^{-1} 下不同电压范围的 CV 曲线（a）及 1A · g^{-1} 下不同电压范围的 GCD 曲线（b）

能力及高功率密度潜力。此外，曲线积分面积逐渐增加，表明体系具有优异的电导率和离子传导率。图 5.19(c) 为电流密度 1～10A · g^{-1} 的 GCD 曲线，对称性良好，说明可逆性优异。如图 5.19(d) 所示，1A · g^{-1} 时比容量为 76.3F · g^{-1}，10A · g^{-1} 时容量保持率为初始容量的 60.9%。在 100mV · s^{-1} 扫描速率下的循环稳定性测试中[图 5.19(e)]，4000 次循环后容量保持率为 100.7%：插图中第 1 次和第 4000 次循环的 CV 曲线形状基本一致，表明体系长循环可逆性良好。循环过程中，初始 100 次比容量显著下降，随后趋于稳定。3000 次循环后比容量增加。与文献报道的 HSCs 相比，如表 5.7 所示，CuO/NiO/Co_3O_4//NDGH HSCs 表现出明显优势。

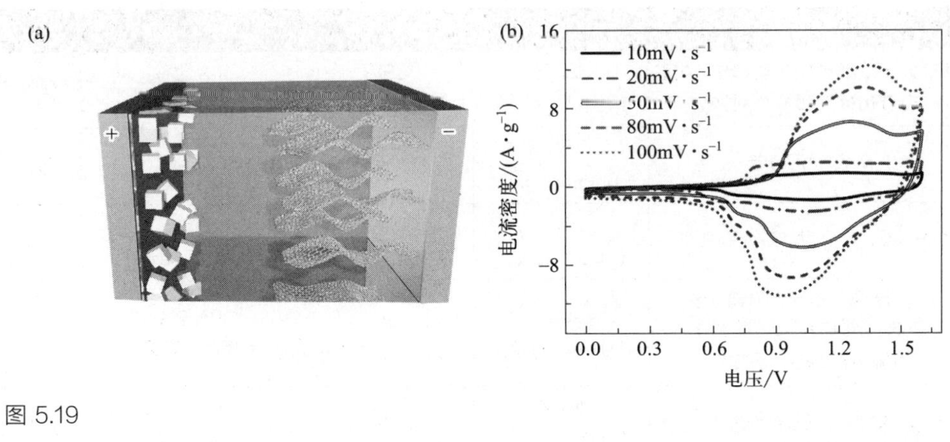

图 5.19

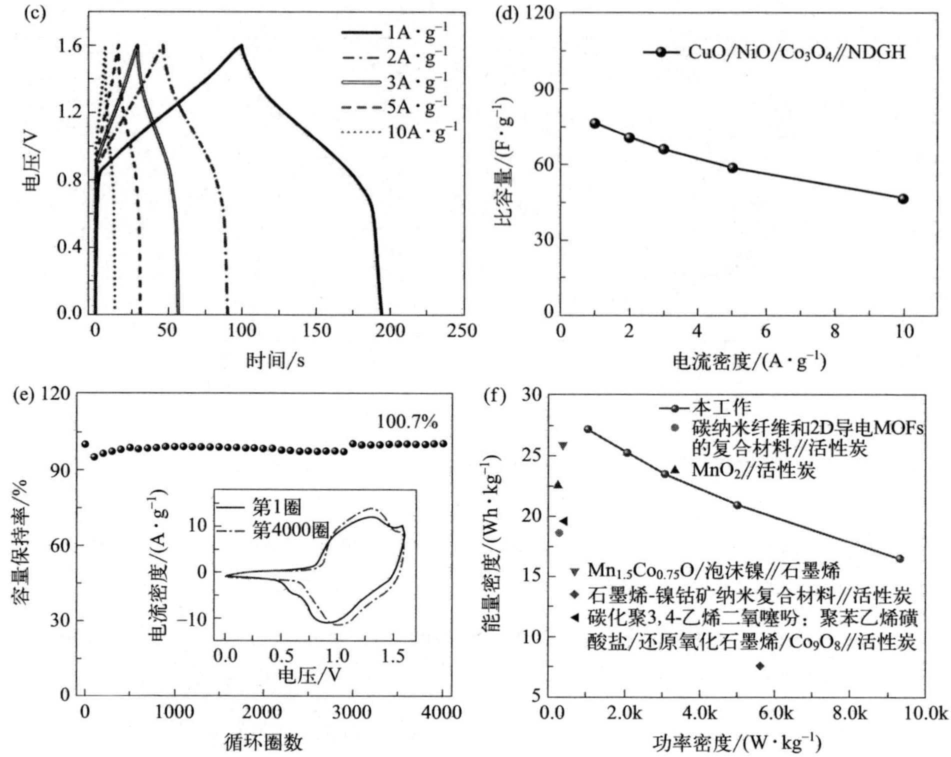

图 5.19

$CuO/NiO/Co_3O_4$//NDGH 的电化学性能测试

(a) 示意图；(b) 扫描速率 10～100mV·s^{-1} 下的 CV 曲线；(c) 1～10A·g^{-1} 电流密度下的 GCD 曲线；(d) 比容量；(e) 循环稳定性（插图：第 1 次循环和第 4000 次循环的 CV 曲线）；(f) Ragone 图

表 5.7 之前文献报道的 HSCs 电化学性能

体系	比容量/(F·g^{-1})	倍率性能	循环稳定性	文献
基于碳纳米纤维和二维导电 MOF 的杂化核壳材料//活性炭	68.58（0.5A·g^{-1}）	65%（10A·g^{-1}）	106.19%（5000 循环）	[40]
MnO_2//活性炭	50（0.25A·g^{-1}）	—	90.4%（3000 循环）	[41]
$Mn_{1.5}Co_{0.75}O$/泡沫镍//石墨烯	69（0.5A·g^{-1}）	59.9%（10A·g^{-1}）	86%（10000 循环）	[43]
碳化聚 3,4-乙烯二氧噻吩：聚苯乙烯磺酸盐/还原氧化石墨烯/Co_9S_8/活性炭	55（0.5A·g^{-1}）	—	94.2%（10000 循环）	[63]
$ZnCo_2O_4$//纳米多孔碳	94.4（0.5A·g^{-1}）	—	87.2%（5000 循环）	[64]

续表

体系	比容量/($F \cdot g^{-1}$)	倍率性能	循环稳定性	文献
三维多孔离子液体-碳纳米管-石墨烯凝胶//MnO_2-石墨烯凝胶	57 ($1A \cdot g^{-1}$)	70% ($20A \cdot g^{-1}$)	90% (10000 循环)	[65]
Ni-MOF/碳纳米管//还原氧化石墨烯/石墨化氮化碳	103 ($0.5A \cdot g^{-1}$)	45% ($20A \cdot g^{-1}$)	95% (5000 循环)	[66]
$K_{0.5}Mn_2O_4$ 纳米片//纳米多孔碳	76.3 ($1A \cdot g^{-1}$)	69.3% ($10A \cdot g^{-1}$)	92.6% (10000 循环)	[67]
MnO_2/还原氧化石墨烯水凝胶//还原氧化石墨烯水凝胶	59.6 ($1A \cdot g^{-1}$)	86.9% ($8A \cdot g^{-1}$)	89.4% (1000 循环)	[68]
$CuO/NiO/Co_3O_4$//NDGH	76.3 ($1A \cdot g^{-1}$)	60.9% ($10A \cdot g^{-1}$)	100.7% (4000 循环)	本实验

能量密度和功率密度是超级电容器的关键参数，由公式(4.6)和式(4.7)计算得到。最大的能量密度和功率密度分别为 $27.1Wh \cdot kg^{-1}$ (功率密度为 $1037.5W \cdot kg^{-1}$) 和 $9327.3W \cdot kg^{-1}$ (能量密度为 $16.5Wh \cdot kg^{-1}$)。与碳基负极混合型超级电容器相比，$CuO/NiO/Co_3O_4$//NDGH 具有一定优势，例如，碳纳米纤维和 2D 导电 MOFs 的复合材料//活性炭 ($18.67Wh \cdot kg^{-1}$)[40]、MnO_2//活性炭 ($22.5Wh \cdot kg^{-1}$)[41]、$Mn_{1.5}Co_{0.75}O$/泡沫镍//石墨烯 ($25.88Wh \cdot kg^{-1}$)[43]、石墨烯-镍钴矿纳米复合材料//活性炭 ($7.6Wh \cdot kg^{-1}$)[69]、碳化聚 3,4-乙烯二氧噻吩：聚苯乙烯磺酸盐/还原氧化石墨烯/Co_9S_8//活性炭 ($19.6Wh \cdot kg^{-1}$)[63]，对比的 Ragone 图如图 5.19(f) 所示。这得益于 $CuO/NiO/Co_3O_4$ 的中空异质结构及 NDGH 的优异电化学性能的协同作用。

综合分析，$CuO/NiO/Co_3O_4$ 电化学性能的提升源于：①空心结构提供丰富活性位点，同时缓解体积变化引发的结构应变，避免电极坍塌；②CuO/NiO 异质结调控电子结构，促进电子/离子迁移并降低扩散阻力，加速反应动力学；③三元金属氧化物兼具高导电性、丰富活性中心及结构稳定性，协同提升比容量与循环寿命。

5.5 MOFs 衍生双壳纳米笼 Co_3O_4/Fe_2O_3

5.5.1 电化学性能测试

以 Co_3O_4/Fe_2O_3 NCs、Co_3O_4 Ps、Co_3O_4/Fe_2O_3 DSNCs 作为工作

电极，Pt 片为对电极，Hg/HgO 为参比电极，在 $2mol \cdot L^{-1}$ 的 KOH 电解液中通过三电极体系测试其电化学性能。图 5.20(a)、图 5.20(b)、图 5.20(c) 分别是 Co_3O_4/Fe_2O_3 DSNCs、Co_3O_4/Fe_2O_3 NCs、Co_3O_4 Ps 在 0～0.85V 电位窗口、10～100mV·s^{-1} 扫描速率下的 CV 曲线，均呈现明显的阳极峰（正电流密度）和阴极峰（负电流密度），对应 $Co^{2+}/Co^{3+}/Co^{4+}$ 氧化还原对的法拉第反应[70]，可逆反应方程式如下：

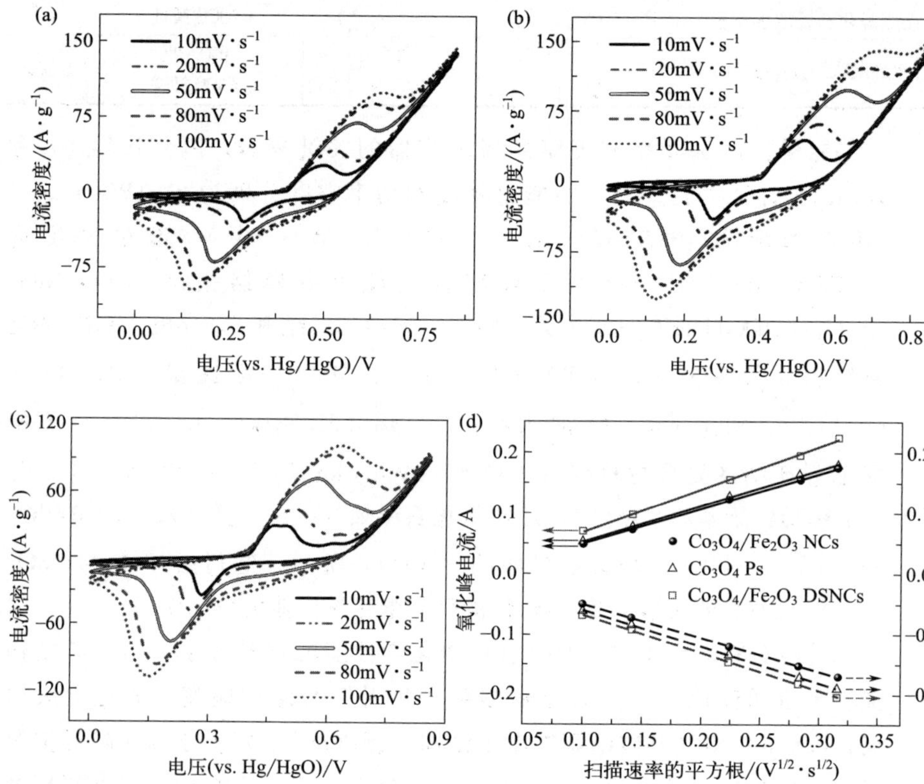

图 5.20

Co_3O_4/Fe_2O_3 DSNCs、Co_3O_4/Fe_2O_3 NCs、Co_3O_4Ps 的 CV 曲线及扫描速率平方根和阴/阳极峰值电流关系图

(a) Co_3O_4/Fe_2O_3 DSNCs CV 曲线；(b) Co_3O_4/Fe_2O_3 NCs CV 曲线；(c) Co_3O_4 Ps CV 曲线；(d) Co_3O_4/Fe_2O_3 DSNCs、Co_3O_4 Ps、Co_3O_4/Fe_2O_3 NCs 的扫描速率平方根和阴/阳极峰值电流关系图

阳极扫描（正电位方向）：

$$3Co(OH)_2 + 2OH^- \longrightarrow Co_3O_4 + 4H_2O + 2e^- \tag{5.7}$$

$$Co_3O_4 + OH^- + H_2O \longrightarrow 3CoOOH + e^- \tag{5.8}$$

$$CoOOH + OH^- \longrightarrow CoO_2 + H_2O + e^- \quad (5.9)$$

$$4OH^- \longrightarrow O_2 + 2H_2O + 4e^- \quad (5.10)$$

阴极扫描（向负电位方向）：

$$CoO_2 + H_2O + e^- \longrightarrow CoOOH + OH^- \quad (5.11)$$

$$3CoOOH + e^- \longrightarrow Co_3O_4 + OH^- + H_2O \quad (5.12)$$

$$Co_3O_4 + 4H_2O + 2e^- \longrightarrow 3Co(OH)_2 + 2OH^- \quad (5.13)$$

随着扫描速率的增大，阳极峰电位逐渐向高电位方向移动，而阴极峰逐渐向低电位方向移动，峰电位差（ΔE_p）增加，且高扫描速率下仍保持良好对称性，表明电极为准可逆电子转移过程，具有优异的离子扩散速率和较低的内阻[71]。CV 曲线形状随扫描速率变化保持稳定，证实该材料可作为 SCs 电极实现快速可逆的氧化还原反应[72]。

通过公式(4.2) 计算 OH^- 的扩散系数，如图 5.20 和表 5.8 所示。Co_3O_4/Fe_2O_3 DSNCs 的 D 值明显高于其他两个样品，表明 Co_3O_4/Fe_2O_3 DSNCs 具有最大的 OH^- 扩散系数，印证双壳结构更有利于 OH^- 的传输[73]。

表 5.8 OH^- 的扩散系数

样品	OH^- 的扩散系数 $D/(\times 10^{-6}cm^2 \cdot s^{-1})$	
	阳极	阴极
Co_3O_4/Fe_2O_3 NCs	1.16	1.04
Co_3O_4 Ps	1.22	1.23
Co_3O_4/Fe_2O_3 DSNCs	1.70	1.30

通过 GCD 曲线进一步研究 Co_3O_4/Fe_2O_3 NCs、Co_3O_4 Ps 和 Co_3O_4/Fe_2O_3 DSNCs 的电化学性能。图 5.21(a) 是 $10A \cdot g^{-1}$ 电流密度下 Co_3O_4/Fe_2O_3 NCs、Co_3O_4 Ps 和 Co_3O_4/Fe_2O_3 DSNCs 的放电曲线，Co_3O_4/Fe_2O_3 DSNCs 的放电时间更长，表明其电荷存储能力更优异。图 5.21(b) 是 Co_3O_4/Fe_2O_3 DSNCs 在电流密度 $10 \sim 50A \cdot g^{-1}$ 下的 GCD 曲线，特定电位的充放电平台与 CV 曲线峰位一致，进一步证实其法拉第赝电容特性[74]。曲线平台明显且对称良好，说明在充放电过程中具有良好的可逆性。随着电流密度的增大，充放电时间缩短，这是由于小电流密度下，电解液离子可充分扩散至电极内部发生反应，而大电流密度下离子仅能到达表面[71]。其他两个结构的样品在不同电流

密度下的 GCD 曲线如图 5.21(c)、图 5.21(d) 所示，均呈现 0.3～0.6V 的平台区，印证系列材料的赝电容存储特性。

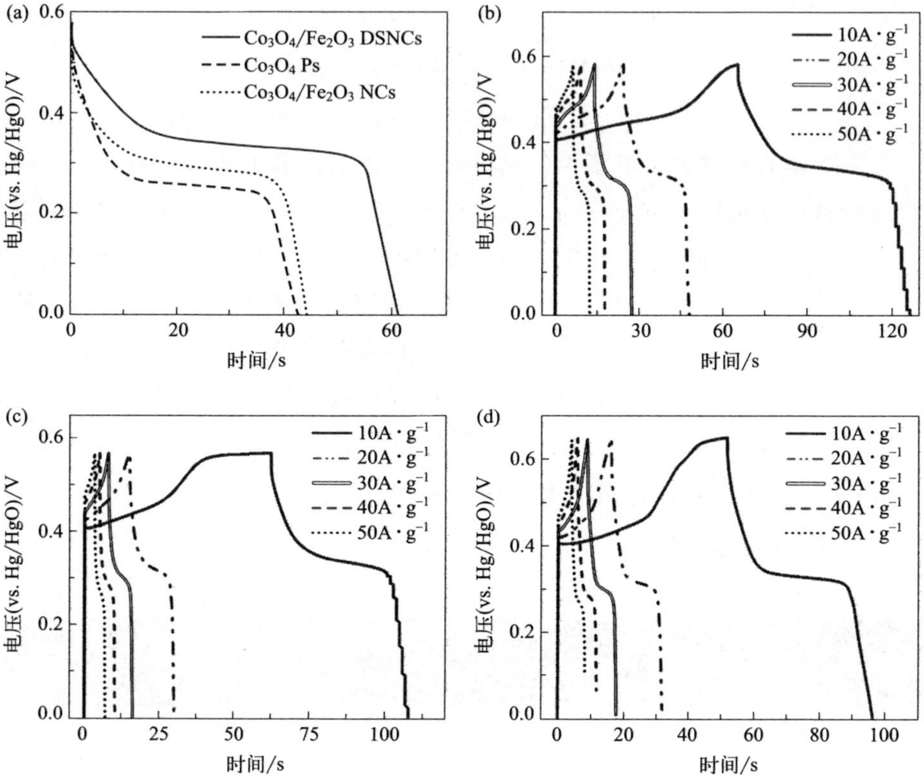

图 5.21

Co_3O_4/Fe_2O_3 DSNCs、Co_3O_4 Ps、Co_3O_4/Fe_2O_3 NCs 的放电曲线与 GCD 曲线

(a) Co_3O_4/Fe_2O_3 DSNCs、Co_3O_4 Ps、Co_3O_4/Fe_2O_3 NCs 的放电曲线；(b) Co_3O_4/Fe_2O_3 DSNCs GCD 曲线；(c) Co_3O_4/Fe_2O_3 NCs GCD 曲线；(d) Co_3O_4 Ps GCD 曲线

根据图 5.21(b)、图 5.21(c)、图 5.21(d) 中 Co_3O_4/Fe_2O_3 DSNCs、Co_3O_4/Fe_2O_3 NCs、Co_3O_4 Ps 放电曲线计算出比容量，如图 5.22(a) 所示。在电流密度 10A·g^{-1}、20A·g^{-1}、30A·g^{-1}、40A·g^{-1} 和 50A·g^{-1} 时，Co_3O_4/Fe_2O_3 NCs 的比容量分别为 930.1F·g^{-1}、595.0F·g^{-1}、458.5F·g^{-1}、367.2F·g^{-1} 和 295.5F·g^{-1}。在相同的电流密度下，Co_3O_4 Ps 的比容量分别为 677.7F·g^{-1}、485.3F·g^{-1}、398.1F·g^{-1}、338.4F·g^{-1} 和 285.7F·g^{-1}，Co_3O_4/Fe_2O_3 DSNCs 分别为 1229.7F·g^{-1}、944.9F·g^{-1}、781.4F·g^{-1}、646.0F·g^{-1} 和

532.1F·g^{-1}，具有更高的比容量。这可能源于其双壳层结构提供了更多可到达的活性存储位点[75]。电流密度从 10A·g^{-1} 升至 50A·g^{-1}，Co_3O_4/Fe_2O_3 NCs、Co_3O_4 Ps、Co_3O_4/Fe_2O_3 DSNCs 的容量保持率分别为 31.8%、42.2%、43.3%，Co_3O_4/Fe_2O_3 DSNCs 表现出优异的倍率性能，可能原因是其双壳层结构稳定性高且离子扩散动力学更强。

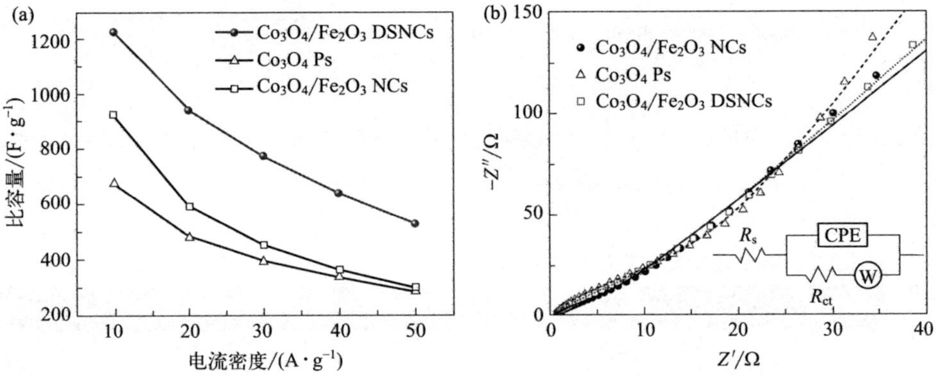

图 5.22

Co_3O_4/Fe_2O_3 DSNCs、Co_3O_4 Ps、Co_3O_4/Fe_2O_3 NCs 的比容量图（a）与 Nyquist 阻抗图（b）

通过 EIS 探究性能优异的原因，图 5.22(b) 分别为 0.01Hz～100kHz 频率范围内，Co_3O_4/Fe_2O_3 DSNCs、Co_3O_4 Ps、Co_3O_4/Fe_2O_3 NCs 的 Nyquist 图，利用 Z-view 软件拟合等效电路。Co_3O_4/Fe_2O_3 DSNCs 的 R_{ct} 值为 0.56Ω，小于 Co_3O_4/Fe_2O_3 NCs（1.93Ω）和 Co_3O_4 Ps（4.2Ω），表明 Co_3O_4/Fe_2O_3 DSNCs 双壳层结构的电荷转移动力学更优。

图 5.23(a) 和图 5.23(b) 分别为 Co_3O_4/Fe_2O_3 NCs、Co_3O_4 Ps、Co_3O_4/Fe_2O_3 DSNCs 的循环寿命图，初始循环中比容量均下降，5000 次循环后，Co_3O_4/Fe_2O_3 DSNCs 的容量保持率为 77%，高于 Co_3O_4/Fe_2O_3 NCs（76%）、Co_3O_4 Ps（49%），表明其循环稳定性及大电流耐受性更好。这得益于双壳层结构可缓冲离子在嵌入/脱出时引发的体积膨胀/收缩，提升结构的稳定性[1]。与文献中 MOFs 衍生金属氧化物相比，Co_3O_4/Fe_2O_3 DSNCs 电化学性能具有一定优势，如表 5.9 所示。

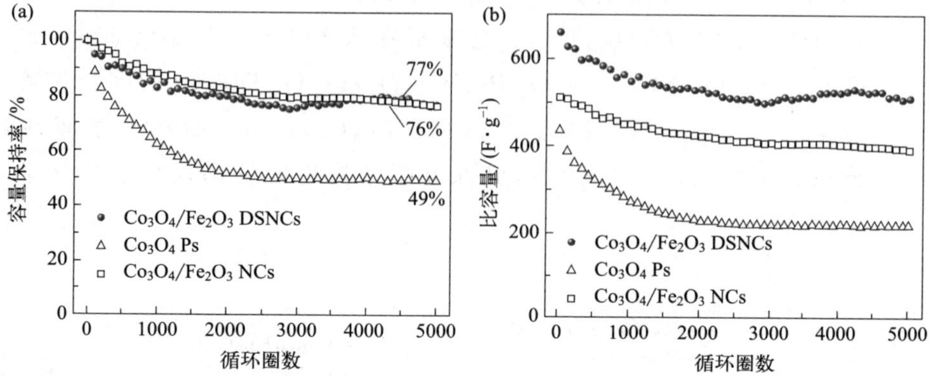

图 5.23

Co_3O_4/Fe_2O_3 DSNCs、Co_3O_4 Ps、Co_3O_4/Fe_2O_3 NCs 的循环圈数与容量保持率的关系图（a）及循环圈数与比容量的关系图（b）

表 5.9 MOFs 衍生金属氧化物电化学性能对比

样品	比容量/($F \cdot g^{-1}$)	倍率性能	循环稳定性	参考文献
$MnNi_2O_4$	2848 ($1A \cdot g^{-1}$)	47.2% ($25A \cdot g^{-1}$)	93.9% (5000 循环)	[76]
$NiCo_2O_4$	684 ($1A \cdot g^{-1}$)	53.0% ($10A \cdot g^{-1}$)	89% (3000 循环)	[77]
Zn-Co-O/NiCo 层状双金属氢氧化物	2275.2 ($1A \cdot g^{-1}$)	—	82.4% (5000 循环)	[78]
Ag/NiO	1454 ($1A \cdot g^{-1}$)	25.0% ($7A \cdot g^{-1}$)	85% (1000 循环)	[79]
Co_3O_4@Ni-Co 层状双氢氧化物纳米片	1708 ($1A \cdot g^{-1}$)	78% ($20A \cdot g^{-1}$)	89% (4000 循环)	[80]
$NaCoPO_4$@C	1178.7 ($1A \cdot g^{-1}$)	55.1% ($10A \cdot g^{-1}$)	92% (2000 循环)	[81]
$NiCo_2O_4$@NC/Co	1112 ($1A \cdot g^{-1}$)	—	90.7% (5000 循环)	[82]
$ZnCo_2O_4$	1102 ($1A \cdot g^{-1}$)	77% ($16A \cdot g^{-1}$)	80% (2000 循环)	[83]
Co_3O_4/Fe_2O_3 DSNCs	1229.7 ($10A \cdot g^{-1}$)	43.3% ($50A \cdot g^{-1}$)	77% (5000 循环)	本工作

5.5.2 动力学分析

图 5.24(a) 为 Co_3O_4/Fe_2O_3 DSNCs 在 $1 \sim 8mV \cdot s^{-1}$ 的 CV 曲线。随着扫描速率的增大，曲线形状保持一致。图 5.24(b) 为 $Co_3O_4/$

Fe_2O_3 DSNCs 在不同扫描速率下的电容贡献占比。在 $1mV \cdot s^{-1}$ 时，表面控制贡献为 46%。随着扫描速率增至 $8mV \cdot s^{-1}$，表面控制贡献增大而扩散控制贡献减小，表明电子与电解质离子传输速度加快。基于以上分析，Co_3O_4/Fe_2O_3 DSNCs 通过缩短离子扩散距离，加速电子/离子转移，获得更优的反应动力学。

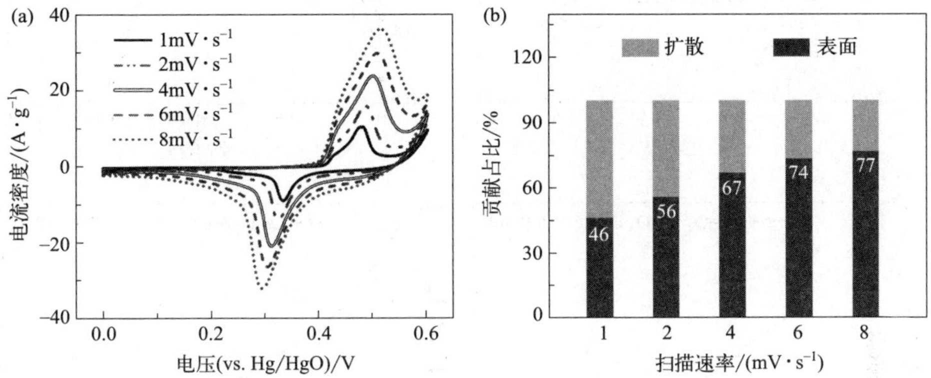

图 5.24

Co_3O_4/Fe_2O_4 DSNCs 的 CV 曲线及电容贡献占比

(a) 1～8mV·s^{-1} 的 CV 曲线，(b) 在不同扫描速率下的电容贡献占比

5.5.3 Co_3O_4/Fe_2O_3 DSNCs//YP 50F 两电极电化学性能

构建以 Co_3O_4/Fe_2O_3 DSNCs 为正极、YP 50F 为负极的两电极体系（Co_3O_4/Fe_2O_3 DSNCs//YP-50F）。图 5.25(a) 为 10～100$mV \cdot s^{-1}$ 下的 CV 曲线，扫描速率增大时，曲线形状不变且面积增加，表明其具有良好的导电性和快速的离子扩散。图 5.25(b) 为不同电流密度下的 GCD 曲线，在高扫描速率下仍保持良好的充放电能力和高对称性，说明其具有良好的可逆性。

图 5.25(c) 是根据 Co_3O_4/Fe_2O_3 DSNCs//YP-50F 放电曲线计算出的比容量，在电流密度 $1A \cdot g^{-1}$、$2A \cdot g^{-1}$、$5A \cdot g^{-1}$、$8A \cdot g^{-1}$ 和 $10A \cdot g^{-1}$ 时，比容量分别为 $63.6F \cdot g^{-1}$、$58.0F \cdot g^{-1}$、$51.4F \cdot g^{-1}$、$47.3F \cdot g^{-1}$ 和 $45.0F \cdot g^{-1}$，容量保持率为 70.7%。依据公式(4.6) 和式(4.7) 计算能量密度 E 和功率密度 P，如图 5.25(d) 所示。最大的 E 和 P 分别为 $22.9Wh \cdot kg^{-1}$（P 为 $260.8W \cdot kg^{-1}$ 时）和 $3711.8W \cdot kg^{-1}$（E 为 $16.2Wh \cdot kg^{-1}$ 时）。

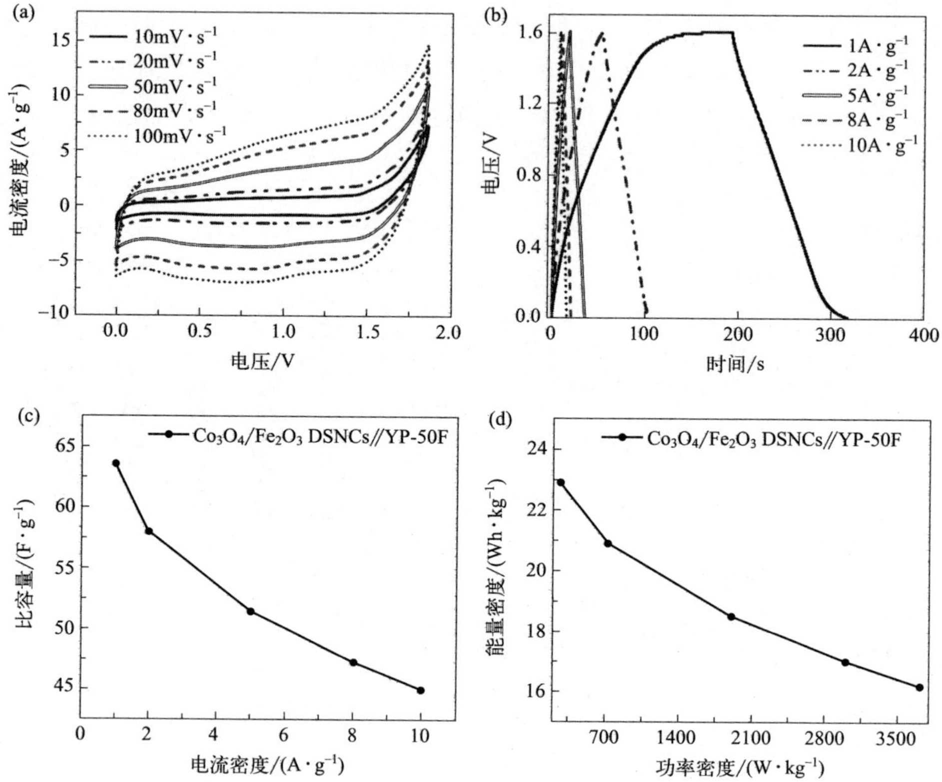

图 5.25

Co_3O_4/Fe_2O_3 DSNCs//YP-50F 的电化学性测试

(a) CV 曲线；(b) GCD 曲线；(c) 比容量图；(d) Ragone 图

综上所述，如图 5.26 所示，Co_3O_4/Fe_2O_3 DSNCs 优异的电化学性能、倍率性能及循环稳定性得益于独特的双壳层结构：①双壳结构提供更多可及活性表面，增加电极-电解液接触面积，缩短 OH^- 扩散路径，

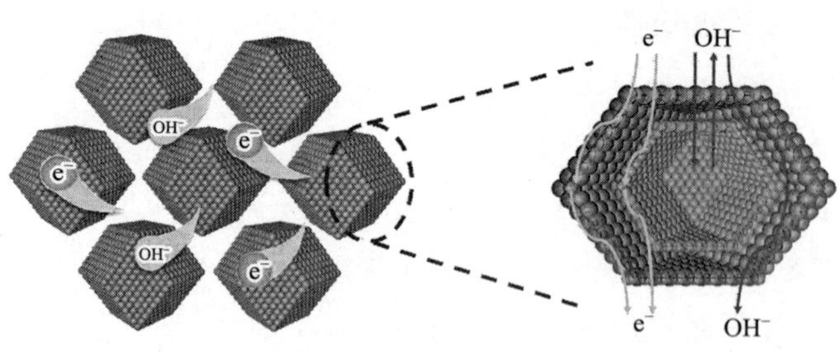

图 5.26

储能机理示意图

为快速氧化还原反应提供充足位点；②双壳结构预留充足空间，可缓冲循环过程中的体积变化。

参考文献

[1] Chen X X，Zeng S Y，Muheiyati H，et al. Double-shelled Ni-Fe-P/N-doped carbon nanobox derived from a Prussian blue analogue as an electrode material for K-ion batteries and Li-S batteries [J]. ACS Energy Letters，2019，4 (7)：1496-1504.

[2] Kumar R，Bag M. Quantifying capacitive and diffusion-controlled charge storage from 3D bulk to 2D layered halide perovskite-based porous electrodes for efficient supercapacitor applications [J]. The Journal of Physical Chemistry C，2021，125 (31)：16946-16954.

[3] González-Meza O A，Larios-Durán E R，Gutiérrez-Becerra A，et al. Development of a Randles-Ševčík-like equation to predict the peak current of cyclic voltammetry for solid metal hexacyanoferrates [J]. Journal of Solid State Electrochemistry，2019，23 (11)：3123-3133.

[4] Shrivastav V，Mansi，Dubey P，et al. Diffusion controlled electrochemical analysis of MoS_2 and MOF derived metal oxide-carbon hybrids for high performance supercapacitors [J]. Scientific Reports，2023，13 (1)：20675.

[5] Yashima M，Suzuki R O. Electronic structure and magnetic properties of monoclinic β-$Cu_2V_2O_7$：A GGA＋U study [J]. Physical Review B-Condensed Matter and Materials Physics，2009，79：125201.

[6] Wang Y，Zhou J H，Zhou Z Y，et al. *In situ* synthesis of Fe_2O_3 nanosphere/Co_3O_4 nanowire-connected reduced graphene oxide hybrid networks for high-performance supercapacitors [J]. Nanoscale，2021，13 (36)：15431-15444.

[7] Ali G，Patil S A，Mehboob S，et al. Determination of lithium diffusion coefficient and reaction mechanism into ultra-small nanocrystalline SnO_2 particles [J]. Journal of Power Sources，2019，419：229-236.

[8] Wu S，Yang X X，Cui T，et al. Tubular-like NiS/Mo_2S_3 microspheres as electrode material for high-energy and long-life asymmetric supercapacitors [J]. Colloids and Surfaces A：Physicochemical and Engineering Aspects，2021，628：127332.

[9] Lai F L，Huang Y P，Miao Y E，et al. Controllable preparation of multi-dimensional hybrid materials of nickel-cobalt layered double hydroxide nanorods/nanosheets on electrospun carbon nanofibers for high-performance supercapacitors [J]. Electrochimica Acta，2015，174：456-463.

[10] Shao J X，Feng J H，Zhou H，et al. Graphene aerogel encapsulated Fe-Co oxide nanocubes derived from Prussian blue analogue as integrated anode with enhanced Li-ion storage properties [J]. Applied Surface Science，2019，471：745-752.

[11] Zheng S Q，Lim S S，Foo C Y，et al. A novel MOF-derived binary metal oxides and car-

bon nanocomposite for high-performance symmetric supercapacitor application [J]. Journal of Materials Science: Materials in Electronics, 2023, 34 (21): 1578.

[12] Li S M, Yang K, Ye P W, et al. Three-dimensional porous carbon/Co_3O_4 composites derived from graphene/Co-MOF for high performance supercapacitor electrodes [J]. Applied Surface Science, 2020, 503: 144090.

[13] Ju H, Liu X D, Tao C Y, et al. Prussian blue analogue derived low-crystalline Mn_2O_3/Co_3O_4 as high-performance supercapacitor electrode [J]. Journal of Alloys and Compounds, 2021, 856: 157134.

[14] Ju H, Tang Q Q, Xu Y, et al. Prussian blue analogue-derived hollow metal oxide heterostructure for high-performance supercapacitors [J]. Dalton Transactions, 2023, 52 (36): 12948-12957.

[15] Veeramani V, Madhu R, Chen S M, et al. Flower-like nickel-cobalt oxide decorated dopamine-derived carbon nanocomposite for high performance supercapacitor applications [J]. ACS Sustainable Chemistry & Engineering, 2016, 4 (9): 5013-5020.

[16] Bai Y, Wang W Q, Wang R R, et al. Controllable synthesis of 3D binary nickel-cobalt hydroxide/graphene/nickel foam as a binder-free electrode for high-performance supercapacitors [J]. Journal of Materials Chemistry A, 2015, 3 (23): 12530-12538.

[17] Zhou T, Zhang W J, Fu H, et al. Preparation of 3D CeO_2@NiFe-LDH composites derived from Prussian blue analogues for high performance supercapacitors [J]. Materials Science in Semiconductor Processing, 2022, 150: 106913.

[18] Wu M K, Chen C, Zhou J J, et al. MOF-derived hollow double-shelled NiO nanospheres for high-performance supercapacitors [J]. Journal of Alloys and Compounds, 2018, 734: 1-8.

[19] Zhang J, Liu F, Cheng J P, et al. Binary nickel-cobalt oxides electrode materials for high-performance supercapacitors: Influence of its composition and porous nature [J]. ACS Applied Materials & Interfaces, 2015, 7 (32): 17630-17640.

[20] Lai H X, Lin L Y, Lin J Y, et al. All binder-free electrophoresis deposition synthesis of nickel cobalt hydroxide/ultraphene and activated carbon electrodes for asymmetric supercapacitors [J]. Electrochimica Acta, 2018, 273: 115-126.

[21] Ji J Y, Zhang L L, Ji H X, et al. Nanoporous $Ni(OH)_2$ thin film on 3D ultrathin-graphite foam for asymmetric supercapacitor [J]. ACS Nano, 2013, 7 (7): 6237-6243.

[22] Xu K B, Zou R J, Li W Y, et al. Design and synthesis of 3D interconnected mesoporous $NiCo_2O_4$@$Co_xNi_{1-x}(OH)_2$ core-shell nanosheet arrays with large areal capacitance and high rate performance for supercapacitors [J]. Journal of Materials Chemistry A, 2014, 2 (26): 10090-10097.

[23] Huang Y X, Yan C, Shi X, et al. $Ni_{0.85}Co_{0.15}WO_4$ nanosheet electrodes for supercapacitors with excellent electrical conductivity and capacitive performance [J]. Nano Energy, 2018, 48: 430-440.

[24] Huo X T, Zhang H Y, Shen W G, et al. Bifunctional aligned hexagonal/amorphous tungsten oxide core/shell nanorod arrays with enhanced electrochromic and pseudocapacitive performance [J]. Journal of Materials Chemistry A, 2019, 7 (28): 16867-16875.

[25] Chen N N, Zhou J H, Kang Q, et al. Amorphous vanadyl phosphate/graphene composites for high performance supercapacitor electrode [J]. Journal of Power Sources, 2017, 344: 185-194.

[26] Cheng J P, Chen W Q, Gao S Q, et al. Low crystalline 2D CoS_x derived from cobalt carbonate hydroxide by sulfidation at room temperature for supercapacitor [J]. Electrochimica Acta, 2018, 286: 14-21.

[27] Salunkhe R R, Kaneti Y V, Yamauchi Y. Metal-organic framework-derived nanoporous metal oxides toward supercapacitor applications: Progress and prospects [J]. ACS Nano, 2017, 11 (6): 5293-5308.

[28] Wei X J, Li Y H, Peng H R, et al. A novel functional material of Co_3O_4/Fe_2O_3 nanocubes derived from a MOF precursor for high-performance electrochemical energy storage and conversion application [J]. Chemical Engineering Journal, 2019, 355: 336-340.

[29] Zhu Z Y, Han C, Li T T, et al. MOF-templated syntheses of porous Co_3O_4 hollow spheres and micro-flowers for enhanced performance in supercapacitors [J]. CrystEngComm, 2018, 20 (27): 3812-3816.

[30] Qin Y Y, Peng Q Y, Ding Y J, et al. Lightweight, superelastic, and mechanically flexible graphene/polyimide nanocomposite foam for strain sensor application [J]. ACS Nano, 2015, 9 (9): 8933-8941.

[31] Tian J H, Lin B P, Sun Y, et al. Porous WO_3@CuO composites derived from polyoxometalates@metal organic frameworks for supercapacitor [J]. Materials Letters, 2017, 206: 91-94.

[32] Deng X Y, Li J J, Zhu S, et al. Metal-organic frameworks-derived honeycomb-like Co_3O_4/three-dimensional graphene networks/Ni foam hybrid as a binder-free electrode for supercapacitors [J]. Journal of Alloys and Compounds, 2017, 693: 16-24.

[33] Meng F L, Fang Z G, Li Z X, et al. Porous Co_3O_4 materials prepared by solid-state thermolysis of a novel Co-MOF crystal and their superior energy storage performances for supercapacitors [J]. Journal of Materials Chemistry A, 2013, 1 (24): 7235-7241.

[34] Meng W J, Chen W, Zhao L, et al. Porous Fe_3O_4/carbon composite electrode material prepared from metal-organic framework template and effect of temperature on its capacitance [J]. Nano Energy, 2014, 8: 133-140.

[35] Li C, Balamurugan J, Nguyen D C, et al. Hierarchical manganese-nickel sulfide nanosheet arrays as an advanced electrode for all-solid-state asymmetric supercapacitors [J]. ACS Applied Materials & Interfaces, 2020, 12 (19): 21505-21514.

[36] Li X Y, Li K K, Zhu S C, et al. Fiber-in-tube design of Co_9S_8-carbon/Co_9S_8: Enabling

efficient sodium storage [J]. Angewandte Chemie International Edition, 2019, 58 (19): 6239-6243.

[37] 韩雷云 . 过渡金属硫/磷化合物电极材料的制备及其在超级电容器中的应用 [D]. 长春: 吉林大学, 2022.

[38] Yin X, Li H, Yuan R, et al. General formation of Prussian blue analogue microtubes for high-performance Na-ion hybrid supercapacitors [J]. Science China Materials, 2020, 63 (5): 739-747.

[39] Xiao Z Y, Fan L L, Xu B, et al. Green fabrication of ultrathin Co_3O_4 nanosheets from metal-organic framework for robust high-rate supercapacitors [J]. ACS Applied Materials & Interfaces, 2017, 9 (48): 41827-41836.

[40] Zhao S H, Wu H H, Li Y L, et al. Core-shell assembly of carbon nanofibers and a 2D conductive metal-organic framework as a flexible free-standing membrane for high-performance supercapacitors [J]. Inorganic Chemistry Frontiers, 2019, 6 (7): 1824-1830.

[41] Huang M, Zhang Y X, Li F, et al. Self-assembly of mesoporous nanotubes assembled from interwoven ultrathin birnessite-type MnO_2 nanosheets for asymmetric supercapacitors [J]. Scientific Reports, 2014, 4: 3878.

[42] Xu J J, Xiao T, Tan X Y, et al. A new asymmetric aqueous supercapacitor: Co_3O_4// Co_3O_4@polypyrrole [J]. Journal of Alloys and Compounds, 2017, 706: 351-357.

[43] Li G M, Chen M Z, Ouyang Y, et al. Manganese doped Co_3O_4 mesoporous nanoneedle array for long cycle-stable supercapacitors [J]. Applied Surface Science, 2019, 469: 941-950.

[44] Zhou J J, Han X, Tao K, et al. Shish-kebab type $MnCo_2O_4$@Co_3O_4 nanoneedle arrays derived from MnCo-LDH@ZIF-67 for high-performance supercapacitors and efficient oxygen evolution reaction [J]. Chemical Engineering Journal, 2018, 354: 875-884.

[45] Rauda I E, Augustyn V, Saldarriaga-Lopez L C, et al. Nanostructured pseudocapacitors based on atomic layer deposition of V_2O_5 onto conductive nanocrystal-based mesoporous ITO scaffolds [J]. Advanced Functional Materials, 2014, 24 (42): 6717-6728.

[46] Biswal A, Panda P K, Acharya A N, et al. Role of additives in electrochemical deposition of ternary metal oxide microspheres for supercapacitor applications [J]. ACS Omega, 2020, 5 (7): 3405-3417.

[47] Sui Q L, Xiang C L, Zou Y J, et al. Facile synthesis of Co-Ni-Mn oxide for high performance supercapacitor [J]. International Journal of Electrochemical Science, 2019, 14 (12): 10710-10719.

[48] Zhao J, Cheng H, Zhang Z H, et al. The semicoherent interface and vacancy engineering for constructing Ni(Co)Se_2@Co(Ni)Se_2 heterojunction as ultrahigh-rate battery-type supercapacitor cathode [J]. Advanced Functional Materials, 2022, 32 (33): 2202063.

[49] Jia J Z, Liu X C, Mi R, et al. Self-assembled pancake-like hexagonal tungsten oxide with ordered mesopores for supercapacitors [J]. Journal of Materials Chemistry A, 2018, 6

(31)：15330-15339.

[50] Wang J G，Zhang Z Y，Zhang X Y，et al. Cation exchange formation of Prussian blue analogue submicroboxes for high-performance Na-ion hybrid supercapacitors [J]. Nano Energy，2017，39：647-653.

[51] Pan Q，Zheng F，Deng D，et al. Interlayer spacing regulation of NiCo-LDH nanosheets with ultrahigh specific capacity for battery-type supercapacitors [J]. ACS Applied Materials & Interfaces，2021，13 (47)：56692-56703.

[52] Yu M H，Zeng Y，Han Y，et al. Valence-optimized vanadium oxide supercapacitor electrodes exhibit ultrahigh capacitance and super-long cyclic durability of 100 000 cycles [J]. Advanced Functional Materials，2015，25 (23)：3534-3540.

[53] Chen L D，Zheng Y Q，Zhu H L. Manganese oxides derived from Mn (Ⅱ) -based metal-organic framework as supercapacitor electrode materials [J]. Journal of Materials Science，2018，53 (2)：1346-1355.

[54] Chameh B，Khosroshahi N，Bakhtian M，et al. MOF derived $CeO_2/CoFe_2O_4$ wrapped by pure and oxidized g-C_3N_4 sheet as efficient supercapacitor electrode and oxygen reduction reaction electrocatalyst materials [J]. Ceramics International，2022，48 (15)：22254-22265.

[55] Chen S R，Xue M，Li Y Q，et al. Rational design and synthesis of $Ni_xCo_{3-x}O_4$ nanoparticles derived from multivariate MOF-74 for supercapacitors [J]. Journal of Materials Chemistry A，2015，3 (40)：20145-20152.

[56] Li G C，Hua X N，Liu P F，et al. Porous Co_3O_4 microflowers prepared by thermolysis of metal-organic framework for supercapacitor [J]. Materials Chemistry and Physics，2015，168：127-131.

[57] Ullah S，Khan I A，Choucair M，et al. A novel Cr_2O_3-carbon composite as a high performance pseudo-capacitor electrode material [J]. Electrochimica Acta，2015，171：142-149.

[58] Zhang H F，Yan B，Zhou C G，et al. MOF-derived hollow and porous Co_3O_4 nanocages for superior hybrid supercapacitor electrodes [J]. Energy & Fuels，2021，35 (20)：16925-16932.

[59] Wang D，Zhou W W，Zhang R，et al. MOF-derived Zn-Mn mixed oxides@carbon hollow disks with robust hierarchical structure for high-performance lithium-ion batteries [J]. Journal of Materials Chemistry A，2018，6 (7)：2974-2983.

[60] Ju H，Liu X D，Tao C Y，et al. A novel edge-rich structure of CuO/Co_3O_4 derived from Prussian blue analogue as a high-rate and ultra-stable electrode for efficient capacitive storage [J]. Electrochimica Acta，2021，366：137410.

[61] Adhikari S，Selvaraj S，Ji S H，et al. Encapsulation of Co_3O_4 nanocone arrays *via* ultra-thin NiO for superior performance asymmetric supercapacitors [J]. Small，2020，16 (48)：e2005414.

[62] Mao Y J, Chen Y T, Qin J, et al. Capacitance controlled, hierarchical porous 3D ultra-thin carbon networks reinforced Prussian blue for high performance Na-ion battery cathode [J]. Nano Energy, 2019, 58: 192-201.

[63] Yao T H, Li Y L, Liu D Q, et al. High-performance free-standing capacitor electrodes of multilayered Co_9S_8 plates wrapped by carbonized poly (3,4-ethylenedioxythiophene): Poly (styrene sulfonate) /reduced graphene oxide [J]. Journal of Power Sources, 2018, 379: 167-173.

[64] He D, Gao Y, Yao Y C, et al. Asymmetric supercapacitors based on hierarchically nanoporous carbon and $ZnCo_2O_4$ from a single biometallic metal-organic frameworks (Zn/Co-MOF) [J]. Frontiers in Chemistry, 2020, 8: 719.

[65] Sun Y M, Cheng Y B, He K, et al. One-step synthesis of three-dimensional porous ionic liquid-carbon nanotube-graphene gel and MnO_2-graphene gel as freestanding electrodes for asymmetric supercapacitors [J]. RSC Advances, 2015, 5 (14): 10178-10186.

[66] Wen P, Gong P W, Sun J F, et al. Design and synthesis of Ni-MOF/CNT composites and rGO/carbon nitride composites for an asymmetric supercapacitor with high energy and power density [J]. Journal of Materials Chemistry A, 2015, 3 (26): 13874-13883.

[67] Wei X J, Peng H R, Li Y H, et al. In Situ growth of zeolitic imidazolate framework-67-derived nanoporous Carbon@$K_{0.5}Mn_2O_4$ for high-performance 2.4V aqueous asymmetric supercapacitors [J]. ChemSusChem, 2018, 11 (18): 3167-3174.

[68] Wu S S, Chen W F, Yan L F. Fabrication of a 3D MnO_2/graphene hydrogel for high-performance asymmetric supercapacitors [J]. Journal of Materials Chemistry A, 2014, 2 (8): 2765-2772.

[69] Wang H L, Holt C M B, Li Z, et al. Graphene-nickel cobaltite nanocomposite asymmetrical supercapacitor with commercial level mass loading [J]. Nano Research, 2012, 5 (9): 605-617.

[70] Meher S K, Rao G R. Ultralayered Co_3O_4 for high-performance supercapacitor applications [J]. The Journal of Physical Chemistry C, 2011, 115 (31): 15646-15654.

[71] Chen X Y, Gao S, Mi H Y, et al. Hierarchical double-shelled frameworks of polyaniline @N-doped porous carbon for supercapacitors [J]. Applied Surface Science, 2019, 486: 490-498.

[72] Zhu Z, Yang Y, Guan Y, et al. Construction of a cobalt-embedded nitrogen-doped carbon material with the desired porosity derived from the confined growth of MOFs within graphene aerogels as a superior catalyst towards HER and ORR [J]. Journal of Materials Chemistry A, 2016, 4 (40): 15536-15545.

[73] Ren Y Q, Li X Y, Wang Y N, et al. Preparation of yolk-double shell $Mn_{0.5}Zn_{0.5}Co_2O_4$/C nanomaterials as anodes for high-performance lithium-ion batteries [J]. Applied Materials Today, 2022, 27: 101452.

[74] Dinh C T, Jain A, de Arquer F P G, et al. Multi-site electrocatalysts for hydrogen evolu-

tion in neutral media by destabilization of water molecules [J]. Nature Energy, 2018, 4 (2): 107-114.

[75] Wang J Y, Wan J W, Wang D. Hollow multishelled structures for promising applications: Understanding the structure-performance correlation [J]. Accounts of Chemical Research, 2019, 52 (8): 2169-2178.

[76] Lan M D, Wang X X, Zhao R J, et al. Metal-organic framework-derived porous $MnNi_2O_4$ microflower as an advanced electrode material for high-performance supercapacitors [J]. Journal of Alloys and Compounds, 2020, 821: 153546.

[77] Gong L T, Xu M, Ma R P, et al. High-performance supercapacitor based on MOF derived porous $NiCo_2O_4$ nanoparticle [J]. Science China Technological Sciences, 2020, 63 (8): 1470-1477.

[78] Zhu M L, Cai W F, Wang H B, et al. Rational construction of MOF-derived Zn-Co-O/NiCo-LDH core/shell nanosheet arrays on nickel foam for high-performance supercapacitors [J]. Journal of Alloys and Compounds, 2021, 884: 160931.

[79] Zhou L X, Yang Y Y, Zhu H L, et al. *In situ* synthesis of Ag/NiO derived from heterometallic MOF for supercapacitor application [J]. Chemical Papers, 2021, 75 (5): 1795-1807.

[80] Yin X M, Li H J, Yuan R M, et al. NiCoLDH nanosheets grown on MOF-derived Co_3O_4 triangle nanosheet arrays for high-performance supercapacitor [J]. Journal of Materials Science & Technology, 2021, 62: 60-69.

[81] Guo P, Wang Z J, Chen H Y, et al. *In situ* growth of MOF-derived $NaCoPO_4$@Carbon for asymmetric supercapacitive and water oxidation electrocatalytic performance [J]. Nano, 2019, 14 (12): 1950148.

[82] Liu K, Zhang W L, Tang M, et al. $NiCo_2O_4$ nanosheet stereostructure with N-doped carbon/Co array supports derived from Co-MOF for asymmetric supercapacitor [J]. Journal of Electroanalytical Chemistry, 2022, 923: 116818.

[83] Rajeshkhanna G, Umeshbabu E, Justin P, et al. Spinel $ZnCo_2O_4$ nanosheets as carbon and binder free electrode material for energy storage and electroreduction of H_2O_2 [J]. Journal of Alloys and Compounds, 2017, 696: 947-955.

结束语

本文以 MOFs 及其衍生物在超级电容器中的应用为核心，构建了从基础理论到工程应用的完整研究体系，揭示了 MOFs 作为新一代储能材料的独特优势与关键挑战。

(1) 学科交叉的理论奠基

在第 1 章中从超级电容器的能量存储机理出发，对比传统电极材料的性能瓶颈，凸显 MOFs 的结构可调性与高比表面积特性。通过梳理 MOFs 在双电层电容与赝电容机制中的独特作用，确立其作为“分子级储能模板”的学术定位，为后续研究奠定理论基础。

(2) 制备技术的创新与突破

第 2 章系统阐述溶剂热合成、微波辅助、模板法等制备工艺，揭示不同方法对 MOFs 晶型、形貌和孔隙率的调控规律。例如，溶剂热法可精确控制 ZIF-67 的纳米粒径，而模板法能构建多级孔结构，提升离子扩散效率。这些技术为 MOFs 衍生材料的可控合成提供了方法论支撑。

(3) 性能优化的多维策略

第 3 章系统阐述了 MOFs 材料的改性方法，通过晶体结构调控提升电子传导率；利用蛋黄壳、双壳层纳米笼等形貌设计增强结构稳定性；通过双金属掺杂、异质结构建，优化氧化还原活性位点。

(4) 表征技术的立体化应用

第 4 章构建了从宏观到微观的表征体系，XRD 解析晶型转变，SEM/TEM 揭示纳米结构演变，XPS 和 BET 分别从表面化学和孔隙特性方面建立结构与性能之间的关联。

(5) 电化学性能的工程化验证

第 5 章通过三电极与两电极体系相结合，系统评估 MOFs 及其衍生物的储能性能。

① 在中性电解液中，高晶态 MOFs MnHCF 在 $1A \cdot g^{-1}$ 下比容量达 $202.8F \cdot g^{-1}$，循环 8000 次后容量保持率为 95.6%；HSCs MnCo-PBA YSS//YP-50F 的能量密度达 $18.89Wh \cdot kg^{-1}$，功率密度 $981.25W \cdot kg^{-1}$，

展现出接近商业化器件的潜力。

② 在中性电解液中，蛋黄壳结构 MnCo-PBA YSS 在电流密度为 $1A \cdot g^{-1}$ 时，比容量达到 $280.0F \cdot g^{-1}$。经过 5500 次充放电循环后，容量保持率为 70.1%。当 MnCo-PBA YSS 为正极，商用 YP-50F 为负极时，MnCo-PBA YSS//YP-50F 在 $0.5A \cdot g^{-1}$ 电流密度下的比容量为 $28.3F \cdot g^{-1}$。MnCo-PBA YSS 减轻了充放电循环过程中的体积变化，并增大了电解液与电极之间的接触面积，从而促进了快速的电荷转移动力学。然而，MnCo-PBA YSS 样品的倍率性能并不理想，需要在今后的研究中加以改进。

③ 在中性电解液中，部分中空八面体结构的 Co_3O_4/Fe_2O_3（CFMO-PVP-2）在 $0.5A \cdot g^{-1}$ 时的比容量为 $659.7F \cdot g^{-1}$，循环 6000 次后，容量保持率为 63.7%。在以 CFMO-PVP-2 为正极、YP-50F 为负极的 HSCs 装置中，功率密度为 $1921W \cdot kg^{-1}$ 时，最大能量密度为 $31.4Wh \cdot kg^{-1}$；在能量密度为 $23.5Wh \cdot kg^{-1}$ 时的最大功率密度为 $8421W \cdot kg^{-1}$。

④ 低晶态 Mn_2O_3/Co_3O_4 在 $1A \cdot g^{-1}$ 时的比容量为 $478.7F \cdot g^{-1}$，比高晶态 Mn_2O_3/Co_3O_4 在相同条件下的比容量高 131.7%。在 2500 次循环后，容量保持率为 116.4%。HSCs 的能量密度为 $32.8Wh \cdot kg^{-1}$，功率密度为 $1190.1W \cdot kg^{-1}$，循环 7000 次后容量保持率为 143.9%。

⑤ 制备的中空异质结 $CuO/NiO/Co_3O_4$ 在 $1A \cdot g^{-1}$ 时具有 $262.5F \cdot g^{-1}$ 的优良比容量，分别比 CuO/Co_3O_4 和 NiO/Co_3O_4 高 27.4%和 16.2%。当电流密度从 $1A \cdot g^{-1}$ 增加到 $10A \cdot g^{-1}$ 时，$CuO/NiO/Co_3O_4$ 电极电容保持率为 60.3%。经过 3000 次循环后，电容保持率为 107.9%。在 $CuO/NiO/Co_3O_4$ 为正极，NDGH 为负极的 $CuO/NiO/Co_3O_4$//NDGH HSCs 中，能量密度为 $27.1Wh \cdot kg^{-1}$，功率密度为 $1037.5W \cdot kg^{-1}$。循环 4000 次后，电容保持率为 100.7%。其优异的电化学性能可能是由于三元体系和空心异质结构的协同作用。